Prüfungsbuch für Tischler/Schreiner

Vorbereitung zur Gesellen- und Meisterprüfung

Fachkunde und Technische Mathematik in Frage und Antwort

Helmut Klein

6., aktualisierte Auflage

Handwerk und Technik – Hamburg

ISBN 978-3-582-14301-3 Best.-Nr. 5050

Verlag Handwerk und Technik GmbH,
Lademannbogen 135, 22339 Hamburg; Postfach 63 05 00, 22331 Hamburg – 2019
E-Mail: info@handwerk-technik.de – Internet: www.handwerk-technik.de

Satz und Gestaltung: Da-TeX Gerd Blumenstein, 04229 Leipzig
Umschlagsmotiv: mauritius GmbH, 82481 Mittenwald
Druck: UAB STANDARTU SPAUSTUVE Druckerei, LT-02189 Vilnius

Vorwort

Der Inhalt der vorliegenden Auflage des Prüfungsbuches für Tischler/ Schreiner deckt im Wesentlichen die fachlichen Aspekte ab, die im Rahmenlehrplan für den Ausbildungsberuf Tischler/Tischlerin (Beschluss der Kultusministerkonferenz vom 13.01.2006) aufgeführt sind. Sie haben damit ein Hilfsmittel zur Verfügung, das Sie während der gesamten Ausbildungszeit begleitet, besonders aber Ihre Vorbereitung auf Tests, Klassenarbeiten und Prüfungen unterstützt. Das Buch eignet sich sowohl für das individuelle Lernen als auch für das Lernen in einer Gruppe.

Bei der Arbeit mit dem Prüfungsbuch können Sie einerseits testen, ob Sie die im Unterricht behandelten Themen verstanden haben. Andererseits ist es Ihnen dabei behilflich, Ihr Wissen aufzufrischen und zu vertiefen. Auch zu fachlichen Fragen, die sich in der Ausbildungspraxis stellen, finden Sie Antworten. Weiterhin wird Ihnen mit diesem Buch die Vorbereitung eigener Referate erleichtert.

Durch die sachlogische Gliederung und mit Hilfe des Sachwortverzeichnisses finden Sie sich auch dann schnell zurecht, wenn Sie Lernfeldthemen mit verschiedenen fachlichen Aspekten wiederholen wollen.

Der erste und umfangreichere Teil des Buches bereitet die Lerninhalte in Fragen und Antworten auf. Diese Methode wurde deshalb gewählt, weil sich die Aneignung von Lerninhalten durch das Lösen von Aufgaben und das Beantworten von Fragen bewährt hat und zu guten Ergebnissen führt. Lernprozesse, die im Unterricht stattfinden, können dadurch zwar nicht ersetzt, aber sinnvoll ergänzt werden. Die Fragen lenken das Augenmerk auf das Wesentliche eines Sachverhalts. Mit der Zeit entwickelt der Lernende eine gewisse Routine mit dieser Lernform und kann sich durch eigene Fragen neue Inhalte selbstständig aneignen.

Im zweiten Teil des Buches sind Grundlagen, Formeln und Lösungsvorschläge für die üblichen Berechnungsfälle der Technischen Mathematik für Tischler zusammengefasst.

Einige Empfehlungen zum Umgang mit dem Buch:

- Wollen Sie sich auf eine Prüfung vorbereiten, die mehrere Themen umfasst, sollten Sie sich aus den entsprechenden Kapiteln einige Fragen ankreuzen und versuchen, diese selbst zu lösen. Vergleichen Sie dann Ihre Ergebnisse mit den Lösungen im Buch und gegebenenfalls mit den Lösungen der anderen in der Lerngruppe. Abweichungen von Ihrer Lösung, die Sie nicht verstehen, erläutert Ihnen sicher Ihr Lehrer oder Ausbilder. Wiederholen Sie diese Vorgehensweise, bis Sie die Themen sicher beherrschen. Bei der Vorbereitung auf Tests oder Klassenarbeiten konzentrieren Sie sich am besten auf die entsprechenden Kapitel. Wenn Sie zu Fragen, die im Unterricht behandelt wurden, in den von Ihnen ausgesuchten Kapiteln keine Informationen finden sollten, schlagen Sie im Sachwortverzeichnis nach.
- In Prüfungen werden häufig konkrete Kundenaufträge dargestellt, an denen dann, wie an einem roten Faden, die Aufgaben und Fragen anknüpfen. Üben Sie dieses Prüfungsverfahren, indem Sie zu Arbeitsabläufen, die Ihnen aus der Praxis bekannt sind, passende Fragen markieren und dann bearbeiten.
- Seien Sie nicht enttäuscht, wenn Ihre Ergebnisse nicht so umfassend wie die hier aufgeführten Lösungen sind. In der Regel wird in Prüfungen und Tests nur eine begrenzte Anzahl von Lösungsaspekten gefordert. Sollten Sie mit Ihrer Lösung zu völlig anderen Ergebnissen gekommen sein, überprüfen Sie, ob Sie die Frage richtig verstanden haben. Auch das Verstehen von Fragen können Sie mit diesem Buch trainieren.

Allen Benutzern dieses Buches wünschen wir viel Erfolg. Für Anregungen und Vorschläge sind wir stets dankbar.

Verfasser und Verlag

Inhaltsverzeichnis

Teil 1 Technologie

Teil 2 Technische Mathematik

Teil 1 Technologie

1 Der Werkstoff Holz

1.1 Der Wald als Lebensgrundlage

1. Wie groß ist der bewaldete Flächenteil Deutschlands in Prozent und in welchen zwei Ländern der Europäischen Union sind die bewaldeten Flächen sowohl prozentual als auch absolut am größten?

Etwa 30 % der Bodenfläche der Bundesrepublik Deutschland besteht aus Wäldern, wobei es zwischen den einzelnen Bundesländern recht große Unterschiede gibt. Schweden und Finnland haben mit über 67 % der Landesfläche die größten Waldflächen in der Europäischen Union.

2. Welche Bedeutung hat der Wald in Deutschland?

- Wirtschaftliche Bedeutung: ca. 50 % des Holzbedarfs der Bundesrepublik können gedeckt werden; damit verbunden sind Arbeitsplätze in der Forstwirtschaft und in der Holzverarbeitung.
- Ökologische Schutzfunktionen: Mikroklimaschutz, Erosionsschutz, reguliert als Wasserspeicher den Grundwasserspiegel und schützt vor Hochwasser, Windschutz, Lawinenschutz, Lebensraum für viele Tier- und Pflanzenarten, Sauerstofflieferant, Reinigung verschmutzter Luft; Lärmschutz.
- Erholungsraum für Menschen.

3. Welche Waldgebiete der Erde verringern sich in den letzten Jahrzehnten durch menschliche Eingriffe? Nennen Sie einige Ursachen dieser Veränderungen.

Betroffen sind insbesondere die tropischen Regenwälder in Asien, Lateinamerika und Afrika sowie die borealen Wälder im Norden von Europa, Asien und Amerika. Ursachen sind übermäßiger und zum Teil illegaler Holzeinschlag, großflächige Brandrodungen zur Ausweitung der Landwirtschaft oder anderer Flächennutzungen.

4. Welche Folgen hat die Verringerung der Waldgebiete für das „Treibhaus Erde"?

Durch die Vernichtung großer Waldflächen werden große Mengen an CO_2, ein wichtiges Treibhausgas, in die Atmosphäre abgegeben. Nur ein geringer Teil davon wird durch neues Pflanzenwachstum wieder gebunden. Durch die Zunahme des CO_2-Anteils in der Erdatmosphäre wird der Treibhauseffekt verstärkt. Der Anstieg der globalen Durchschnittstemperatur hat für viele Regionen der Erde katastrophale Folgen wie z. B. Überschwemmungen und Dürren.

1.2 Ernährung und Wachstum des Baumes

1. Erläutern Sie die Ernährung des Baumes und verdeutlichen Sie die Zusammenhänge anhand einer Skizze.

Der Baum nimmt seine Nahrung aus der Luft (CO_2) und aus dem Boden (Wasser und Nährsalze) auf.

Im Splintholz (Xylem) steigt diese „Erdnahrung" als Saftstrom zu den Blättern. Dort erfolgt eine chemische Umwandlung, die sogenannte Assimilation. Das Blattgrün (Chlorophyll) wirkt dabei als Katalysator und die Sonne liefert die notwendige Energie.

Dabei wird Sauerstoff abgegeben.

Die Assimilate (z. B. Zucker und Stärke) werden abwärts über die Bastschicht (Phloem) zur Wachstumsschicht (Kambium) und zu den Speicherzellen (Parenchymzellen) geleitet.

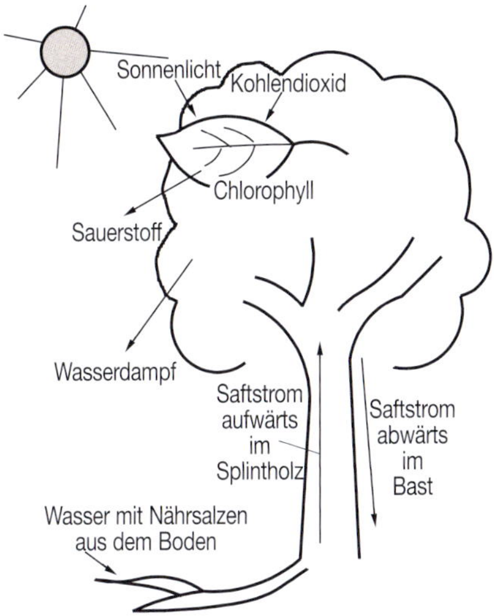

2. Beschreiben Sie die Assimilation.

Als Assimilation (= Angleichung) bezeichnet man den chemischen Vorgang in den Blättern bzw. Nadeln der Baumpflanzen, bei dem körperfremde, anorganische Stoffe (insbesondere Wasser und CO_2 aus der Luft) in körpereigene, organische Aufbaustoffe (Assimilate wie z. B. Traubenzucker) umgewandelt werden.

Da für diesen Vorgang Sonnenlicht erforderlich ist, spricht man auch von Fotosynthese.

3. Bei der Fotosynthese entstehen unter Lichteinwirkung (Energiezufuhr) aus Wasser und CO_2 Traubenzucker (Glukose – $C_6H_{12}O_6$) und Sauerstoff. Erläutern Sie diese biochemische Molekülbildung.

$$6\,H_2O + 6\,CO_2 \rightarrow C_6H_{12}O_6 + 6\,O_2$$

Sechs Wassermoleküle + sechs Kohlenstoffdioxidmoleküle bilden ein Glukosemolekül und sechs Sauerstoffmoleküle.

4. Nennen Sie die Hauptteile des Baumes und geben Sie deren Bedeutung für das Wachstum an.

- Die **Wurzeln** dienen der Verankerung des Baumes in der Erde. Sie nehmen Wasser und mineralische Nährstoffe durch feine Haarwurzeln auf.
- Der **Stamm** trägt die Krone und führt sie ans Licht. Er leitet das Wasser mit den Nährsalzen aus dem Boden von den Wurzeln zu den Blättern und führt die von den Blättern gebildeten Nährstoffe zur Wachstumsschicht und zu den Speicherzellen.
- Die **Baumkrone** mit den Blättern dient der Erzeugung der Aufbaustoffe.

5. Erklären Sie den Unterschied zwischen dem Primärwachstum und dem Sekundärwachstum der Baumpflanzen.

Das Primärwachstum (= Längenwachstum) erfolgt in den End-/Triebknospen von Wurzeln, Ästen, Zweigen.

Das Sekundärwachstum (= Dickenwachstum) erfolgt in der Wachstumsschicht des Holzes, auch Kambium genannt. Dies ist eine dünne Zellschicht, die unter der Bastschicht an Stamm, Ästen und Zweigen liegt. Dort entstehen durch Zellteilung nach innen neue Splintholzzellen und nach außen neue Rindenzellen.

6. Welche Aufgaben erfüllen bei Bäumen die Splintholzzone, die Bastschicht, das Kambium und die Holzstrahlen im Zusammenhang mit dem Nahrungshaushalt und Wachstum des Baumes?

- In der Splintholzzone, die sich ähnlich wie ein Kegelmantel um das Kernholz legt, findet der Transport des Wassers mit den gelösten Nährsalzen von den Wurzeln zu den Blättern statt.
- Über die Bastschicht erfolgt der Transport der Assimilate aus den Blättern zur Wachstumsschicht.
- Die Wachstumsschicht, die auch als Kambium bezeichnet wird, liegt zwischen Bast und Splint. Hier findet die Zellteilung des Dickenwachstums statt.
- Holzstrahlen bestehen aus Speicherzellen, die zur Speicherung von Assimilaten dienen.

1.3 Nadel- und Laubhölzer

1. Nennen Sie europäische Nadelhölzer mit den im Handwerk üblichen Abkürzungen. Ordnen Sie außerdem zwei Kurzzeichen der DIN EN 13556 zu: PCAB und PNSY.

Verwendet werden:

- Fichte (FI / PCAB),
- Tanne (TA),
- Kiefer oder Föhre (KI / PNSY),
- Lärche (LA),
- Douglasie (DGA),

seltener: Zirbelkiefer (KIZ) und Eibe (EIB).

2. Was wissen Sie über den Harzgehalt bei Kiefern-, Fichten- und Tannenholz?

Kiefern- und Fichtenholz hat zahlreiche Harzgänge und häufig störende Harzgallen, wogegen Tannenholz kaum Harz enthält.

3. Nennen Sie die Unterschiede zwischen Kiefern- und Fichtenholz.

Die Kiefer ist ein Kernholzbaum. Das in der Farbe deutlich abgesetzte Kernholz ist rötlich braun, der Splint weißlich gelb. Die Jahrringgrenzen sind klar erkennbar. Frisch geschnittenes Kiefernholz riecht aromatisch.

Die Fichte gehört zur Gruppe der Reifholzbäume, bei denen der verkernte Teil nicht dunkel gefärbt ist. Fichtenholz ist insgesamt heller und weicher als Kiefernholz.

4. Welche Eigenschaften hat Lärchenholz?

Die Lärche hat einen stark nachdunkelnden, rotbraunen Kern und nur einen sehr schmalen gelblichen Splint.

Dieses Nadelholz ist härter als Fichten- und Kiefernholz. Es ist auch widerstandsfähiger gegen Witterungseinflüsse und Pilzbefall. Nachteilig sind Harzgallen und der relativ hohe Harzgehalt.

5. Nennen Sie europäische Laubhölzer mit den im Handwerk üblichen Abkürzungen. Ordnen Sie außerdem zwei Kurzzeichen der DIN EN 13556 zu: FASY und QCXE.

Verwendet werden:

a) Buche (BU / FASY)
b) Eiche (EI / QCXE)
c) Esche (ES)
d) Erle (ER)
e) Kirschbaum (KB)
f) Birnbaum (BB)
g) Nussbaum (NB)
h) Birke (BI)
i) Ahorn (AH)
j) Rüster (bzw. Ulme) (RU)
k) Hain- oder Weißbuche (HB).

6. Am Querschnitt eines Laubholzbaums erkennt man röhrenartige Gefäße, die als Poren bezeichnet werden. Wie können die Laubhölzer anhand dieses Merkmals eingeteilt werden?

Man unterscheidet:

- ringporige Hölzer, die im Frühholz deutlich größere Poren haben (z. B. Eiche, Esche, Ulme),
- zerstreutporige Hölzer, bei denen die Poren etwa gleichmäßig verteilt sind (z. B. Buche, Ahorn, Birke, Pappel),
- halbringporige Hölzer, deren Poren im Frühholz etwas größer sind (z. B. Nussbaum, Kirschbaum).

7. Beschreiben Sie die Besonderheiten von Ahorn und nennen Sie Verwendungsmöglichkeiten für diese Holzart.

Ahornholz ist fast weiß. Es ist feinporig, hat ein dichtes Gefüge, ist hart und zäh, elastisch und biegsam. Es wird im Möbelbau als Vollholz und Furnier verwendet. Besonders dekorativ sind Furniere, die als Vogelaugenahorn und Riegelahorn bezeichnet werden.

Ahornholz lässt sich gut beizen und polieren.

Außer für die Möbelherstellung eignet es sich für Drechslerarbeiten, für den Musikinstrumentenbau, wegen seiner Härte für die Herstellung von Holzfußböden, Treppen und Holzwaren aller Art.

8. Welche Kennzeichen und Eigenschaften hat Birkenholz und wozu wird es im Tischlerhandwerk verwendet?

Birkenholz ist im Splint und Kern weiß bis rötlich weiß und dunkelt im Laufe der Zeit stark nach. Es ist mittelhart, schwindet mäßig, ist zäh und biegsam und lässt sich gut bearbeiten, beizen und polieren.

Man verwendet es im Möbelbau, z. B. zur Herstellung von Stühlen und Tischen sowie zur Fertigung von Parkettböden. Birkenholz wird häufig auch zur Sperrholzplattenherstellung verwendet.

9. Führen Sie die Vorteile von Eschenholz auf.

Eschenholz ist hart, fest und gleichzeitig elastisch. Möbelgestellteile aus Esche können z. B. geringe Querschnittsmaße haben. Es kann gut bearbeitet und durch Beizen farblich nach Wunsch angeglichen werden. Aufgrund der schönen Zeichnung wird es im Möbel- und Innenausbau nicht nur als Massivholz sondern auch als Furnier verarbeitet.

Wegen der geringen Witterungsbeständigkeit ist es für den Außenbereich weniger geeignet.

10. Für welche Anwendungen ist Buchenholz vorteilhaft und für welche weniger gut geeignet?

Gedämpftes Buchenholz hat eine schöne, rötlich braune Farbe und zeigt eine feinstrukturierte, schlichte Textur. Es wird als Vollholz und Furnier verwendet.

Aufgrund der hohen Festigkeit ist es geeignet für den Treppenbau und die Herstellung von Fuß- und Parkettböden.

Da Buchenholz nicht witterungsbeständig ist, eignet es sich nur für den Innenbereich. Nachteilig sind das relativ starke Schwind- und Quellverhalten und damit verbundene Verformungen. Für die Herstellung großformatiger Rahmen sollte man es darum nicht verwenden.

Ansonsten kann es beim Möbelbau vielfältig verwendet werden und eignet sich besonders, wenn hohe Anforderungen an die Festigkeit gestellt werden.

Da es sich gut biegen lässt, wird es auch zur Herstellung gebogener Teile verwendet.

11. Welche Merkmale und Verwendungsmöglichkeiten können Sie für Eichenholz nennen?

Das Kernholz der Eiche ist gelblich bis lederbraun. Es zeigt am Hirnschnitt große, sichtbare, ringförmig angeordnete Poren und helle Holzstrahlen, die am Radialschnitt als deutlich ausgeprägte Spiegel erscheinen. Es eignet sich für den Möbel- und Innenausbau in Vollholzbauweise oder wird als Furnier verwendet.

Vorteilhaft sind die hohe Härte und die Beständigkeit gegen Pilz- und Insektenbefall. Darum ist Eichenholz bestens geeignet für die Herstellung von Fußböden und Außentüren.

Bei der Bearbeitung von Eichenholz ist zu beachten, dass sich beim Kontakt mit Eisenbeschlägen oder Eisenspänen hässliche Oxidationsflecke bilden, da dieses Holz einen recht hohen Gerbstoffgehalt hat.

Der schmale Splint des Eichenholzes ist nicht verwendbar.

12. Beschreiben Sie die beiden tropischen Hölzer Balsa und Pockholz.

Die beiden Hölzer unterscheiden sich extrem hinsichtlich ihrer Rohdichte und Härte. Balsaholz ist sehr leicht und weich. Es eignet sich z. B. für den Modellbau.

Pockholz ist dagegen ein äußerst hartes und schweres Holz. Es eignet sich z. B. zur Herstellung von Hobelsohlen und Hämmern.

13. Für welchen Verwendungszweck ist Teakholz geeignet und welche Besonderheiten zeigt diese Holzart?

Teakholz ist aufgrund seiner Witterungsbeständigkeit bestens geeignet für den Bootsbau und den Bau von Türen, Fenstern und Gartenmöbeln.

Das dunkelbraune Kernholz ist dekorativ, hat ein gutes Stehvermögen und lässt sich gut bearbeiten. Es wird darum auch für den anspruchsvollen Möbel- und Innenausbau verwendet.

Das Holz ist kautschukhaltig und die Oberfläche fühlt sich fettig bis wachsig an. Für die Oberflächenbehandlung werden Spezialmittel (wie z. B. Teaköl) benötigt.

14. Was wissen Sie über Mahagoniholz?

Der rotbraune Mahagonikern liefert hochwertiges Holz für den Möbel- und Innenausbau. Es lässt sich sehr gut bearbeiten und oberflächenbehandeln. Da es ein überdurchschnittliches Stehvermögen hat, witterungsfest und beständig gegen Pilz- und Insektenbefall ist, bietet es die besten Voraussetzungen für den Bootsbau.

15. Nennen Sie tropische Hölzer mit a) rötlicher Farbe und b) mit schwärzlicher Farbe.

a) Eine rötliche Farbe haben z. B.

- Mahagoni,
- Makoré,
- Padouk.

b) Eine schwärzliche Farbe haben z. B.

- Wenge,
- Ebenholz.

1.4 Aufbau des Holzes

1. Holz zeigt je nach Schnittrichtung am Stamm unterschiedliche Bilder und Einzelheiten. Welche Schnittrichtungen unterscheidet man?

- Hirnschnitt (= Querschnitt/Schnitt quer zur Stammachse),
- Radialschnitt (= Spiegelschnitt/Schnitt in Faserrichtung durch die Stammmitte),
- Tangentialschnitt (= Sehnen- oder Fladerschnitt/ Schnitt in Faserrichtung außerhalb der Stammmitte).

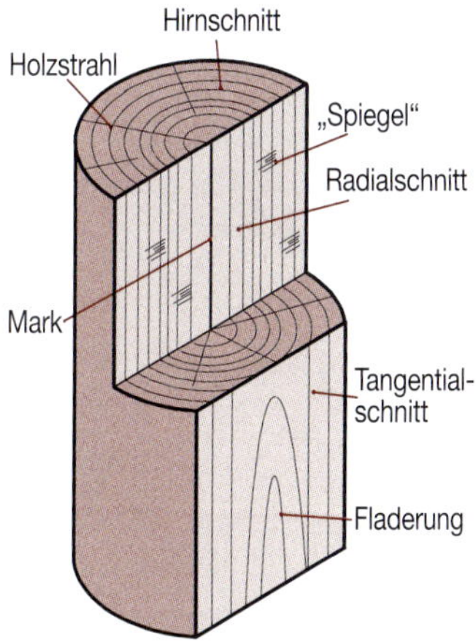

2. Welche Einzelheiten sind am Radialschnitt zu erkennen?

Der Radialschnitt zeigt eine schlichte Textur. Jahrringe erscheinen als fast parallele Streifen. Häufig ist die Markröhre zu erkennen.

Bei vielen Laubholzarten erscheinen die durchschnittenen Holzstrahlen als speckig-glänzende Bänder, die als „Spiegel" bezeichnet werden. Man spricht darum auch vom Spiegelschnitt.

3. Welche Einzelheiten können an der Holzoberfläche beim Tangentialschnitt unterschieden werden?

Dieser Schnitt, der außerhalb der Markzone verläuft, zeigt ein gefladertes Holzbild. Angeschnittene Holzstrahlen erscheinen linsenartig.

4. Führen Sie anhand einer Baumscheibenskizze die erkennbaren Einzelheiten auf.

Am Hirnschnitt können folgende Einzelheiten erkannt werden:

- die Rinde (1), die sich aus Borke und Bast zusammensetzt,
- das Splintholz (2),
- das Kernholz (3),
- die Jahrringe, die sich aus Frühholz (4) und Spätholz (5) zusammensetzen,
- die Markröhre (6),
- die Holzstrahlen (7),
- die Anordnung der Poren (8) bei Laubhölzern.

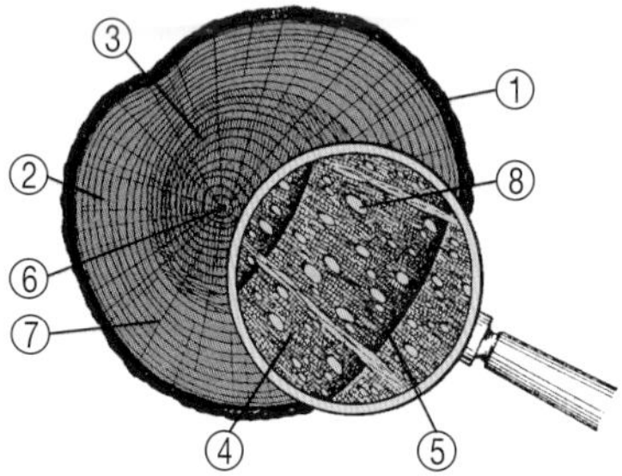

Die Kambiumschicht zwischen Bast und Splintholz ist mit bloßem Auge nicht zu erkennen.

5. Was versteht man unter der Markröhre?

Innerhalb des ersten Jahrrings befindet sich die Markröhre, die sich in Farbe und Struktur von dem anderen Holz unterscheidet. Es handelt sich dabei um Zellen des Primärwachstums, die schon frühzeitig abgestorben sind. Der Durchmesser dieser Röhre beträgt häufig nur wenige Millimeter.

6. Was sind Holzstrahlen?

Holzstrahlen bestehen aus Speicherzellen (Parenchymzellen), die vom Kambium quer ins Stamminnere führen. In den Holzstrahlen werden Aufbaustoffe gespeichert.

Primäre Holzstrahlen verlaufen strahlenartig von der Rinde zum Mark, sekundäre Holzstrahlen sind verkürzt.

7. Welche Aufgaben erfüllen die beiden Rindenteile Borke und Bast?

Die Borke ist der äußere Teil der Rinde. Sie schützt den Stamm vor dem Austrocknen, vor Frost, Hitze und Verletzungen. Über die Bastschicht, den inneren Rindenteil, werden der Wachstumsschicht und den Speicherzellen Aufbaustoffe zugeführt.

8. An vielen Baumarten kann am Stammquerschnitt deutlich ein äußerer heller Holzteil und ein innerer dunkel gefärbter Holzteil unterschieden werden. Erläutern Sie diesen Unterschied.

Der innere dunkel gefärbte Teil des Stammes wird als Kern bezeichnet. Er besteht aus Holzzellen, in denen sich Ablagerungen wie z. B. Gerbstoffe, Farbstoffe, Harze und Fette befinden und diesen Holzteil fester und widerstandsfähiger gegen Schädlinge machen. Da Kernholz außerdem auch weniger arbeitet, ist es wertvoller als der helle Splint.

Der Splint leitet Wasser und Nährstoffe aus dem Boden zur Baumkrone. Stoffwechselprodukte werden dort in den Speicherzellen gespeichert.

9. Wie können Bäume nach der Ausprägung des Splint- und Kernholzanteils eingeteilt werden?

Man unterscheidet:

- Kernholzbäume (wie z. B. Eiche, Kiefer, Lärche, Kirschbaum) mit auffälligem Farbunterschied zwischen Kern- und Splintholz,
- Splintholzbäume (wie z. B. Birke, Erle, Bergahorn), bei denen eine Verkernung nicht festgestellt werden kann,
- Reifholzbäume (wie z. B. Fichte, Tanne), die einen Kern ohne farbliche Veränderung gegenüber dem Splintholz bilden,
- Kernreifholzbäume (wie z. B. Ulme), bei denen der verkernte Holzteil nur teilweise dunkler gefärbt ist.

10. Was ist ein Jahrring und welche Einzelheiten können daran beobachtet werden?

Während einer Wachstumsperiode bildet sich unter der Rinde eine Schicht neuer Holzzellen, die vorhandenes Holz ummantelt. Am Stammquerschnitt erscheint diese Schicht als Ring. Die Anzahl der Ringe gibt Auskunft über das Alter des Baumes.

Bei manchen Hölzern, besonders bei Nadelhölzern, zeigt sich eine deutliche Zweiteilung des Jahrringes, weil die im Frühjahr gewachsenen Holzzellen (Frühholz) eine geringere Dichte und Festigkeit haben. Sie sind auch heller als die im Sommer gewachsenen Holzzellen (Spätholz).

11. Was versteht man unter fein- bzw. grobjährigem Holz?

Witterungs- und Standortbedingungen sind die Ursache für schnelleres oder langsameres Wachstum und damit für die Bildung weiter oder enger Jahrringe. Bei vorwiegend engen Jahrringen spricht man von feinjährigem Holz, bei weiten Jahrringen von grobjährigem Holz.

Feinjähriges Nadelholz hat z. B. eine höhere Dichte und Härte als grobjähriges Holz.

12. Welche Arten von Holzzellen unterscheidet man?

Man unterscheidet lebende und tote Holzzellen.

Zu den lebenden Holzzellen zählen die Zellen in der Wachstumsschicht und die Speicherzellen (Parenchymzellen). Sie sind mit Plasma gefüllt.

Die toten Holzzellen haben die Aufgabe, dem Holz Festigkeit zu verleihen oder den Saftstrom von den Wurzeln zu den Blättern zu leiten. Man bezeichnet sie darum als Stützzellen oder Leitzellen.

13. Was versteht man unter Tracheiden und was unter Tracheen?

Die in Richtung der Stammachse verlaufenden Stütz- und Leitzellen der Nadelhölzer bezeichnet man als Tracheiden.

Tracheen sind in Richtung der Stammachse durchgehende großvolumige Gefäße bei Laubhölzern. Am Hirnholzbild werden sie als Poren bezeichnet.

14. Aus welchen chemischen Elementen setzt sich Holz zusammen?

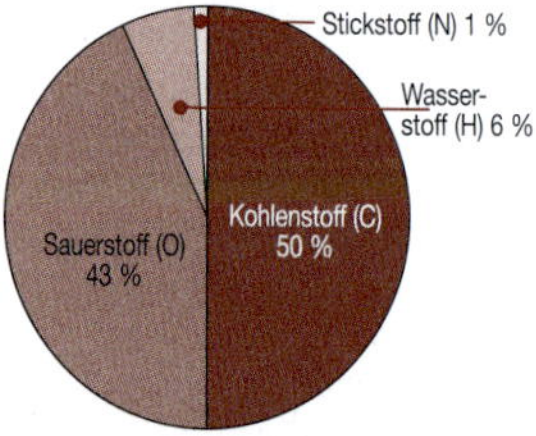

Alle Hölzer haben nahezu die gleiche elementare Zusammensetzung. Sie bestehen in darrtrockenem Zustand zu ca.

- 50 % aus Kohlenstoff (C),
- 43 % aus Sauerstoff (O),
- 6 % aus Wasserstoff (H),
- 1 % aus Stickstoff (N) und Mineralien.

15. Aus welchen Stoffen ist die darrtrockene Holzsubstanz zusammengesetzt?

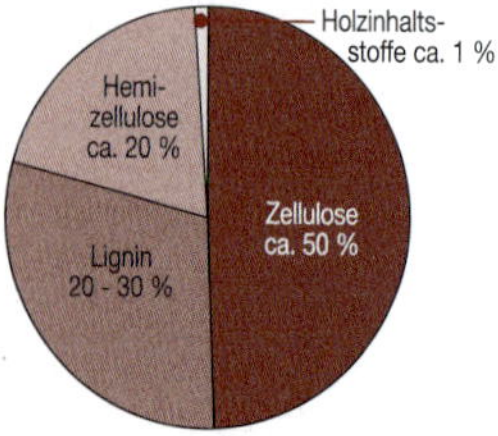

Die einzelnen Bestandteile der trockenen Holzsubstanz sind

- etwa 50 % Zellulose,
- etwa 20 – 30 % Lignin,
- etwa 20 % Hemizellulose (bzw. Holzpolyose),
- etwa 1 % Holzinhaltsstoffe.

Die Anteile dieser Stoffe treten allerdings bei den einzelnen Holzarten in unterschiedlichen Mengen auf.

16. Welche Bedeutung hat Zellulose für die chemische Industrie?

Die Zellulose ($C_6H_{10}O_5$) bildet das Grundgerüst der Holzzellwand. Sie ist der Ausgangsstoff für Produkte der Zellstoffindustrie (Papier, Zellwolle, Lack u. a.). Sie kann auf chemischem Weg aus Holz gewonnen werden (z. B. Zellstoffgewinnung durch Sulfatverfahren).

17. Was ist Lignin?

Lignin ist der so genannte Verholzungsstoff, der sich in das Zellgewebe einlagert, den Holzzellen Festigkeit verleiht und die einzelnen Zellen miteinander verkittet.

18. Welche Holzinhaltsstoffe kennen Sie und worin sehen Sie deren Bedeutung für die Holzverarbeitung?

Holzinhaltsstoffe sind z. B. Öle, Fette, Harze, Terpentin, Gerbstoffe, Farbstoffe, Latex und mineralische Inhaltsstoffe. Die meisten Holzinhaltsstoffe befinden sich im Kernholz.

Sie haben z. B. Auswirkungen auf
- den Gebrauchswert des Holzes,
- auf die Farbe des Holzes,
- auf den Geruch des Holzes,
- auf die Widerstandsfähigkeit gegen Holz zerstörende Insekten,
- auf die Leim- und Lackhaftung,
- auf die Standzeit der Werkzeugschneiden.

1.5 Holzeigenschaften

1. Nennen Sie die ästhetischen Eigenschaften des Holzes.

Die ästhetischen Eigenschaften des Holzes machen seine Schönheit aus und sind ein Unterscheidungsmerkmal der verschiedenen Holzarten.

Wir unterscheiden:
- Farbe,
- Textur (Zeichnung, Faserverlauf),
- Geruch,
- Glanz,
- Feinheit des Holzes.

2. Wodurch wird die Farbe im Holz hervorgerufen?

Die natürliche Farbwirkung des Holzes entsteht durch eingelagerte Farbstoffträger (Farbpigmente) in den Zellen und ist abhängig vom Anteil an Lignin und Zellulose sowie vom Grad der Verkernung.

3. Welche Hinweise gibt uns die Farbe des Holzes?

Sie ist ein wichtiges Erkennungs- und Unterscheidungsmerkmal für die einzelnen Holzarten.

Hölzer mit deutlich begrenzten Hell-Dunkel-Zonen gehören z. B. zu den Kernholzarten.

Braune Hölzer sind z. B. Eiche, Rüster und Nussbaum.

Fast weiß sind z. B. Ahorn und Weißbuche.

Tropische Hölzer haben häufig kräftige, stark auffallende Farben. Ebenholz ist fast schwarz, Mahagoni rötlich-braun und Padouk rot-braun bis leuchtend rot.

4. Was versteht man unter der Textur des Holzes?

Das Bild, das eine geglättete Holzoberfläche zeigt, bezeichnet man als Textur. Ihr Aussehen hängt neben den Besonderheiten der Holzart ab von

- der Schnittlegung am Stamm,
- der deutlichen Abgrenzung der Jahrringe,
- Ästen und anderen Wuchsunregelmäßigkeiten.

5. Nennen Sie Beispiele für Hölzer mit sehr auffälligen Texturen.

- Eine sehr deutlich gestreifte und gefladerte Textur haben z. B. Eiche, Esche und viele Nadelhölzer,
- eine auffällig schlichte Textur haben z. B. Ahorn und Birke,
- eine gewellte, geriegelte oder gewimmerte Textur haben z. B. häufig Birke, Bergahorn und Nussbaum,
- eine besondere Textur zeigt z. B. das Schälfurnier des Zuckerahorns, das man als Vogelaugenahorn bezeichnet.

6. Woher kommt der Geruch des Holzes?

Der Geruch bei frisch eingeschnittenem Holz rührt von leicht flüchtigen Bestandteilen, z. B. von ätherischen Ölen aus Harzen, Fetten, Wachsen und Terpenen her. Einige Holzarten sind auffällig stark riechend, wie z. B. Sandelholz, Rosenholz, Zedernholz und Kiefer.

7. Wird ein Werkstück aus Holz in zeitlichen Abständen gewogen, stellt man Gewichtsunterschiede fest. Wie sind diese Gewichtsunterschiede zu erklären?

Das Holzgewicht (= Nassgewicht) setzt sich aus der reinen Holzmasse (= Darrgewicht) und der Holzfeuchte (freies und gebundenes Wasser) zusammen. Gewichtsunterschiede werden durch Holzfeuchteänderungen verursacht.

8. Geben Sie eine einfache Nachweismöglichkeit an, um festzustellen, ob eine Holzart eine größere Rohdichte als 1 kg/dm³ hat.

Es gibt nur wenige Holzarten, die eine Rohdichte von über 1 kg/dm³ haben. Probestücke davon sinken im Wasser.

9. Holz ist ein inhomogener und anisotroper Werkstoff. Was bedeuten die beiden Bezeichnungen?

- Inhomogen bedeutet, dass der Werkstoff unregelmäßig aufgebaut ist. Hierunter fallen z. B. Unterschiede zwischen Kern- und Splintholz, zwischen Früh- und Spätholz und Wuchsunregelmäßigkeiten.
- Anisotrop bedeutet, dass der Werkstoff z. B. in drei Richtungen unterschiedlich stark arbeitet oder unterschiedliche Festigkeitseigenschaften hat.

10. Von welchen Faktoren ist die Festigkeit des Holzes abhängig?

Sie ist abhängig von

- der Belastungsrichtung (z. B. in Faserrichtung oder quer zur Faser),
- der Holzart (insbesondere der Rohdichte),
- der Holzfeuchte,
- Wuchsunregelmäßigkeiten wie z. B. Ästen.

11. Welche Festigkeitseigenschaften unterscheidet man bei Holz?

Im Einzelnen unterscheidet man

- Druckfestigkeit,
- Zugfestigkeit,
- Scherfestigkeit,
- Biegefestigkeit,
- Knickfestigkeit,
- Spaltfestigkeit,
- Drehfestigkeit.

12. Erklären Sie, was unter der Druckfestigkeit des Holzes zu verstehen ist.

Wirkt eine Kraft senkrecht auf eine Holzoberfläche, so entsteht Druck. Starker Druck verformt oder zerstört das Holz.

Die Druckfestigkeit des Holzes ist der Spannungszustand, den das Holz ohne bleibende Verformung bzw. Bruch aushalten kann. Sie ist wie die Zugfestigkeit in Faserrichtung sehr viel größer als quer zur Faser. Sie wird in N/mm² angegeben.

13. Was versteht man unter der Scherfestigkeit des Holzes?

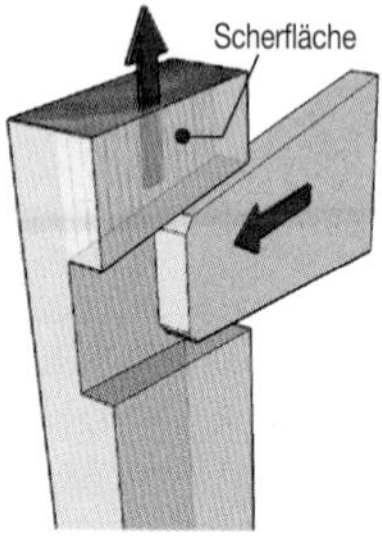

Die Scherfestigkeit des Holzes ist der Spannungszustand, den das Holz aushalten kann, wenn Schubkräfte Holzteile parallel bzw. senkrecht zur Faser wegschieben bzw. abscheren wollen. Sie wird in N/mm^2 angegeben.

Die Scherfestigkeit ist dann überschritten, wenn sich der Verbund der Fasern löst und Teile abscheren.

14. Was versteht man unter der Biegefestigkeit des Holzes?

Werden z. B. Regalbretter, Einlegeböden oder Tragbalken durch Krafteinwirkung senkrecht zur Faser belastet, biegen sie durch und die Bruchgefahr nimmt zu. Die Biegefestigkeit des Holzes ist der Spannungszustand, den das Holz ohne Bruch oder dauerhafte Verformung aushalten kann. Dabei werden auf der einen Seite die Holzfasern gestaucht und auf der anderen Seite auseinander gezogen. Es handelt sich folglich um eine kombinierte Druck- und Zugbelastung. Sie wird in N/mm^2 angegeben.

15. Was versteht man unter der Elastizität des Holzes?

Das ist die Eigenschaft des Holzes, nach Beseitigung der Biegekraft wieder in die ursprüngliche Form zurückzukehren. Sie hängt von der Holzart und dem Feuchtigkeitsgehalt ab.

16. Was versteht man unter der Biegsamkeit bzw. der Plastizität des Holzes?

Biegsame Holzarten wie z. B. Rotbuchen- und Eschenholz behalten nach dem Biegen die gebogene Form. Sie sind im Gegensatz zu elastischen Hölzern plastisch.

Nasses und erwärmtes Holz lässt sich leichter biegen als trockenes Holz.

17. Kennen Sie gesundheitsschädigende Holzeigenschaften?

Holz bildet zum Schutz vor Schädlingen Abwehrstoffe, die auch für den Menschen gefährlich sein können. So ist z. B. nachgewiesen, dass Buchen- und Eichenholzstaub krebserzeugend ist. Bei der Bearbeitung einiger exotischer Hölzer kann Holzstaub Entzündungen an Augen, Atemwegen und an der Haut, Erbrechen und andere Beschwerden hervorrufen.

1.6 Holzfeuchte und das „Arbeiten“ des Holzes

1. Was versteht man unter der Hygroskopizität des Holzes?

Dies ist die Eigenschaft des Holzes, Feuchtigkeit aus feuchter Luft aufzunehmen oder an trockene Luft abzugeben. Dabei quillt oder schwindet das verarbeitete Holz.

2. In welchen Formen kommt Wasser im Holz vor?

Im Holz befindet sich gebundenes und freies Wasser.

- Gebundenes Wasser ist in den Zellwänden gespeichert.
- Freies Wasser befindet sich in den Zellhohlräumen des fällfrischen Holzes und füllt diese teilweise oder ganz.

3. Die Holzfeuchte wird üblicherweise in Prozent angegeben. Auf welchen Grundwert bezieht sich diese Prozentangabe?

Sie bezieht sich auf die reine Holzmasse, die auch als Darrgewicht bezeichnet wird.

Die Holzfeuchte drückt somit das Verhältnis der Wassermasse zur wasserfreien Holzmasse aus. Bei einer Holzfeuchte von 100 % sind z. B. beide Massen gleich groß.

4. Vom Fällzeitpunkt bis zur Verarbeitung durch den Tischler hat das Holz sehr unterschiedliche Holzfeuchten. Erläutern Sie diese verschiedenen Holzfeuchten.

Der Feuchtegehalt am frisch gefällten Stamm kann 50 bis 100 % und mehr sein. Vor dem Einschnitt zu Brettern und Bohlen beträgt er etwa 40 %. Luftgetrocknetes Schnittholz hat eine Feuchte von ungefähr 12 – 15 %. Durch künstliche Holztrocknung kann eine geringere Holzfeuchte von ca. 8 – 10 % erreicht werden. Darrtrockenes Holz, also Holz ohne Feuchte, kann nur unter Laborbedingungen erzielt werden.

5. Was versteht man unter dem Fasersättigungspunkt?

Der Fasersättigungspunkt ist erreicht, wenn sich in den Zellhohlräumen kein freies Wasser mehr befindet, die Zellwände aber mit gebundenem Wasser noch gesättigt sind. Bei den meisten Holzarten liegt er bei einer Holzfeuchte von etwa 30 %.

6. Was geschieht, wenn bei der Holztrocknung der Fasersättigungspunkt unterschritten wird?

Bei der Abgabe der gebundenen Feuchtigkeit schwinden die Zellwände. Die dabei entstehenden Spannungen im Holz führen zu Maß- und Formänderungen. Man sagt, dass das Holz arbeitet.

7. Was versteht man unter den Begriffen „Holzfeuchtegleichgewicht" und „Verwendungsfeuchte"?

Holz gibt so lange Feuchtigkeit ab, bis ein Ausgleich mit der umgebenden Luft erreicht ist. Die verbleibende Restfeuchte wird als Holzfeuchtegleichgewicht bezeichnet. Da sich z. B. im Innenbereich die Luftfeuchtigkeit über einen größeren Zeitraum nur gering ändert, variiert dort auch das Holzfeuchtegleichgewicht kaum.

Die in etwa zu erwartenden Holzfeuchtegleichgewichtswerte für den Innen- und Außenbereich sind bekannt. Hierbei spricht man auch von der Verwendungs- oder Soll-Feuchte. Durch die Beachtung der Sollfeuchte bei der Verarbeitung wird späterem Schwinden oder Quellen des Holzes vorgebeugt.

8. Geben Sie an, wie hoch die Holzfeuchte fertig zusammengebauter Teile aus Holz bei der Auslieferung sein darf.

- Bei Innenausbauteilen maximal 10 %.
- Bei Bauteilen mit ständigem Außenluftkontakt maximal 15 %.

9. Warum muss bei der Holzauswahl auf die Holzfeuchte geachtet werden?

Die Verarbeitung von zu feuchtem oder zu trockenem Holz führt zu Rissbildungen oder Form- und Maßveränderungen. Bei zu feuchtem Holz ist außerdem mit Fehlverleimungen und mangelhaften Lackoberflächen zu rechnen und die Gefahr des Pilz- und Schädlingsbefalls ist größer.

10. Durch welche Verfahren wird in Tischlereien die Holzfeuchte geprüft?

Man verwendet
- elektrische Widerstandsmessgeräte mit Einschlagelektroden,
- oder elektronischen Auflage-Messgeräten mit Sensor.
- Genauere Ergebnisse liefert die etwas aufwändige Darrprobe.

11. Beschreiben Sie die Funktionsweise der Messgeräte zur elektrischen Holzfeuchtemessung.

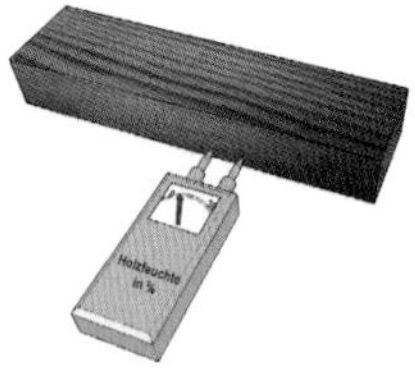

Die Geräte haben zwei Elektroden mit festem Abstand, die in das Holz eingestochen werden. Die elektrische Leitfähigkeit von trockenem Holz ist geringer als die von feuchtem Holz.

Die Messgeräte messen den elektrischen Widerstand zwischen den Elektroden und zeigen im Display die Umrechnung in Holzfeuchteprozent an. Die Holzart und die Holztemperatur beeinflussen das Messergebnis. Deshalb haben die Geräte oft zusätzliche Schalter, um dies zu berücksichtigen. Im Bereich unterhalb des Fasersättigungspunktes ist das Messverfahren ausreichend genau.

12. Wie wird eine Darrprobe durchgeführt?

Man benötigt dazu einen Darrofen mit einer Feinwaage.

Von dem zu prüfenden Holz wird ein kleines Probestück möglichst aus der Mitte entnommen und auf die Feinwaage im Ofen gelegt. Vor dem Einschalten des Ofens zeigt die Waage das Nassgewicht des Probestücks an. Nach dem Einschalten des Ofens verringert sich das Gewicht, bis es schließlich konstant bleibt. Jetzt zeigt die Waage das Darrgewicht an. Aus den Messwerten kann die Holzfeuchte berechnet werden.

13. Was versteht der Tischler unter dem „Arbeiten" des Holzes?

Unter dem Arbeiten des Holzes versteht man die Maß- und Formänderungen des verarbeiteten Holzes.

Ursache hierfür sind Holzfeuchteänderungen unterhalb des Fasersättigungspunktes, wodurch die Holzzellwände schwinden oder quellen. Die Formänderung entsteht durch eine unterschiedliche Maßänderung in tangentialer, radialer und axialer Richtung.

14. Wie kann verhindert werden, dass sich das Arbeiten des Holzes an Werkstücken nachteilig auswirkt?

Um die Folgen des Arbeitens des Holzes in Grenzen zu halten, ist eine sorgfältige Holzauswahl erforderlich. Hierzu zählt z. B. die Wahl schwindungsarmer Holzarten mit einer Holzfeuchte, die dem Verwendungszweck entspricht.

Verformungskräfte können durch entsprechende Konstruktionen wie z. B. Gratleisten und fachgerechte Verbindungen aufgefangen werden.

Schwind- und Quellbewegungen des Holzes können nicht verhindert werden. Um Schäden am Werkstück zu verhindern, sind hierfür ausreichende Bewegungsspielräume vorzusehen.

15. Holz „arbeitet" in drei Richtungen unterschiedlich stark. Verdeutlichen Sie dies mithilfe einer Skizze und geben Sie die maximalen Schwindmaße in Prozent an.

a) = Richtung der Jahrringe (Tangentialrichtung) ca. 10 %;

b) = Richtung der Holzstrahlen (Radialrichtung) ca. 5 %;

c) = Richtung der Faser; (Axialrichtung) ca. 0,1 – 0,5 %.

(Alle Prozentangaben sind Durchschnittswerte verschiedener Holzarten)

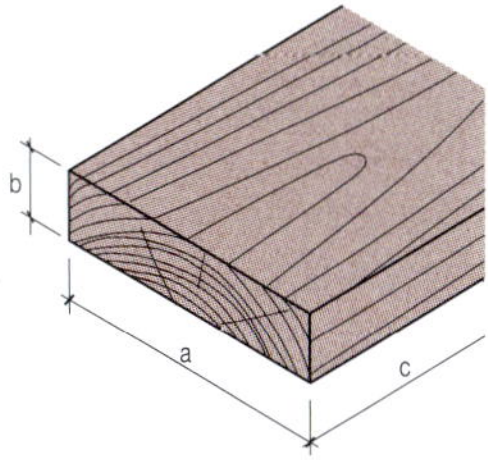

16. Warum nimmt man die rechte Seite des Holzes beim Bau von Werkstücken meist nach außen und woran erkennt man sie?

Die rechte Seite ist die dem Kern zugewandte Seite. Sie ist in der Regel fester und schöner als die Splintholzseite. Beim Trocknen wird sie rund. Nimmt man sie bei Kasteneckverbindungen nach außen, bleiben die Fugen dicht. Eventuelle Spannungsrisse treten nur an der Kasteninnenseite auf.

17. Warum wird die rechte Seite eines Seitenbretts beim Schwinden rund?

Bei Seitenbrettern befinden sich zur linken Seite hin längere Jahrringe, die sich beim Trocknen des Holzes mit größeren Spannungen zusammenziehen als die kürzeren Jahrringe auf der rechten Seite. Außerdem ist auf der linken Seite oft der Splintholzanteil größer, der stärker schwindet als Kernholz.

18. Skizzieren Sie ein Seitenbrett in der Perspektive. Tragen Sie die Holzstruktur an allen Flächen ein und verdeutlichen Sie die zu erwartende Formänderung des Brettes nach dem Trocknen. Mit welchen Maßänderungen (in Prozent) ist in der Breite, Dicke und Länge des Brettes maximal zu rechnen?

Das Seitenbrett wird beim Trocknen auf der rechten Seite rund und auf die linken Seite hohl.

- Breitenmaßänderung maximal – 10 %,
- Dickenmaßänderung maximal – 5 %,
- Längenmaßänderung ca. – 0,3 %.

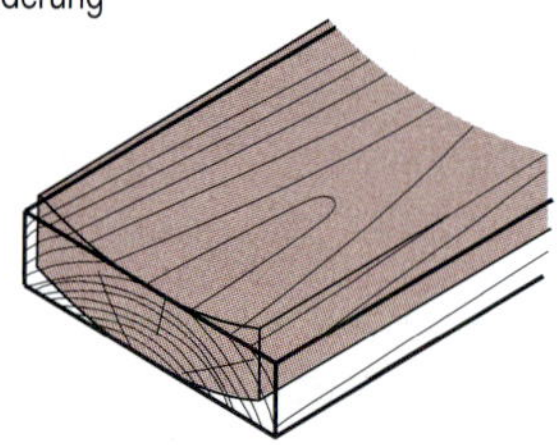

19. Skizzieren Sie ein Herzbrett (Kernbrett) in der Perspektive. Tragen Sie die Holzstruktur an allen Flächen ein und verdeutlichen Sie die zu erwartende Formänderung des Brettes nach dem Trocknen. Mit welchen Maßänderungen (in Prozent) ist in der Breite, Dicke und Länge des Brettes maximal zu rechnen?

Beim Trocknen eines Herzbrettes runden sich beide Brettflächen leicht. Im Bereich der Markzone treten Spannungen auf, die zur Rissbildung führen können.

- Breitenmaßänderung maximal – 5 %,
- Dickenmaßänderung maximal – 10 %
- Längenmaßänderung ca. – 0,3 %.

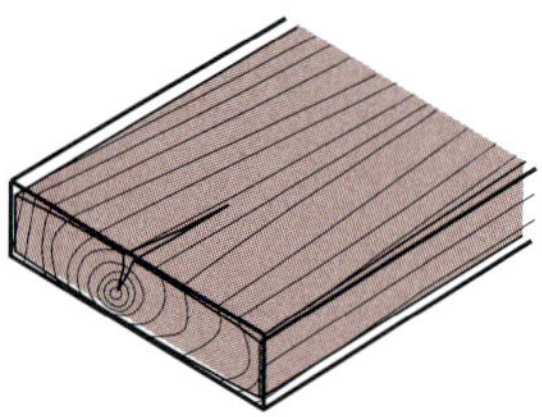

1.7 Holzeinschnitt und Handelsformen des Schnittholzes

1. Warum ist der Holzeinschlag in der kalten Jahreszeit günstiger als im Sommer?

- Die niedrigen Temperaturen im Winter verhindern Schwundrisse durch zu schnelles Trocknen.
- Kein Befall durch tierische und pflanzliche Schädlinge.
- Das Holz ist weniger saftreich und hat dadurch auch weniger Masse.
- Der gefrorene Waldboden erleichtert den Abtransport der Stämme.

2. Lange Stämme werden in mehrere Teile zerlegt. Wie werden diese Teile bezeichnet und welcher Teil hat die beste Qualität?

Man zerlegt lange Stämme in zwei oder drei Teile und bezeichnet diese als Erdstamm, Mittelstamm und Zopfstück. Stammreste mit einem geringen Durchmesser bezeichnet man als Industrieholz.

Der Erdstamm ist der untere Teil des Stammes. Da er durch die wenigen Äste die beste Qualität hat, werden daraus Bretter und Bohlen als Blockware gesägt oder Furniere hergestellt.

3. Welche Wuchsfehler können den Gebrauchswert des Holzes verringern?

Weicht der Stamm in Form und Querschnitt vom üblichen Wuchs ab, sind die Verwendungsmöglichkeiten eingeschränkt.

Beispiele hierfür sind:

- Krummschäftigkeit,
- Abholzigkeit,
- Drehwüchsigkeit,
- Stämme mit Gabelung (Doppelkern),
- exzentrischer Wuchs,
- Spannrückigkeit,
- Frostrisse,
- starke Wundüberwallung,
- Kernrisse.

4. Was versteht man beim Auftrennen der Stämme mit der Gattersäge unter den Begriffen Scharfschnitt, Modellschnitt und Riftschnitt?

- Beim Scharfschnitt (auch Rund- oder Einfachschnitt genannt) wird der Stamm in nur einem Gatterdurchgang (Vollgatter) aufgeschnitten. Die dabei anfallenden Bretter oder Bohlen sind unbesäumt.

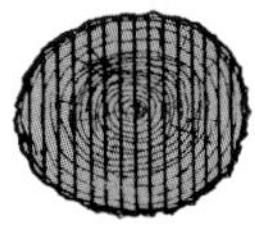

- Beim Modellschnitt (auch Prismenschnitt genannt) sind zwei Gatterdurchgänge erforderlich. Beim ersten Durchgang wird der Stamm besäumt. Nach einer 90°-Drehung fallen beim zweiten Durchgang parallel besäumte Bretter gleicher Breite an.

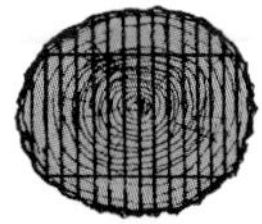

- Der Riftschnitt ist ein aufwändiges Auftrennverfahren, um hochwertige Ware mit stehenden Jahrringen zu erhalten. Hierfür sind sieben Gatterdurchgänge erforderlich.

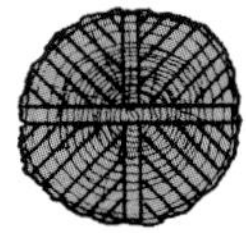

5. In welchen Formen wird Schnittholz gehandelt?

Man unterscheidet
- Bauschnittholz (Balken, Kreuzhölzer, Kanthölzer, Latten),
- Werkholz (Bretter, Bohlen oder Dielen),
- Halbfertigerzeugnisse (Halbfabrikate) aus Holz.

6. Welche Querschnittsmaße gelten bei Bauschnittholz?

Bauschnitthölzer sind im Querschnitt quadratisch oder rechteckig und haben folgende Maße:

Latten:	Querschnittsfläche bis 32 cm^2, Querschnittsseite höchstens 8 cm.
Kanthölzer:	große Querschnittsseite höchstens 18 cm, kleine Querschnittsseite mindestens 6 cm.
Balken:	große Querschnittsseite mindestens 20 cm breit, kleine Querschnittsseite mindestens 8 cm.

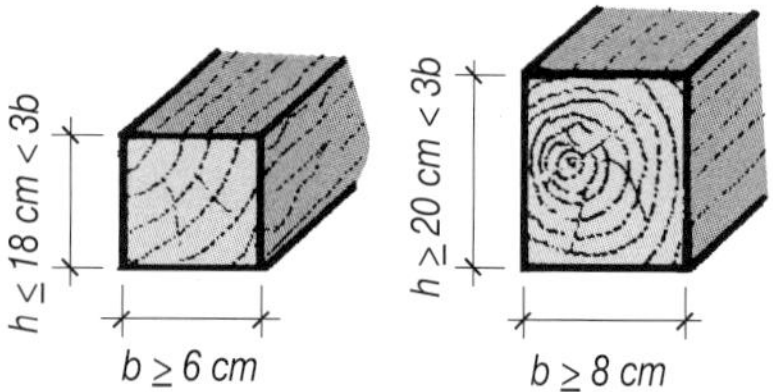

Kantholz Balken

7. Wann spricht man von Brettern, wann von Bohlen und wie können sie besäumt sein?

Bretter: Breite mindestens 80 mm, Dicke mindestens 8 mm, höchstens 40 mm.

Bohlen: Dicke mindestens 40 mm, Breite mindestens dreifache Dicke.

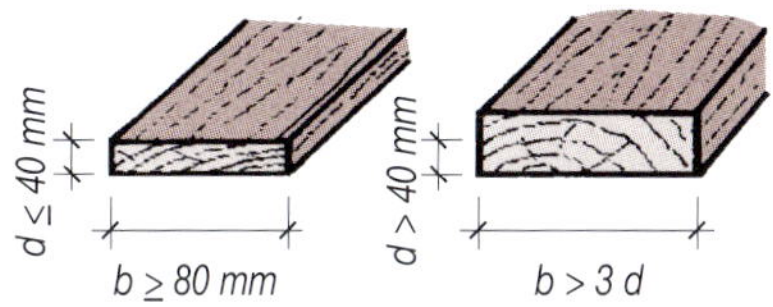

Man unterscheidet unbesäumte und besäumte Bretter und Bohlen, wobei die Besäumschnitte konisch entlang der Baumkante oder parallel zueinander verlaufen.

8. Was versteht man unter linker bzw. rechter Seite bei Brettern und Bohlen?

Bei Mittel- und Seitenbrettern bzw. Bohlen wird die Seite, die zum Kern zeigt, stets als rechte Seite bezeichnet. Die linke Seite ist die vom Kern abgewandte Seite.

9. Wie werden Bretter und Bohlen nach der Lage der Jahrringe bezeichnet?

Man unterteilt sie in

- Herz- oder Kernbretter (mit vorwiegend stehenden Jahrringen),

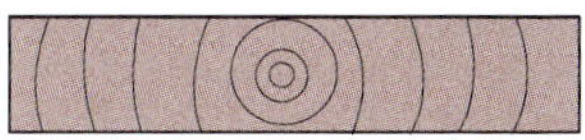

- Mittelbretter (mit stehenden und liegenden Jahrringen),

linke Seite

rechte Seite

- Seitenbretter (mit liegenden Jahrringen).

linke Seite

rechte Seite

Bei Bohlen sind die Begriffe entsprechend.

10. Nennen Sie Beispiele für Halbfertigerzeugnisse aus Holz.

Halbfertigerzeugnisse sind oberflächenbearbeitete oder mit genormten Profilen versehene Hölzer, die bei der Verarbeitung lediglich noch abgelängt oder oberflächenbehandelt werden müssen.

Zu den Halbfertigerzeugnissen zählen z. B.

- Hobeldielen,
- Schalungsbretter (gespundet oder gefälzt),
- Profilbretter für Wand- und Deckenverkleidungen,
- Fußleisten,
- Handläufe.

1.8 Holzfehler am Schnittholz

1. Auf welche Holzfehler ist bei der Schnittholzauswahl zu achten?

Zu den Holzfehlern am Schnittholz zählen Risse, Äste, Verformungen, Harzgallen, Verfärbungen, Insektenfraßgänge sowie Pilzbefall.

2. Wie wird die sichtbare Qualität von Holz für Tischlerarbeiten nach DIN EN 942 beurteilt?

Bei offenen bzw. sichtbaren Flächen wird die Qualität in fünf Klassen unterteilt (Klasse J2, J10, J30, J40, J50). Für die Einstufung spielen z. B. natürliche Wuchs- und Holzfehler, Äste, Risse, Schädigungen durch Holz verfärbende Pilze und Insekten eine Rolle. Die Klasse J2 kennzeichnet eine einwandfreie Qualität.

3. Welche Arten von Ästen unterscheidet man?

Man unterscheidet sie

- nach ihrem Zustand in gesunde und abgestorbene Äste (Man spricht dabei auch von verwachsenen Ästen und Durchfallästen.),
- nach der Form in runde, ovale und längliche Äste (Flügeläste),
- nach ihrer Gruppierung in Einzel-, Gruppen- und Doppeläste.

4. Wie wirken sich Äste auf die Verwendung und Bewertung des Holzes aus?

Äste setzen die Festigkeit des Holzes und ihre Widerstandskraft gegen Pilze herab und erschweren durch ihr festeres Zellgefüge die Bearbeitung. Sie haben ein anderes Schwindverhalten als das sie umgebende Holz. Sie bilden Risse oder lockern sich.

Anzahl und Ausmaß der Äste sind ein wichtiges Kriterium bei der Beurteilung der Holzqualität und der Einstufung in Holzklassen.

Fest verwachsene Äste können, wie z. B. bei der Zirbelkiefer, eine Verschönerung darstellen und in solchen Ausnahmefällen den Wert dieses Holzes erhöhen.

5. Wie wird astiges Holz ausgebessert?

Die Äste werden mithilfe von Astlochbohrmaschinen ausgebohrt und mit passenden Querholzscheiben ausgefüllt. Dabei ist auf Übereinstimmung in Farbe und Faserverlauf zu achten.

6. Was versteht man unter Harzgallen? Warum müssen sie beseitigt werden und wie geht man dabei vor?

Harzgallen sind mit Harz gefüllte flache Hohlräume innerhalb eines Jahrrings. Sie treten bei Nadelhölzern (außer Tanne) auf.

Sie müssen beseitigt werden, weil das Harz austritt, weil sie optisch stören und weil durch sie Verleimungen und Oberflächenbehandlungen fehlerhaft werden.

Man beseitigt Harzgallen durch Ausfräsung und Einsetzen eines Passstücks gleicher Holzart.

1.9 Trocknung, Lagerung und Pflege des Schnittholzes

1. Welche Verfahren der Holztrocknung unterscheidet man?

Man unterscheidet

- die künstliche Trocknung in halb- oder vollautomatischen Trockenanlagen, die auch als technische Trocknung bezeichnet wird,
- die natürliche Holztrocknung im Freien oder im überdachten Lager, die auch als Freiluft-Holztrocknung bezeichnet wird.

2. Nennen Sie die Vor- und Nachteile der technischen Holztrocknung im Vergleich zur Methode der natürlichen Trocknung.

Vorteile:
- sehr schnelle Trocknung,
- steuerbar auf genaue Endfeuchte,
- man erreicht auch Holzfeuchten unter 12 %,
- geringere Lagerkosten, geringerer Platzbedarf für Holzlager, weniger Lagerschäden,
- Nebeneffekt: Abtötung von Schädlingen.

Nachteile:
- hoher Energieverbrauch / hohe Betriebskosten,
- Trocknungsfehler können auftreten (z. B. Rissbildung, Holzverfärbungen, Verschalung, Zellkollaps),
- Harzausfluss bei harzhaltigen Holzarten.

3. Erläutern Sie das Prinzip der technischen Holztrocknung.

Durch Erwärmung wird die Feuchtigkeit im Holz in Wasserdampf umgewandelt und dann abgeführt. Der Trocknungsprozess verläuft nach einem Trocknungsplan. Temperatur, Luftgeschwindigkeit und Luftfeuchtigkeit werden gesteuert und überprüft.

4. Führen Sie die vier wichtigsten Verfahren der technischen Holztrocknung auf.

Man unterscheidet:
1. die Frischluft/Abluft-Trocknung, bei der Frischluft der Trocknungskammer zugeführt und feuchtwarme Luft abgeführt wird,
2. die Umlufttrocknung bzw. Kondensationstrocknung, bei der feucht-warme Luft in der Trocknungskammer durch ein Kondensationsgerät geleitet und entfeuchtet wird,
3. die Vakuumtrocknung, bei der eine Wasserverdampfung mit geringerer Wärmeenergie durchgeführt wird,
4. die Hochfrequenztrocknung, bei der die Wassermoleküle im Holz durch schnelles Umpolen eines elektrischen Feldes in Schwingungen geraten und sich erwärmen.

5. Welche Probleme oder Schäden können bei der technischen Holztrocknung auftreten? Nennen Sie zwei Beispiele.

- Wenn sehr feuchtes Hartholz (Holzfeuchte deutlich über 30 %) zu schnell getrocknet wird, kann „Zellkollaps“ auftreten. Durch das rasche Entweichen des Wassers aus den Holzzellen schwinden die Zellen stark und fallen in sich zusammen. Insgesamt führt dies zu starker Verformung des Holzquerschnitts. →

Fortsetzung der Antwort ⇒

– Man spricht von „Verschalung“, wenn die äußeren Schichten des Holzes sehr viel schneller als die inneren Schichten trocknen und dadurch der Abtransport der Feuchtigkeit von innen nach außen unterbrochen wird. Es kommt zu Abschälungen zwischen den Schichten. Man verhindert die Verschalung durch rechtzeitiges Besprühen des Trockengutes mit Wasserdampf.

6. Eine Holzbestellung wird mit der Bezeichnung „kammertrocken“ geliefert. Welche Bedeutung hat diese Bezeichnung?

„Kammertrocken“ besagt lediglich, dass eine technische Holztrocknung stattgefunden hat, nicht aber welche Holzfeuchte erzielt wurde.

7. Wie muss der Trockenplatz für die Freiluft-Holztrocknung beschaffen sein?

Damit der Platz trocken bleibt und das Regenwasser abläuft, sollte er ein leichtes Gefälle haben. Die Schnittholzstapel sollten zur guten Durchlüftung quer zur Hauptwindrichtung angelegt werden und gegen Witterung (Sonne u. Niederschläge) geschützt sein.

8. Wie wird Schnittholz bei der Freiluft-Holztrocknung gestapelt?

Beim Stapeln von Schnittholz unterscheidet man Block- und Kastenstapel.

- Blockstapel: stammweise aufgestapeltes unbesäumtes Schnittholz,
- Kastenstapel: besäumte Bretter und Bohlen gleicher Holzart, Abmessungen und Einschnittlage.

Bei beiden Stapelarten liegen die Schichten auf Stapelleisten, die Zwischenräume für die Luftzirkulation bilden.

Ein tragfähiger Stapelunterbau soll ausreichenden Bodenabstand gewährleisten (etwa 40 bis 60 cm) und in Längsrichtung des Schnittholzes ein leichtes Gefälle haben.

9. Was ist bei Stapelleisten zu beachten?

Um ein Durchbiegen und Verziehen des Trockengutes in einem Stapel zu vermeiden, müssen die Stapelleisten

- genau lotrecht übereinander liegen,
- in Abständen von etwa 1 Meter angeordnet werden,
- einen quadratischen Querschnitt haben.

Man fertigt sie am besten aus Fichtenholz, weil es kaum Verfärbungen hinterlässt. →

Fortsetzung der Antwort ⇒

Um Druckstellen und Fäulnisstellen am gelagerten Holz zu vermeiden, sollte der Leistenquerschnitt mindestens 20/20 mm bis höchstens 40/40 mm betragen.

10. Bei der Holzlagerung können Qualitätseinbußen durch Rissbildung an den Hirnenden des gestapelten Schnittholzes auftreten. Wie entstehen diese Risse und wie vermeidet man sie?

An den Hirnenden trocknet gestapeltes Schnittholz am schnellsten. Starke Trocknungsspannungen im Bereich der Hirnenden führen dort zur Rissbildung.

Die Spannungen können durch Metallwellenbänder oder Schwundklammern abgefangen werden.

Man verhindert das Entstehen von Trocknungsspannungen durch

- einen Farb- oder Wachsanstrich an den Hirnenden,
- überstehende Endstapelleisten, die gegen Witterungseinflüsse schützen,
- eine Lagerung in einem überdachten, aber gut durchlüfteten Lagerraum, wo das Holz vor Regenwasser und direkter Sonneneinstrahlung geschützt ist.

1.10 Holzschädlinge und Holzkrankheiten

1. Unter welchen Bedingungen können sich Pilze und Holz zerstörende Insekten am verarbeiteten Holz am besten entwickeln?

- Pilzbefall wird durch hohe Holzfeuchtigkeit (über 20 %), stehende Luft, Dunkelheit und mäßige Temperaturen begünstigt.
- Insektenbefall kann auch bei geringer Holzfeuchte auftreten, kommt aber bei trockenem Holz (unter 12 % Holzfeuchte) selten vor.

  Ein bereits vorhandener Befall kann sich auf gesundes Holz übertragen.

2. Nennen Sie bedeutende tierische Schädlinge, die in Mitteleuropa am verarbeiteten Holz vorkommen können (mit Befallsbeispielen).

Von Bedeutung sind

- Hausbocklarven, die vorwiegend den Splint des Nadelholzes in Dachstühlen befallen,
- Anobienlarven (Gewöhnlicher Nagekäfer, Klopfkäfer), die alle Holzgegenstände befallen,
- Larven des Splintholzkäfers (bzw. Parkettkäfers), die tropische und europäische Laubhölzer befallen.

3. Führen Sie die vier Entwicklungsstufen der Holzschädlinge am Beispiel des Hausbocks auf.

1. Das Hausbockkäferweibchen legt etwa 150 bis 400 Eier in Holzrisse.
2. Nach etwa 3 Wochen schlüpfen die Larven, die sich sofort ins Splintholz fressen.
3. Die Entwicklung der Larven dauert 3 bis 10 Jahre; sie zerstören das Holz unter der Oberfläche.
4. Die Verpuppung der Larven dauert etwa 3 Wochen.

   Die ausgeschlüpften Käfer leben etwa 4 Wochen. In dieser Zeit erfolgt die Befruchtung.

4. Wie kann Hausbockbefall festgestellt werden?

Befallszeichen sind

- ovale Ausfluglöcher der geschlüpften Käfer (Durchmesser 5 – 8 mm)
- ein dumpfer Klang, wenn man mit dem Hammer auf das Holz schlägt.

Der Hausbock befällt nur verbautes Nadelholz.

Da die Larven während einer langen Entwicklungszeit (3 bis 6 Jahre) unter der Holzoberfläche Gänge ins Splintholz nagen, wird ein Befall in der Regel erst sehr spät festgestellt.

Durch Freilegung der Fraßgänge und genauere Prüfung kann das Ausmaß des Befalls eingeschätzt werden.

5. Woran erkennt man den Befall durch den Gewöhnlichen Nagekäfer?

Der Befall ist an Bohrlöchern von 1 bis 2 mm Durchmesser zu erkennen. Diese entstehen, wenn das Insekt nach dem Verpuppungsstadium als Käfer das Holz verlässt. Akuten Befall erkennt man an frischen Bohrmehlhäufchen, die aus den Bohrlöchern rieseln.

6. Welche Pilzarten befallen Möbel oder Bauteile aus Holz?

Verarbeitetes Holz kann durch Holz verfärbende und Substanz zerstörende Pilze befallen werden. Bei den Substanz zerstörenden Pilzen unterscheidet man die Braunfäule (Celluloseabbau) und die Weißfäule (Ligninabbau).

7. Wie schätzen Sie die Bedeutung der Holzgefährdung durch Bläuepilze ein?

Gefährdet ist insbesondere feuchtes und nährstoffreiches Kiefernsplintholz. Die Holzfestigkeit wird nicht gemindert, aber es entstehen intensive blauschwarze Verfärbungen, die den Gebrauchswert des Holzes verringern.

Am verarbeiteten Holz kann der Pilz Anstriche aufsprengen, sodass Feuchtigkeit eindringt und weiterer Schädlingsbefall begünstigt wird.

8. Wie kann man Bläue verhindern bzw. behandeln?

Verblauung im Holzlager kann durch gute Trocknung und luftige Stapelung verhindert werden.

Bläueschutzimprägnierung oder -grundierung schützt gefährdete Nadelholzkonstruktionen im Außen- und Übergangsbereich und stoppt vorhandenen Befall.

Eine Zunahme der Holzfeuchte ist durch konstruktiven Holzschutz zu verhindern.

9. Wie beurteilen Sie die Gefährlichkeit des Echten Hausschwamms?

Dieser Braunfäulepilz baut Zellulose bis zum Würfelbruch ab.

Er ist sehr gefährlich, weil

- die Myzelstränge des Pilzes auch Mauerwerk durchdringen können und so die Pilzausbreitung über ganze Gebäudeteile ermöglichen,
- über die Myzelstränge Feuchtigkeit auf trockenes Holz übertragen wird,
- die Pilzausbreitung größtenteils im Verborgenen bleibt,
- die Schwammbekämpfung sehr aufwändig ist und konservierende Maßnahmen kaum möglich sind.

1.11 Konstruktiver und chemischer Holzschutz

1. Wie werden die Maßnahmen und Methoden des Holzschutzes eingeteilt?

Sie können eingeteilt werden in

- vorbeugende Holzschutzmaßnahmen gegen Pilz- und Schädlingsbefall,
- vorbeugende Holzschutzmaßnahmen gegen Feuer,
- bekämpfende Holzschutzmaßnahmen bei Pilz- und Schädlingsbefall.

Bei den Methoden unterscheidet man den konstruktiven und den chemischen Holzschutz.

2. Was versteht man unter konstruktivem Holzschutz?

Hierzu zählen alle vorbeugenden baulichen und handwerklichen Maßnahmen, die das Ziel haben, die Holzfeuchte des eingebauten Holzes dauerhaft unter 20 % zu halten.

Konstruktiver Holzschutz sollte aus Gründen des Umweltschutzes gegenüber dem chemischen Holzschutz Vorrang haben.

3. Führen Sie einige Beispiele für konstruktive Holzschutzmaßnahmen auf.

- Holzauswahl unter Beachtung der natürlichen Dauerhaftigkeit (Resistenz),
- Hinterlüftung von Wandverkleidungen und Wandschränken,
- schlagregen- bzw. spritzwassergeschützter Einbau von Holzbauteilen,
- Wasserablaufschrägen und Wetterschenkel mit Wasserabrissnut an Fenstern und Hauseingangstüren,
- abgerundete Fensterrahmenkanten,
- passgenaue und dichte Verbindungsfugen.

4. Welche Rolle spielen die Dauerhaftigkeitsklassen nach EN 350-2 bei der Holzauswahl?

Die Holzauswahl ist wesentlicher Teil des konstruktiven Holzschutzes. Für witterungsbeanspruchte Bauteile sind nur wenige Holzarten geeignet. Nach EN 350-2 sind die Holzarten zur Kennzeichnung ihrer natürlichen Dauerhaftigkeit gegen Pilz- und Insektenbefall in Klassen von sehr dauerhaft (1) bis nicht dauerhaft (5) eingeteilt. Das Kernholz der Eiche entspricht z. B. der Dauerhaftigkeitsklasse 2 und das der Buche der Dauerhaftigkeitsklasse 5.

5. Wie unterscheidet man chemische Holzschutzmittel nach der Substanz, in denen die Giftstoffe gelöst sind?

Man unterscheidet
- wässrige Holzschutzmittel,
- ölige Holzschutzmittel,
- lösemittelhaltige Holzschutzmittel,
- gasförmige Holzschutzmittel.

6. Was besagen die Prüfzeichen P, Iv, W und E bei amtlich zugelassenen chemischen Holzschutzmitteln?

P = das Mittel ist wirksam gegen **P**ilze (Fäulnisschutz),

Iv = das Mittel ist wirksam gegen **I**nsekten (**v**orbeugender Schutz),

W = das Mittel ist geeignet für Holz, das der **W**itterung ausgesetzt ist,

E = das Mittel ist geeignet für extrem beanspruchtes Holz (z. B. mit **E**rdkontakt).

7. Wie können Holzschutzmittel aufgetragen werden und welche Tiefenwirkungen unterscheidet man dabei?

Unter Beachtung der Herstellerangaben können die Mittel durch Spritzen, Sprühen, Streichen, Tauchen, Tränken oder durch besondere Verfahren (Injektionsverfahren, Kesseldruckverfahren, Begasung) angewendet werden. →

Fortsetzung der Antwort ⇒

Je nach Eindringtiefe spricht man von

Oberflächenschutz	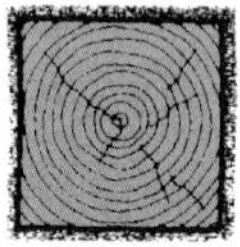
Randschutz bis 10 mm Tiefe	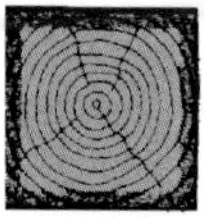
Tiefenschutz bis 10 mm Tiefe	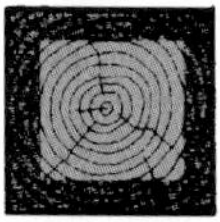
Vollschutz bis zum Kern	

8. Worauf ist beim Umgang mit chemischen Holzschutzmitteln hinsichtlich des Arbeits- und Umweltschutzes zu achten?

Da die Giftstoffe für Menschen, Tiere und Pflanzen gefährlich sein können, sind u. a. folgende Regeln zu beachten:

- Die Mittel sind bis zur Verarbeitung in Originalbehältern zu belassen,
- nur Befugte dürfen Zugang haben,
- Gebrauchsanweisungen mit Sicherheitshinweisen sind genau einzuhalten,
- Schutzhandschuhe und Schutzbrille sind zu tragen,
- auf gute Durchlüftung ist zu achten (eventuell Atemschutzmaske tragen),
- nach der Arbeit sind Hände und Gesicht gründlich zu reinigen,
- nicht essen, trinken, rauchen,
- Holzschutzmittelreste dürfen nur durch die zuständigen Stellen entsorgt werden; auf keinen Fall dürfen sie in den Boden oder in Oberflächengewässer gelangen, die einschlägigen Gesetze, Verordnungen und Vorschriften sind zu beachten.

9. Erklären Sie die Bedeutung der folgenden drei Zeichen.

(A) (B) (C)

(A) Das RAL-Gütezeichen kennzeichnet Holzschutzmittel für nicht tragende Bauteile, die wirksam und bei bestimmungsgemäßer Verwendung gesundheitlich unbedenklich sind.

(B) Das Umweltzeichen Blauer Engel kennzeichnet Produkte, die vergleichsweise wenige Umweltschadstoffe beinhalten. Sie dürfen keine gegen Pilze und Insekten wirksamen Mittel enthalten.

(C) Das amtliche Zeichen der Material-Prüfanstalten kennzeichnet Holzschutzmittel für tragende und aussteifende Holzbauteile, die bei sachgemäßer Anwendung wirksam und gesundheitlich unbedenklich sind.

10. Mit welchen chemischen Mitteln kann Holz vorbeugend gegen Feuer geschützt werden?

Zu den Mitteln, die das Holz schwer entflammbar machen, zählen

- Feuerschutzlacke, die bei Feuereinwirkung zu einer unbrennbaren Schaumschicht aufquellen und die Holzoberfläche vor Sauerstoffzutritt schützen,
- Feuerschutzsalze, die bei Feuereinwirkung an der Oberfläche eine Schmelzschicht erzeugen und die Bildung einer schützenden Holzkohleschicht fördern.

11. Kennen Sie zur Bekämpfung von Schädlingsbefall in verbautem Holz Alternativverfahren zu den chemischen Mitteln?

Als Alternativen kommen in Frage

- das Heißluftverfahren, bei dem das Holz über mehrere Stunden so stark erwärmt wird, dass die Insekten abgetötet werden,
- das Mikrowellenverfahren,
- das Begasungsverfahren.

Diese Verfahren können nur durch Spezialfirmen durchgeführt werden.

2 Holzwerkstoffe und Furniere

2.1 Holzwerkstoffe

1. Welche Vorteile bietet das Verarbeiten von Holzwerkstoffen im Gegensatz zu der früher vorherrschenden Vollholzbauweise?

Vorteile:
- geringerer Materialverbrauch, weniger Verschnitt,
- minimale Maßänderungen trotz Hygroskopizität,
- minimale Verformung trotz Hygroskopizität,
- einfachere Eck- und Zwischenverbindungen,
- insgesamt rationellere Arbeitsweise,
- vielfältige Gestaltungsmöglichkeiten der Oberflächen,
- zur Plattenherstellung kann auch minderwertiges Holz verwendet werden.

2. In welcher Form wird Holz zu Holzwerkstoffen verarbeitet?

Holzwerkstoffe werden hergestellt aus
- Holzspänen,
- Holzfasern,
- Holzlagen (Bretter, Stäbe, Furniere).

3. In welche Hauptgruppen werden Holzwerkstoffe eingeteilt?

Man teilt sie ein in
- Holzspanplatten,
- Holzfaserplatten,
- Lagenholz (Schichtholz- und Sperrholzplatten).

4. Holzwerkstoffe werden in der Praxis und nach Normen durch Kurzzeichen gekennzeichnet. Was bedeuten die folgenden Beispiele: STAE 19, P2, HB, MDF

- STAE 19: Stäbchensperrholz (Dicke 19 mm)
- P2: Spanplatte für allgemeine Zwecke
- HB: Harte Holzfaserplatte
- MDF: Mitteldichte Faserplatte

5. Erläutern Sie die CE-Kennzeichnung der Holzwerkstoffplatten.

Durch das CE-Zeichen (Conformité Européenne) wird dokumentiert, dass die Platte den Normen, Richtlinien und Gesetzen der europäischen Gemeinschaft entspricht. In der Europäischen Union müssen alle in den Handel gebrachten Platten für den Bau und Innenausbau dieses Zeichen haben.

Das Kennzeichen beinhaltet unter anderem Angaben zum Hersteller, zum Herstellungsjahr, zur Bezugsnorm, zum Plattentyp und zur Umweltverträglichkeit und Sicherheit (z. B. Formaldehydklasse, Brandverhalten).

6. Skizzieren Sie im Frontalschnitt unterschiedliche Eckverbindungen für Holzwerkstoffplatten und benennen Sie diese.

① auf Gehrung mit Fremdfeder

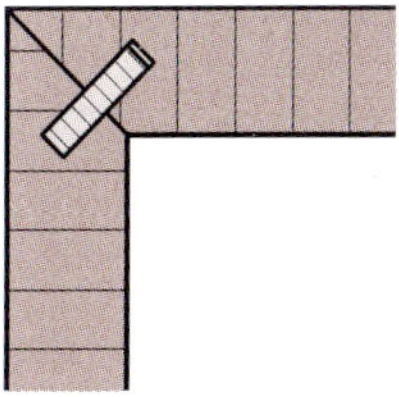

② auf Gehrung mit Formfeder (Flachdübel)

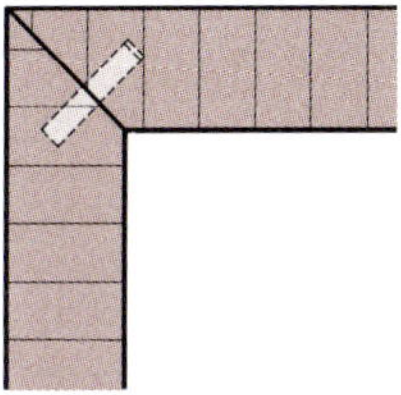

③ auf Gehrung mit Dübel

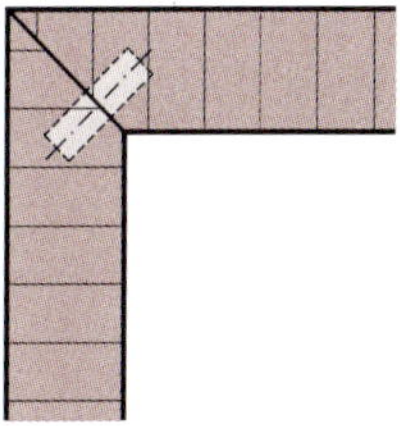

④ auf Gehrung mit Winkeldübeln

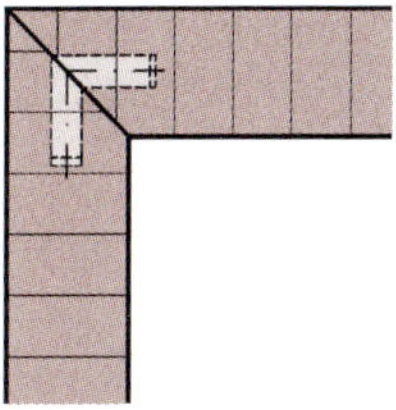

⑤ stumpf, unverleimt mit wieder lösbaren Systembeschlägen (z. B. Exzenterverbindungen)

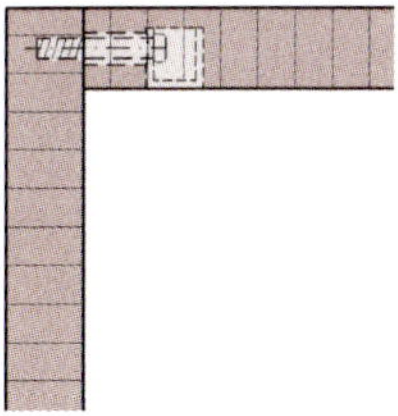

2.1.1 Holzspanplatten

1. Was versteht man unter Holzspanplatten und welche Arten unterscheidet man nach dem Herstellungsverfahren?

Holzspanplatten bestehen aus zu Spänen zerkleinertem Holz, die nach Zugabe von Kunstharzklebstoff unter Druck und Hitze verpresst werden.

Nach den unterschiedlichen Herstellungsverfahren unterscheidet man

- Flachpressplatten,
- Strangpressplatten,
- OSB-Platten.

2. Welche unterschiedlichen Typenbezeichnungen für Flachpressplatten sind Ihnen bekannt?

Flachpressplatten werden eingeteilt in die Typen

- P1 bis P3 (= Flachpressplatten für allgemeine Zwecke, wie z. B. den Möbelbau),
- P4 bis P5 (= Flachpressplatten für tragende Zwekke, wie z. B. den Fußbodenaufbau),
- P6 bis P7 (= Flachpressplatten für hochbelastbare Zwecke, wie z. B. Dachkonstruktionen).

Flachpressplatten mit der Bezeichnung KF sind kunststoffbeschichtet. Sie sind als Fertigplatten in großer Auswahl erhältlich.

3. Beschreiben Sie den Aufbau und die Verwendung von kunststoffbeschichteten dekorativen Flachpressplatten (KF).

Diese Flachpressplatten erhalten bei der Herstellung eine beidseitige Beschichtung, die aus 3 bis 6 Lagen kunstharzgetränkter Papiere, einer Dekorschicht und einer durchsichtigen Overlayschicht besteht.

Die Dekorschicht wird nach der Dicke in Klasse 1 (bis 0,14 mm) und 2 (über 0,14 mm) und nach der Abriebfestigkeit in die Klassen N, M, H und S (normal, mittel, hoch und stark abriebfest) eingeteilt.

KF-Platten sind z. B. für die Herstellung von Küchen- und Labormöbeln sowie für den gesamten Bereich des Innenausbaus geeignet.

4. Wie werden Flachpressplatten hergestellt?

Die getrockneten Holzspäne werden mit Kunstharz (Harnstoff-, Melamin- oder Phenolharz) besprüht und nach der Spangröße sortiert gestreut (im Wurfsichtungsverfahren und im Windsichtungsverfahren). Es entsteht dadurch ein Spankuchen, dessen innere Schichten aus dickeren Spänen und dessen Deckschichten aus dünneren Spänen bestehen. →

Fortsetzung der Antwort ⇒

Der verdichtete Spankuchen wird in Mehretagenpressen bei hoher Temperatur auf die gewünschte Plattendicke zusammengepresst. Durch den Druck auf die Plattenoberfläche werden die Späne vorwiegend parallel zur Plattenebene ausgerichtet.

5. Welche Vorteile haben Flachpressplatten gegenüber Stabsperrholzplatten?

- Sie sind preiswerter.
- Der Verschnitt ist geringer, da beim Zuschnitt nicht auf die Anordnung einer Mittellage geachtet werden muss.
- Die Oberfläche kann nicht wellig werden, was z. B. für HPL-Beschichtungen Voraussetzung ist.

6. a) Wie sind Strangpressplatten aufgebaut, b) welche Arten unterscheidet man und c) wozu verwendet man sie?

a) Im Gegensatz zu Flachpressplatten, bei denen Holzspäne parallel zur Plattenebene aufgeschüttet sind, werden die Späne bei Strangpressplatten durch die Presskolben der Strangpresse rechtwinklig zur Plattenebene gestopft, verdichtet und verleimt.

b) Man unterscheidet im Wesentlichen Strangpress-Vollplatten (Kurzzeichen ES für Extruded Solid) und Strangpress-Röhrenplatten (Kurzzeichen ET für Extruded Tubular). Bezeichnungen mit dem Zusatz L (ESL bzw. ETL) kennzeichnen Platten mit leichterem Aufbau.

c) Strangpressplatten eignen sich als Rohplatten für die Fertigung von Türblättern, Wand- und Deckenelementen. Röhrenplatten werden dann eingesetzt, wenn Gründe der Gewichtseinsparung eine Rolle spielen.
Zur Schallschluckung dienen Strangpress-Röhrenplatten in leichter Ausführung mit genuteter Oberfläche. Strangpress-Vollplatten, beidseitig beschichtet oder beplankt, mit durchbrochener Oberfläche verwendet man zur Schallabsorption an Wand und Decken.

7. Was versteht man unter OSB-Platten?

Die Bezeichnung OSB steht für Oriented Strand Boards (zu Deutsch: Platten mit ausgerichteten Holzspänen). Die langen Späne, die durch eine besondere Streuung in den Außenschichten vorwiegend in Längsrichtung der Platte liegen und in der Mittelschicht quer dazu, verleihen den Platten das charakteristische Aussehen. →

Fortsetzung der Antwort ⇒

Sie werden vorwiegend beim Innenausbau (Trockenbau) verwendet, eignen sich aber auch für den Möbelbau.

8. Was wissen Sie über die Schadstoffbelastung im Zusammenhang mit Spanplatten?

Schadstoffe entstehen durch die Aushärtung der Kunstharzklebstoffe in den Platten. Gesundheitsschädliches Formaldehyd kann dabei an die Umgebung abgegeben werden. Heute ist unabhängig vom Einsatzgebiet für alle Plattenarten ein einheitlicher Formaldehyd-Grenzwert vorgeschrieben. Die Einhaltung dieses Grenzwertes muss als Bestandteil der CE-Kennzeichnung mit dem Kurzzeichen E1 aufgeführt sein.

2.1.2 Holzfaserplatten

1. Woraus bestehen Holzfaserplatten?

Sie werden aus zerfasertem Holz (Nadelholzabfällen und Restholz anderer Bäume) oder aus anderen holzähnlichen Fasern (z. B. Raps oder Reisstroh) und Bindemitteln hergestellt. Füllstoffe können hinzukommen.

2. Wie werden Holzfaserplatten hergestellt?

Der aus der Zerfaserungsmaschine kommende Faserbrei wird mit Kunstharzklebstoff beleimt und dann im Nass-, Halbtrocken- oder Trockenverfahren zu Platten gepresst.

Beim Nassverfahren wird der Brei unter Druck und Hitze zu großflächigen Platten geformt und gleichzeitig entwässert. Weil dabei die Fasern miteinander verfilzen, verringert sich der Bedarf an Kunstharzzusätzen. Charakteristisch für das Nassverfahren sind die Siebnarben auf der Rückseite der Platten.

Beim Halbtrocken- und Trockenverfahren wird die Festigkeit nur durch Zugabe von Kunstharzen erzielt.

3. Nennen Sie die wichtigsten Holzfaserplattenarten, die im Tischlerhandwerk verwendet werden.

Man verwendet

- poröse Holzfaserplatten (SB), die auch als Holzfaserdämmplatten bezeichnet werden,
- mittelharte (MB) und harte (HB) Holzfaserplatten,
- MDF-Platten (Mitteldichte Faserplatten),
- kunststoffbeschichtete, dekorative, harte Faserplatten, die in vielen Designs angeboten werden.

4. Erläutern Sie die Besonderheiten und Verwendungsmöglichkeiten poröser Holzfaserplatten.

Da sie nur wenig verdichtet sind, haben sie ein poröses Gefüge und besitzen dadurch gute wärme- und schalldämmende Eigenschaften. Man verwendet sie z. B. zum Isolieren von Dachausbauten, für Deckenverkleidungen und als Dämmeinlagen bei Trennwänden und Türblättern.

Eingeschnittene oder gelochte Platten, so genannte Akustikplatten, werden vorwiegend in Büro- und Schulräumen, Konzert-, Vortragssälen und Krankenhäusern eingebaut.

5. Welche Eigenschaften haben mittelharte und harte Holzfaserplatten und wofür werden sie verwendet?

Sie lassen sich nageln, schrauben und leimen und können mit den üblichen Werkzeugen und Maschinen gut bearbeitet werden. Die glatte Oberseite der Platten ist mit einer Paraffin- oder Kunstharzschicht versehen. Die Unterseite ist durch die Drahtsiebe in der Mehretagenpresse genarbt.

Da die Schwindmaße dieser Plattenwerkstoffe nicht unbedeutend sind, muss vor der Verarbeitung die Plattenfeuchte dem Klima am Verwendungsort angepasst werden.

Man verwendet sie im Möbel- und Innenausbau z. B. zum Bau von Rückwänden, Schubkastenböden, Wand- und Deckenverkleidungen sowie Rahmenfüllungen.

6. Was versteht man unter kunststoffbeschichteten, dekorativen Faserplatten?

Hierbei handelt es sich um harte Holzfaserplatten, die auf der Sichtseite mit einer kunstharzgebundenen Dekorschicht und als Abschluss mit einer transparenten Kunstharzschicht (Melaminharz-Overlayschicht) beschichtet sind.

7. Welche besonderen Eigenschaften haben MDF-Platten und wozu werden sie verwendet?

MDF steht für Medium Density Fiberboard (zu Deutsch: mitteldichte Faserplatte).

- MDF-Platten haben einen nahezu homogenen Aufbau. Sowohl die Flächen als auch die Kanten können gefräst bzw. profiliert werden. Kantenschutz wie z. B. Anleimer ist nicht unbedingt erforderlich.
- Schrauben halten ab einer Länge von 15 mm auch in den Kanten.
- Sie bieten nach dem Isolieren der Oberfläche sehr gute Lackiermöglichkeiten, insbesondere wenn ein deckender Anstrich vorgesehen ist.
- Sie zählen zu den emissionsarmen Werkstoffen (Emissionsklasse E1).
- MDF-Platten, die an der Rückseite Einschnitte haben, können in einer Richtung gekrümmt werden.

8. Warum und wie werden MDF-Platten vor dem Auftrag von deckenden Anstrichen isoliert?

Durch das Isolieren wird die Saugfähigkeit der MDF-Platten verringert, sodass die folgenden Lackschichten nicht „absacken“ bzw. abwandern.

Zum Isolieren verwendet man einen speziellen Isolier- und Füllgrund.

Zuerst wird an gefrästen Kanten Isoliergrund satt aufgetragen. Nach dem Trocknen und einem Zwischenschliff erfolgt dann das Spritzen der gesamten Fläche mit Isoliergrund.

Nach dem Trocknen und einem Zwischenschliff spritzt man den Füllgrund auf. Nach einem weiteren Zwischenschliff kann der Buntlackauftrag erfolgen.

2.1.3 Lagenholz

1. Was versteht man unter Lagenholz?

Lagenholz ist ein Oberbegriff für Holzwerkstoffe, die aus mehreren verleimten Holzschichten bestehen.

- Verläuft bei allen Schichten die Holzfaser in gleicher Richtung, spricht man von **Schichtholz**.
- Sind bei Platten mit mindestens drei Schichten diese in ihrem Faserverlauf kreuzweise zueinander angeordnet, spricht man von **Sperrholz**.

2. Welche Arten von Sperrholz unterscheidet man?

Nach der Art der verwendeten Materialien und dem Aufbau der Platten unterscheidet man

- Furniersperrholz und Multiplex,
- Stabsperrholz,
- Stäbchensperrholz,
- Verbundsperrholz.

Weiterhin unterscheidet man Sperrholzplatten nach dem Verwendungsbereich (Trocken-, Feucht-, Außenbereich), nach der Festigkeit (für allgemeine oder tragende Verwendung), nach der Güte der Deckfurniere und nach der Form (eben oder geformt).

3. Erläutern Sie die hohe Form- und Maßstabilität von Sperrholzplatten.

Da sich die Faserrichtungen der verleimten Schichten im rechten Winkel kreuzen, sind die Schwind- und Quellbewegungen der einzelnen Schichten nicht mehr ungehindert möglich, das heißt, sie sind gesperrt bzw. abgesperrt.

Die Platten sind symmetrisch aufgebaut und bestehen aus einer ungeraden Anzahl von Schichten. Hierdurch ist gewährleistet, dass sich Verformungsspannungen der einzelnen Schichten weitestgehend aufheben.

Technologie

4. Woraus wird Furniersperrholz hergestellt und wie wird die Qualität der äußeren Lagen gekennzeichnet?

Der mindestens dreischichtige Aufbau wird aus Schälfurnieren hergestellt. Zum Teil werden aus optischen Gründen für die Außenschichten Messerfurniere verwendet.

Die Qualität der äußeren Lagen wird mit E gekennzeichnet, wenn keine Mängel vorhanden sind. Eine weitere Abstufung von I bis IV kennzeichnet den Umfang der Fehlstellen (z. B. Risse, Äste). Plattenober- und -unterseite können von unterschiedlicher Qualität sein.

5. Führen Sie die Werkstoffvorteile und Verwendungsmöglichkeiten des Furniersperrholzes auf.

Aufgrund der hohen Festigkeit steht ein relativ dünnes und damit leichtes Material zur Verfügung, das außerdem form- und maßstabil ist. Es kann mit den üblichen Holzbearbeitungsmaschinen bearbeitet werden und eignet sich zur weiteren Beschichtung und Oberflächengestaltung.

Man verwendet es für Möbelrückwände, Schubkastenböden, Zwischenböden, Rahmenfüllungen und ähnliches.

6. Was versteht man unter Multiplex-Platten und wofür werden sie verwendet?

Multiplex ist ein spezielles Furniersperrholz, das aus mindestens 5 Lagen Schälfurnieren gleicher Dicke besteht. Die Platten sind deutlich dicker als normales Furniersperrholz und eignen sich als Arbeitsplatten, für die Herstellung von Werkbänken und für den Vorrichtungsbau.

7. Was ist bei der Längenangabe von Furniersperrholzplatten und -zuschnitten zu beachten?

Die Länge der Platten und der Zuschnitte wird stets in Richtung des Faserverlaufs der Deckfurniere angegeben. Bei Zuschnitten kann folglich die Breite im Einzelfall größer als die Länge sein.

8. Beschreiben Sie den unterschiedlichen Aufbau von Stabsperrholz- und Stäbchensperrholz-Platten.

Stabsperrholz- und Stäbchensperrholzplatten sind in der Regel dreischichtig aufgebaut. Sie unterscheiden sich hinsichtlich der Mittellage.

- Bei Stabsperrholz werden zur Herstellung der Mittellage Seitenbretter zu einem Block verleimt, der dann auf Mittellagendicke aufgetrennt wird.
- Bei Stäbchensperrholz wird der Block aus Schälfurnieren hergestellt.

Bei beiden Plattenarten wird die Mittellage durch beidseitig aufgeleimte Schälfurniere abgesperrt.

Die Außenflächen der Platten können mit dekorativen Deckfurnieren beschichtet sein, deren Faserverlauf parallel zur Mittellage verläuft. →

Fortsetzung der Antwort ⇒

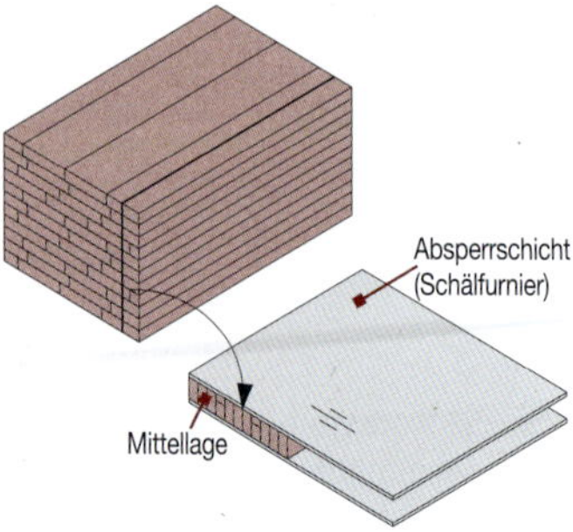

9. Warum sind Stäbchensperrholz-Platten hochwertiger als Stabsperrholz-Platten?

Die Oberfläche von Stabsperrholz-Platten kann im Laufe der Zeit wellig werden, denn die verleimten Seitenbrettstreifen bilden eine Mittellage mit unterschiedlich geneigten Jahrringen, sodass bei Feuchtigkeitsschwankungen die einzelnen Teile nicht exakt gleichmäßig stark schwinden oder quellen.

Bei Stäbchensperrholz-Platten verändert sich die Oberfläche nicht, da die verleimten Schälfurnierstreifen eine Mittellage aus stehenden Jahrringen bilden.

10. Führen Sie die Werkstoffvorteile und Verwendungsmöglichkeiten der Stab- und Stäbchensperrholzplatten auf.

Sie eignen sich aufgrund ihres guten bis sehr guten Stehvermögens und der minimalen Schwindmaße in der Plattenebene für den Bau großflächiger Teile beim Türen-, Möbel- und Innenausbau.

Die Biegefestigkeit in der Faserrichtung der Mittellage liegt über der von Vollholz und anderen Holzwerkstoffen, sodass man daraus selbsttragende Konstruktionen fertigen kann.

Insbesondere Stäbchensperrholzplatten sind als Trägerplatten für hochwertige Deckfurniere bestens geeignet.

11. Was ist bei der Verwendung von Sperrholzplatten im Möbel- und Innenausbau hinsichtlich der Plattenkanten zu beachten?

Sichtbare Plattenkanten erhalten Vollholzanleimer oder aufgeleimte Furnierkanten – in der Regel vor der Plattenbeschichtung. Durch entsprechende Formgebung ist darauf zu achten, dass nur wenige Millimeter (maximal 5 mm) Furnier auf dem Vollholzanleimer liegen, da sich sonst der Anleimer unter dem Furnier abzeichnet.

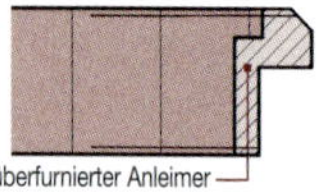

12. Worin bestehen die Besonderheiten von Bau-Stabsperrholz bzw. Bau-Stäbchensperrholz und wozu wird es verwendet?

Diese Platten haben besonders dicke Absperrfurniere, z. B. aus Buche oder Makoré und sind aufgrund ihrer wasserbeständigen Verleimung für den Außenbereich geeignet. Sie werden beim Fertighausbau, Containerbau und Schalungsbau verwendet.

13. Beschreiben Sie den Aufbau und die Verwendung von Verbundsperrholz.

Hierbei handelt es sich um Platten, die aus mindestens drei Lagen bestehen, wobei die Decklagen aus Furniersperrholz sind. Als Mittellagen werden andere Materialien verwendet, z. B. Holzfaserplatten, PUR-Schaum und Aluminiumeinlagen.

Verbundsperrholz wird beispielsweise verwendet als Füllung von Haustüren.

14. Woraus besteht Kunstharzpressholz, wie ist es aufgebaut und welche Varianten unterscheidet man?

Mit Kunstharz getränkte, bis zu 0,8 mm dicke Schälfurniere aus Rotbuche werden unter großem Druck und unter hoher Temperatur verdichtet und zu Platten von 4 mm bis 10 mm Dicke verpresst.

Man unterscheidet nach dem Faserverlauf der einzelnen Schichten zueinander Pressschichtholz, Presssperrholz (PSP) und Presssternholz.

15. Für welche Verwendungen ist Kunstharzpressholz geeignet und welche Werkstoffeigenschaften spielen dabei eine Rolle?

Kunstharzpressholz eignet sich für die Herstellung von Bohr- und Frässchablonen, den Innenausbau von Kundenräumen in Banken und anderen Einrichtungen, wo sicherheitstechnische Aspekte eine Rolle spielen, und für die Verarbeitung zu Formteilen für Stühle (Sitzschalen).

Die besonderen Werkstoffeigenschaften sind die hohe Härte und Festigkeit trotz einer relativ niedrigen Rohdichte und die Beständigkeit gegen schwache Säuren und Laugen, Öle und Wasser.

Der Werkstoff gilt als durchschusshemmend und die Oberfläche ist durch die Pressung blank und glatt.

16. Zwei Mitarbeiter kippen ein stehend gelagertes Plattenpaket an und halten es fest, damit ein Dritter eine Platte herausziehen kann. Was ist daran falsch?

Das Abstützen von Platten und Plattenpaketen ist aus Gründen des Unfallschutzes verboten. Die Platten müssen in stabilen Gestellen gelagert werden, die eine einfache Entnahme ermöglichen, ohne dass ein Abstützen der Platten durch Personen erforderlich ist.

2.2 Furniere und Furniertechniken

2.2.1 Furnierarten und Furnierherstellung

1. Erklären Sie den Begriff „Furniere“ und nennen Sie die drei wesentlichen Arten, die man nach den Herstellungsverfahren unterscheidet!

Nach DIN 4079 versteht man darunter dünne Blätter aus Holz in verschiedenen Dicken (maximal 8 mm). Nach dem Herstellungsverfahren unterscheidet man Schälfurniere ①, Messerfurniere ② und Sägefurniere ③.

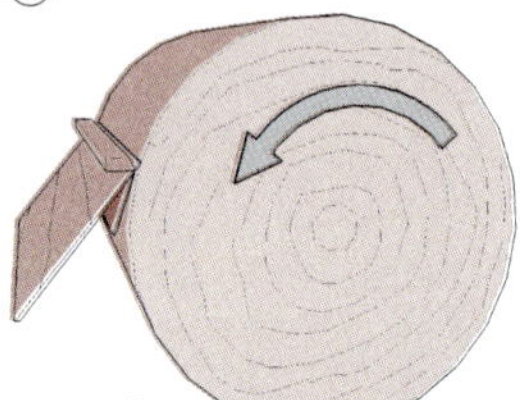

①

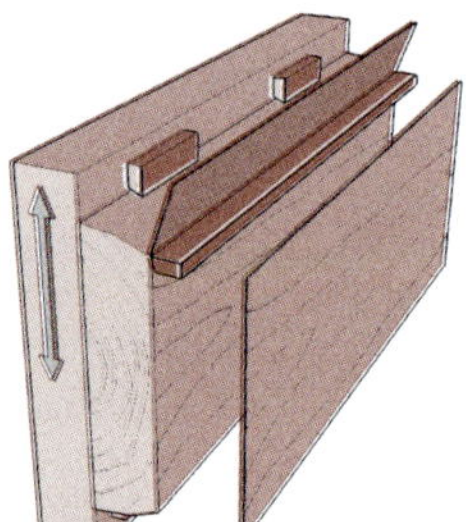

②

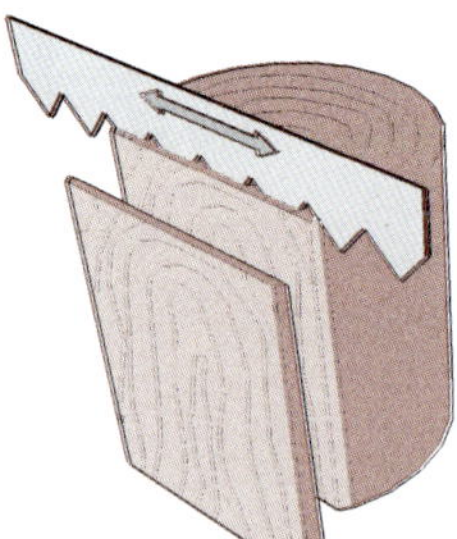

③

2. Welche Furnierarten unterscheidet man nach der Verwendung?

Nach der Verwendung unterscheidet man

- Absperrfurniere ① für die Herstellung von Sperrholzplatten,
- Deckfurniere ②, für die Trägerplattenbeschichtung,
- Unterfurniere ③, als eventuell erforderliche Zwischenschicht.

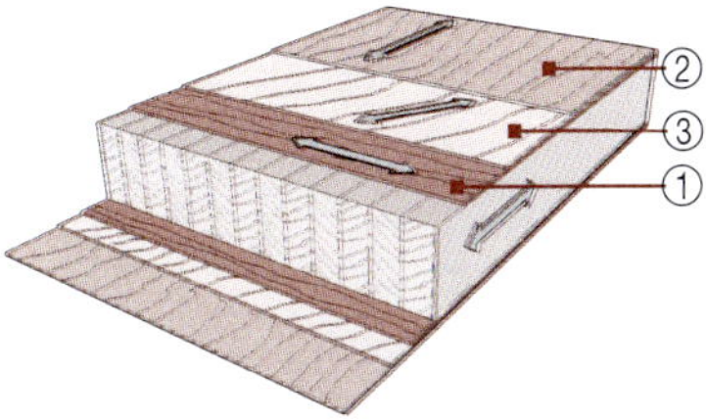

3. Beschreiben Sie die Unterschiede zwischen Deckfurnier und Unterfurnier.

Deckfurniere bilden bei Möbeln und Möbelteilen die Sichtflächen nach außen und innen. Man bezeichnet sie daher auch als Außen- bzw. Innenfurniere.

Unterfurniere, die auch als Blindfurniere bezeichnet werden, sind in einigen Fällen als Ausgleichsschicht zwischen einer Sperrholz-Trägerplatte und dem Deckfurnier erforderlich.

4. Was sind Maserfurniere?

Es handelt sich um sehr dekorative Furniere, die aus Maserknollen, Stammgabelungen sowie aus Stock- und Wurzelholz gewonnen werden.

5. Warum werden die Stämme vor der Furnierherstellung gedämpft oder gekocht?

Durch das Dämpfen der Blöcke (Stämme) in Dämpfgruben wird das Holz weich und geschmeidig und lässt sich besser schälen oder messern.

Dabei sind bei einigen Holzarten Farbänderungen kaum vermeidbar.

6. Beschreiben Sie die Schälfurnierherstellung nach dem Rundschälverfahren.

Gedämpfte oder gekochte Stämme, die in den Zentrierpunkten eingespannt sind, drehen sich um ihre Mittelachse. Das Schälmesser wird gegen den Stamm geführt und trennt dabei ein endloses Furnierband ab, das entsprechend der späteren Weiterverwendung zugeschnitten werden kann.

7. Wozu werden Rundschälfurniere hauptsächlich verwendet?

Sie werden meist zur Herstellung von Lagenholz (z. B. Furniersperrholz, Stab- und Stäbchensperrholz) verwendet. Bei auserlesenen Hölzern eignen sich Schälfurniere auch für Deckfurniere.

8. Nennen Sie die Vor- und Nachteile des Schälfurnierverfahrens.

Vorteile:

- wirtschaftliches Verfahren (hohe Herstellungsgeschwindigkeit, geringer Schälrest),
- in Ausnahmefällen dekoratives Furnierbild (z. B. bei Maserholz und Vogelaugenahorn).

Nachteile:

- Furniere haben in der Regel ein unnatürliches Maserungsbild,
- linke Furnierseite hat feine Haarrisse,
- Schälfurniere schwinden und quellen stark in der Breite.

9. Welche Sonderverfahren der Schälfurnierherstellung kennen Sie?

Neben dem Rundschälverfahren unterscheidet man

- das Exzenter- oder Halbrundschälen,
- das Staylog-Schälen,
- das Radialschälen.

10. Wie werden Messerfurniere hergestellt?

Durch Hin- und Herbewegung des Furniermesserbalkens oder durch horizontale oder vertikale Bewegung des eingespannten Blocks gegen das feststehende, schräg gestellte Messer werden die einzelnen Furnierblätter abgetrennt. Nach jedem Schnitt wird der Block um Furnierdicke vorgeschoben.

11. Welche Varianten der Messerfurnierherstellung unterscheidet man?

Der Stamm wird als Halb- oder Viertelblock (so genanntes Quartier) eingespannt.

Man unterscheidet

- das Flachmessern (ergibt unterschiedliche Furnierbilder),
- das Echt-Quartiermessern (ergibt gestreifte Furnierbilder),
- das Flach-Quartiermessern (ergibt gefladerte Furnierbilder),
- das Faux-Quartiermessern (ergibt halb gefladerte Furnierbilder).

12. Wie werden Sägefurniere hergestellt und worin bestehen die Vor- und Nachteile?

Die Blöcke werden gegen eine Furniergattersäge oder Furnierkreissäge geführt. Dabei können Blätter von 2,0 mm bis 4,0 mm Dicke abgetrennt werden.

Vorteile: Das Dämpfen der Stämme entfällt. Das Furnierbild entspricht dem natürlichen Holzbild in Maserung und Farbe. Die Furniere sind rissfrei.

Nachteile: Das Verfahren ist relativ zeitaufwändig und die Ausbeute durch Sägeschnittverluste eher gering.

13. In welcher Form werden Furnierblätter im Handel angeboten?

Sie werden nach dem Trocknen in der Blattreihenfolge der Herstellung in Pakete gebündelt. Die Blattzahl ist immer durch vier teilbar und beträgt in der Regel 16, 24 oder 32 Blätter.

14. Worauf ist bei der Lagerung der vorrätigen Furniere in der Tischlerei zu achten?

- Die Furniere werden in gut belüfteten, mäßig trockenen, abgedunkelten und kühlen Räumen auf Konsolen und Regalen gelagert.
- Sonnenlichteinstrahlung muss vermieden werden, damit die Furniere nicht ausbleichen bzw. sich nicht verfärben.
- Die bei der Herstellung sortierten Furnierblätter dürfen während der Lagerung in ihrer Reihenfolge nicht verändert werden.
- Einrisse an den Blättern sollten sofort mit Fugenband gesichert werden, damit keine weiteren Beschädigungen auftreten.

2.2.2 Verarbeitung von Furnieren

1. Wozu verwendet man im Tischlerhandwerk Furniere?

- Mit Furnieren beschichtet man vorwiegend Holzwerkstoffplatten, um deren Oberflächen das Aussehen von Vollholz zu verleihen. Hierdurch ist ein großer Gestaltungsspielraum gegeben.
- Handelt es sich um Edelholzfurniere, können Werkstücke um ein Vielfaches preiswerter angeboten werden als in Vollholzbauweise der gleichen Holzart.
- Furniere erhöhen außerdem die Festigkeit des Trägermaterials, z. B. bei gebogenen Formteilen.

2. Welche Regeln sind beim Furnieren von Trägerplatten zu beachten?

- Die Furniere werden auf beiden Seiten der Trägerplatten grundsätzlich in gleicher Faserrichtung aufgebracht. →

Fortsetzung der Antwort ⇒

- Um unterschiedliche Spannungen auf den Plattenaußenseiten zu vermeiden, sollten die Furniere auf beiden Seiten gleich dick und von derselben Holzart sein oder sich zumindest hinsichtlich des Schwindverhaltens entsprechen.
- Bei Sperrholzplatten muss die Faserrichtung der Deckfurniere grundsätzlich um 90° zum Absperrfurnier gedreht verlaufen.
- Der Feuchtegehalt darf bei der Verarbeitung von Furnieren nicht mehr als 6 % bis 10 % betragen.

3. Wie werden Trägerplatten zum Furnieren vorbereitet?

- Sämtliche Oberflächen von Trägerplatten müssen einwandfrei eben und frei von Staub und Fett sein.
- Um die Plattenkanten zu verdecken, werden Anleimer, Umleimer oder Furnierkanten angebracht.
- In der Regel werden die Platten kalibriert, d. h., sie werden mithilfe der Breitbandschleifmaschine auf ein exaktes Dickenmaß gebracht.

4. Wie werden die Kanten furnierter Platten verdeckt?

Die Kantenverdeckung (bzw. der Kantenschutz) kann vor oder nach dem Furnieren der Oberflächen angebracht werden.

Man unterscheidet

- Vollholzanleimer (1),
- überfurnierte Anleimer (2),
- Furniere (3),
- Kunststoffumleimer (4).

Bei größerem Produktionsumfang werden Kantenanleimmaschinen eingesetzt, die den Kantenschutz aus Vollholz, Kunststoff und Furnier aufleimen, ablängen, bündigfräsen und die Kanten schleifen.

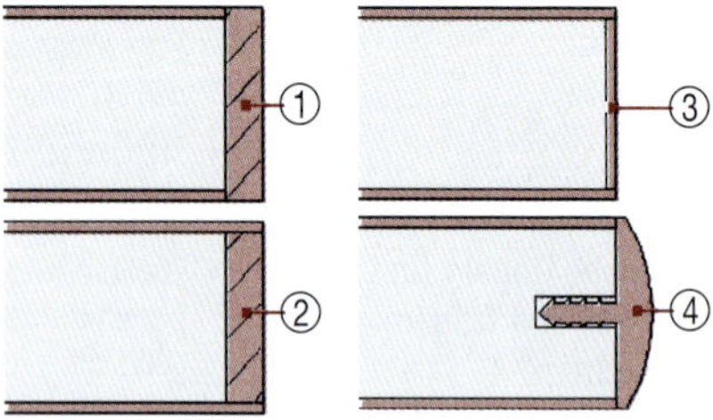

5. Technische Darstellungen geben genaue Hinweise für den Arbeitsprozess. Führen Sie für das abgebildete Beispiel die Arbeitsschritte auf.

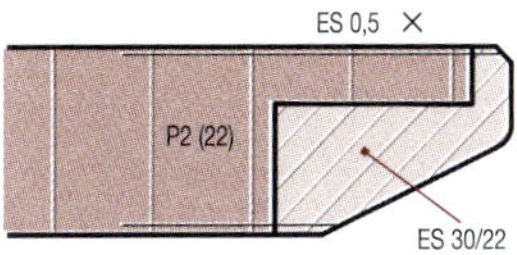

Eine 22 mm dicke Spanplatte soll einen Anleimer erhalten sowie furniert und profiliert werden. (Danach ist die Platte 23 mm dick.)

Schritte:

- Die Spanplatte wird gefälzt.
- Eine Anleimerleiste aus Esche (30 x 22 mm) mit passendem Gegenfalz wird angeleimt.
- Die Platte mit angeleimter Anleimerleiste wird kalibriert.
- Die Platte wird furniert (Eschefurnier, 0,5 mm dick mit Faserrichtung parallel zur Kante).
- Die Plattenkante erhält durch Fräsung das gezeigte Profil.

6. Nennen Sie die Vorteile, die sich durch den höheren Aufwand der Anleimerbefestigung (wie in Aufgabe 5 gezeigt) ergeben.

- Durch die große Leimfläche hat der Anleimer einen sehr guten Halt.
- Wenn nur wenige Millimeter des Anleimers vom Furnier bedeckt werden, ist die Gefahr gering, dass infolge des Schwindens und Quellens des Vollholzes die Fuge zwischen Anleimer und Spanplatte auf der Oberfläche erkennbar wird.

7. In welchen Fällen sind Unterfurniere erforderlich?

Sie bilden eine Ausgleichsschicht zwischen einer Sperrholz-Trägerplatte und dem Deckfurnier,

- wenn die Deckfurniere parallel zur äußeren Plattenlage verlaufen sollen,
- wenn stark arbeitende Furniere oder Maserfurniere als Deckfurniere verwendet werden.

Sie werden etwa 30° schräg zum Absperrfurnier aufgeleimt.

8. Wie können Wurzel- und Maserfurniere verarbeitet werden, die bei der Lagerung wellig geworden sind?

Wellige Wurzel- und Maserfurniere feuchtet man leicht an und presst sie in der Furnierpresse ein- oder mehrmals mit geringem Druck und Zwischenlagen aus unbedrucktem, farbfreiem Papier bei einer Temperatur von etwa 40 °C. Nach dem Trocknen können die geglätteten Furniere weiterverarbeitet werden.

9. Worauf ist beim Zusammensetzen der Furnierblätter zu achten?

Die Furnierblätter werden so zusammengesetzt, dass ein attraktives Gesamtfurnierbild entsteht. Dabei sollte möglichst die linke Seite mit den feinen Haarrissen aufgeleimt werden. Bei paarweiser Zusammensetzung von Furnierblättern muss allerdings jedes zweite Blatt in der Breite „gestürzt", d. h. umgeklappt werden. Das Stürzen in der Länge ist erforderlich, wenn die Furnierblattlänge nicht ausreicht.

10. Welche Arbeitsschritte sind erforderlich, damit Furniere passgenau gefügt werden können?

Die Furniere werden mit der Furnierschneidemaschine oder bei kleinen Mengen mit der Furniersäge oder dem Furniermesser zugeschnitten.

Um dichte Fugen zu erhalten, spannt man sie anschließend zwischen zwei Bretter und fügt die Schnittkanten mit der Raubank oder auf der Abrichthobelmaschine nach. Rationeller arbeitet man mit der Furnierfügemaschine oder Furnierschere.

11. Wie verbindet man Furnierfugen maschinell miteinander?

Man verbindet sie mit Furnierzusammensetzmaschinen, Furnierfugenklebeapparaten und Fugenverleimmaschinen. Dabei werden die Fugen

- entweder direkt verleimt
- oder mit einem Polyamid-Klebstofffaden, der zickzackförmig auf die Rückseite gedrückt wird, zusammengehalten
- oder mit dünnem Papierklebeband (gelochtes oder ungelochtes Fugenpapier mit Klebstoff) auf der Sichtseite verbunden. Durch Schleifen der furnierten Trägerplatten wird das Fugenpapier später entfernt.

12. Warum sollten die zusammengesetzten Furniere gegenüber den Trägerplatten einen Überstand haben?

Durch den Überstand der Furniere von etwa 10 mm können kleine Verschiebungen beim Pressen in der Furnierpresse ausgeglichen werden.

Außerdem werden die Pressplatten vor herausgepresstem Leim geschützt.

13. Worauf ist beim Leimauftrag auf die Trägerplatten zu achten?

Er muss lückenlos und gleichmäßig erfolgen. Man verwendet dafür einen gezahnten Spachtel (Leimkamm), den Leimroller (Handwalze) oder die Leimauftragsmaschine. Die Menge des Leimauftrags hängt von der Leimart und von der Viskosität des Leimes ab. Um Leimfehlern vorzubeugen, sind die Anwendungshinweise der Klebstoffhersteller genau zu beachten.

14. Was ist beim Auflegen der Furniere auf die beleimten Trägerplatten zu beachten?

Um zu vermeiden, dass die Furniere zu viel Feuchtigkeit aufnehmen, dürfen sie erst unmittelbar vor dem Einbringen in die Presse auf die beleimten Trägerplatten aufgelegt werden. Es ist zügig zu arbeiten, denn die offene Wartezeit des Klebstoffs darf nicht überschritten werden.

Außerdem ist darauf zu achten, dass die Furniere beim Auflegen nicht verrutschen und sich nicht übereinander schieben.

15. Beschreiben Sie Vorrichtungen zum Aufpressen von Furnieren.

Man presst das Furniergut zwischen Aluminiumzulagen in hydraulischen Heißpressen (Ein- und Mehretagenpressen) oder Furnierspindelpressen. Der erforderliche Manometerdruck der Heißpresse kann für die Abstimmung auf die Gesamtfläche der Trägerplatten anhand eines Diagramms eingestellt werden. Je nach Leim- und Holzart werden die Zulagen bei geschlossener Presse (Energieersparnis) aufgeheizt.

16. Wie werden Rundungen und Profile furniert?

Abgerundete Tischfüße, Türkanten, Viertelstäbe und Profile furniert man im Furnierapparat, dessen Formzulagen ein entsprechendes Gegenprofil haben oder die sich verschieden einstellen lassen. Als Presszulagen nimmt man Gummi-, Linoleum- oder PVC-Streifen, die zum schnelleren Abbinden des Leims erwärmt werden können.

17. Wie furniert man gewölbte Flächen?

Das Furnieren gewölbter Flächen erfolgt möglichst zusammen mit der Fertigung dieser Teile in einem Arbeitsgang.

Gewölbte Möbelteile sind ähnlich wie Furniersperrholz aus verleimten Furnierlagen aufgebaut. Heute verwendet man auch zwei Lagen rückseitig eingeschnittener MDF-Platten, die in die gewünschte Form gebogen werden können.

Zum Verleimen und Furnieren dieser Trägerplatten verwendet man vorgefertigte Formzulagen oder auch andere Mittel, wie z. B. mit Sand gefüllte Gummisäcke, die sich gut den Formen anpassen.

18. Was versteht man unter Einlegen von Adern?

Um eine Fläche zu beleben, werden schmale Streifen von Furnieren (manchmal auch aus Metall) geschnitten und in der Regel vor dem Furnieren in die Furnierfläche eingefügt. Um die Adern nach dem Furnieren einzusetzen, benötigt man ein Spezialgerät (Furnieradernschneider).

19. Wie werden furnierte Platten bis zur Weiterverarbeitung gelagert?

Nach Herausnahme der furnierten Platten aus der Presse schneidet man vor dem völligen Aushärten des Leims den Furnierüberstand mit dem Furnierkantenschneider bündig ab.

Mit Dispersionsleimen furnierte Platten stapelt man mit Stapelleisten, damit die Leimfeuchtigkeit verdunsten kann. Bei Verwendung von Kondensationsleimen (Harnstoffharzleim) können die Platten direkt aufeinander gelegt werden. Eine Weiterverarbeitung darf erst nach vollständiger Aushärtung des Leims und sorgfältiger Trocknung der furnierten Platten erfolgen.

2.2.3 Fehler beim Furnieren

1. Nennen Sie Fehler, die beim Furnieren vorkommen können.

- Leimfehler (Leimdurchschlag, Kürschner, Leimwülste),
- Oberflächenschäden durch schlecht gesäuberte Presszulagen,
- offene oder überschobene Fugen,
- Risse und Verfärbungen im Furnier,
- Markierungen der überfurnierten Vollholzeinleimer.

2. Wodurch entsteht Leimdurchschlag?

Ursachen sind
- Furnierbesonderheiten (sehr dünne, vermesserte, grobporige Furniere, Maserfurniere),
- Furnierrisse,
- zu heiße Furnierzulagen,
- eine zu geringe Leimviskosität.

3. Wie kann Leimdurchschlag beseitigt werden?

Unmittelbar nach dem Pressen kann durchgeschlagener Dispersionsleim mit warmem Wasser oder Aceton ausgebürstet werden.

Leimdurchschläge von Kondensationsklebstoffen können nicht beseitigt werden.

4. Was sind Leimwülste und wie werden sie beseitigt?

Sie entstehen durch übermäßigen und ungleichmäßigen Leimauftrag. Stellt man diese mit Leim gefüllten Wülste gleich nach der Entnahme aus der Presse fest, können die Trägerplatten nochmals mit warmen Zulagen nachgepresst werden.

5. Was sind Kürschner und wie beseitigt man sie?

Kürschner sind Stellen, an denen keine Leimverbindung zwischen Trägerplatte und aufgepresstem Furnier entstanden ist. (Ursachen: Fett, Staub oder Schmutz auf →

Fortsetzung der Antwort ⇒

dem Trägermaterial, Vertiefungen in der Trägerplatte, zu wenig oder ungleich aufgetragener Leim.)

Die ungeleimten Stellen werden mit einem scharfen Messer aufgeschnitten, auf der Furnierunterseite beleimt und nachgepresst.

6. Wie verhindert man das Verrutschen von Furnieren?

Um Furniere gegen Verrutschen zu sichern, leimt man Anschlagklötzchen an oder verwendet Anschlagklammern.

7. Wie vermeidet man Beschädigungen der Furnieroberfläche durch die Heizplatten und Zulagen der Furnierpressen?

Furnierzulagen und Oberflächen von Heizplatten müssen sauber und frei von Leim- und Papierresten sein. Um ein Ankleben beim Pressen zu vermeiden, werden sie mit säurefreiem Trennmittel eingerieben. Empfindliche Furniere schützt man durch Zwischenlagen von unbedrucktem, farbfreiem Papier vor Verfärbungen.

8. Wieso können sich überfurnierte Vollholzanleimer auf der Oberfläche abzeichnen und wie verhindert man dies?

Ursache sind Schwind- und Quellbewegungen des Vollholzanleimers unter dem Furnier.

Sie zeichnen sich nicht ab, wenn

- bei der Holzauswahl auf die Holzfeuchte geachtet wird (6 % bis 9 %),
- der Anleimer im Querschnitt kurze Jahrringe hat,
- der Anleimer erst nach dem Austrocknen der Leimfuge bündig geschliffen wird,
- nach dem Furnieren und nach dem Fräsen der Plattenkanten das Furnier nur wenige Millimeter des Anleimers (≤ 5 mm) überdeckt.

9. Bei der Herstellung von Vollholzanleimern ist die Lage der Jahrringe zu beachten. Welche Wahl treffen Sie, wenn Ihnen für die Fertigung des gezeigten Anleimers Bretter mit liegenden und Bretter mit stehenden Jahrringen zur Verfügung stehen (beide 25 mm dick)?

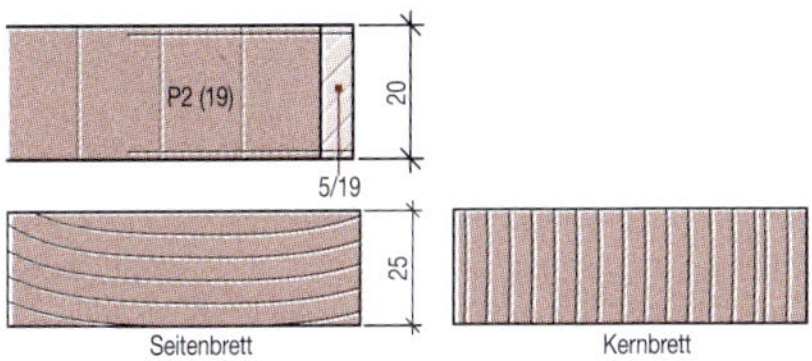

Man verwendet die Seitenbretter mit liegenden Jahrringen. Die davon abgetrennten Leisten haben kurze Jahrringe und dadurch ein geringes Schwindverhalten. Die Leistenoberfläche ist gestreift und kann ohne Splitterbildung bearbeitet werden (Fräsen, Brechen der Kanten, Schleifen.)

3 Sonstige Werk- und Hilfswerkstoffe

3.1 Kunststoffe

1. Was versteht man unter Kunststoffen?

Kunststoffe sind makromolekulare Stoffe, die in der Natur nicht vorkommen. Sie werden durch chemische Synthese oder durch chemische Umwandlung von Naturstoffen hergestellt. Die wichtigsten Rohstoffe sind Erdöl und Erdgas, mineralische Stoffe wie Kohle, Kalk und Steinsalz sowie Wasser und Luft.

2. Welche Kunststoffprodukte werden in der Tischlerei verarbeitet? Nennen Sie Beispiele.

- Klebstoffe und Lacke,
- Kantenschutz für Platten und Plattenbelagsstoffe,
- Beschlagteile aus Kunststoff,
- Fenster und Türen aus Kunststoff,
- Acrylglas,
- Dämmstoffe, Dichtstoffe und Dichtungsprofile,
- Werkzeugteile.

3. Was wissen Sie über die Makromoleküle der Kunststoffe?

Makromoleküle bezeichnet man auch als Riesenmoleküle. Sie bestehen aus sehr vielen Atomen, die fadenförmig oder raumnetzartig miteinander verbunden sind.

Bei Kunststoffen spricht man von
- Thermoplasten, wenn sie aus fadenförmigen Makromolekülen bestehen,
- Duroplasten, wenn sie aus engmaschig vernetzten Makromolekülen bestehen,
- Elastomeren, wenn sie aus weitmaschigen Makromolekülen bestehen.

4. In welche Gruppen werden Kunststoffe nach ihren Gebrauchseigenschaften eingeteilt?

Man teilt die Kunststoffe nach den Gebrauchseigenschaften in Thermoplaste, Duroplaste und Elastomere ein.
- Thermoplaste sind elastisch, weich bis hart,
- Duroplaste sind hart und spröde,
- Elastomere sind gummi-elastisch.

5. Wie bezeichnet man die verschiedenen Syntheseverfahren der chemischen Industrie zur Herstellung makromolekularer Stoffe?

Die Verfahren werden als Polymerisation, Polykondensation und Polyaddition bezeichnet.

3.1.1 Thermoplaste

1. Was versteht man unter Thermoplasten?

Thermoplaste sind schmelz- und schweißbare Kunststoffe. Sie werden mit zunehmender Temperatur weich und schließlich plastisch fließend. Bei Abkühlung erhärten sie wieder und verbleiben in der vorgegebenen Form.

Zu den Thermoplasten gehören z. B. Polyethylen (PE), Polystyrol (PS), Polyamide (PA), Polyvinylchlorid (PVC) und Acrylglas.

2. Wie werden Thermoplaste weiterverarbeitet?

Thermoplaste sind in festem Zustand spanend bearbeitbar. Durch Erwärmung sind sie plastisch verformbar.

3. Welche Eigenschaften hat Polyethylen (PE) und wozu wird es verwendet?

PE fühlt sich wachsartig an, ist milchigweiß, mattglänzend, fast unzerbrechlich, beständig gegen Laugen und Säuren und elastisch bis –50 °C. Es kann eingefärbt, geschweißt und verklebt werden.

Aus PE werden Beschlagteile, Stuhlsitze, Gleitschienen und Rollen für Schubkästen und Schiebetüren hergestellt. Weichpolyethylen verwendet man für Verpackungsfolien und als Schutzfolien im Bauwesen.

4. Nennen Sie die Eigenschaften und Verwendungsmöglichkeiten von Polystyrol (PS).

Polystyrol ist glasklar, hart, etwas spröde, formstabil, nicht kratzfest, nicht gesundheitsschädigend und bis ca. +70 °C wärmebeständig. PS kann man kleben (mit Spezialkleber), schweißen und einfärben.

PS eignet sich für die Herstellung vieler Artikel des täglichen Gebrauchs wie z. B. Becher und Wegwerfpackungen. Schlagfeste Sorten verwendet man für Möbelbeschläge und Schubkasteneinsätze.

Große Bedeutung hat geschäumtes Polystyrol, das als „Styropor“ bekannt ist. Es eignet sich zur Wärmedämmung und als Verpackungsmaterial.

5. Womit wird Polystyrol-Schaumstoff (Styropor) bearbeitet?

Platten aus Polystyrol-Schaumstoff können mit schnell laufenden Maschinen, mit heißem Draht oder mit der Fuchsschwanzsäge zugeschnitten werden.

6. Beschreiben Sie die Eigenschaften der Polyamide (PA) und zählen Sie Verwendungsbeispiele dafür auf.

Polyamide sind hochwertige Kunststoffe, außerordentlich zäh, hart und elastisch, zug-, abrieb-, druck- und stoßfest, heißwasser- und scheuerfest, undurchsichtig und beständig gegen Benzin, Öle und Fette.

Sie eignen sich für Schiebetürgleiter, Scharniere, Türbänder, Schrankbeschläge und Fachträger, als Gewebe- und Schnureinlagen für Flach- und Keilriemen und für Zahnräder und Lager.

7. Welche Eigenschaften hat Polyvinylchlorid (PVC)?

Wir unterscheiden Hart-PVC und Weich-PVC.

- Hart-PVC bleibt bis etwa +80 °C hart, wird dann elastisch und bei +165 °C plastisch weich. Es ist unempfindlich gegen Chemikalien, Säuren, Laugen, Salze, Alkohol, Benzin und Öle. Es wird von pflanzlichen und tierischen Schädlingen nicht angegriffen und ist witterungs- und alterungsbeständig.
- Weich-PVC ist elastisch, einfärbbar, sehr abriebfest, als Folie reiß- und knickfest, aber unbeständig gegen Alkohol und Benzin. Der „Weichmacher" kann ausschwitzen.

8. Wozu wird Hart-PVC verwendet?

Aufgrund seiner besonderen Eigenschaften ist Hart-PVC der wichtigste Kunststoff im Baugewerbe. Man fertigt daraus z. B. Rohre, Tür- und Fensterrahmen.

Nachteilig ist die sehr hohe Wärmeausdehnung. Sie ist etwa achtmal größer als bei Baustahl.

9. In welcher Form verwendet der Tischler Polyvinylacetat (PVAC)?

PVAC wird fein verteilt in Wasser (Dispersion) und mit Weichmachern versetzt als Klebstoff (KPVAC-Leim) und als glasklares, festes Harz zur Herstellung von Lacken verwendet.

10. Beschreiben Sie Acrylglas.

Acrylglas (Handelsname Plexiglas) ist glasklar, sehr fest, hart, zäh, lichtecht, formstabil und witterungsbeständig. Es kann für ähnliche Zwecke wie gewöhnliches Glas verwendet werden. Dabei hat es den Vorteil, nur etwa die Hälfte zu wiegen und weniger zerbrechlich zu sein. Der Nachteil besteht darin, dass die Oberfläche kratzempfindlicher ist, von Lösemitteln angegriffen wird und Staub anzieht.

3.1.2 Duroplaste

1. Beschreiben Sie Duroplaste und geben Sie an, wie diese Kunststoffe verarbeitet werden können.

Duroplaste bestehen aus synthetischen Harzen (Kunstharzen), die sich unter Einwirkung von Hitze und Druck oder durch chemische Reaktion mit so genannten Härtern so verändern, dass sie weder mit Lösungsmittel noch durch starke Erwärmung erweicht werden können.

Duroplaste kann man nach der Aushärtung hobeln, feilen, sägen und kleben. Sie lassen sich nicht schweißen.

2. Zählen Sie duroplastische Kunststoffe auf.

Die bekanntesten duroplastischen Kunststoffe sind Phenolharz (PF), Harnstoffharz (UF) und Melaminharz (MF), Polyurethanharz (PUR), Epoxidharz (EP) sowie Polyesterharz (UP).

3. Welche Eigenschaften hat Phenolharz (PF) und wozu wird es verwendet?

Ausgehärtetes Phenolharz, das durch Kondensation von Phenol mit Formaldehyd entsteht, ist dunkelbraun, fest, hart, spröde, wenig elastisch, wärmebeständig, schwer entflammbar, unlösbar und korrosionsfest sowie beständig gegen Alkohol, Benzin, Mineralöle und andere Stoffe.

Man verwendet Phenolharz als Rohstoff für die Herstellung von dekorativen Hochdruck-Schichtpressstoffplatten, Pressschichtholz, Hartschaumplatten und Leimfolien.

4. Nennen Sie die Eigenschaften und Verwendungen von Harnstoffharz (UF) und Melaminharz (MF).

Beide Harze entstehen durch Kondensation des Ausgangsstoffes Harnstoff bzw. Melamin mit Formaldehyd. Sie sind in ausgehärtetem Zustand farblos, geruchlos, hart und spröde. Melaminharz ist darüber hinaus glasklar.

- Harnstoffharz wird vorwiegend zur Klebstoff- und Lackherstellung verwendet sowie als Bindemittel bei der Herstellung von Spanplatten und anderen Plattenwerkstoffen genutzt.
- Melaminharzbeschichtete Oberflächen sind glatt, flüssigkeitsbeständig, bis zu einem hohen Grad kratzfest und leicht zu reinigen. Die Beschichtung selbst besteht aus kunstharzdurchtränkten Papieren.

5. Nennen Sie Verwendungsmöglichkeiten von Polyesterharzen (UP).

Polyesterharze verwendet man als Kleber und Lacke (UP-Lacke) bei der industriellen Möbelherstellung. Die ausgehärteten Lacke bilden eine sehr harte, spröde, klare und kratzunempfindliche Hochglanzoberfläche.

Im Verbund mit Glasfasern entsteht GFK (glasfaserverstärkter Kunststoff), aus dem z. B. Formteile mit sehr hoher Festigkeit und geringem Gewicht und Boote gefertigt werden.

6. Was stellt man aus Epoxidharzen (EP) her?

Epoxidharze haben ähnliche Eigenschaften wie ungesättigte Polyesterharze und eignen sich als Lack- und Gießharze, für Gießmodelle und mit Glasfaser verstärkt für großflächige Teile. Wegen ihrer großen Haftfähigkeit werden EP z. B. zur Herstellung von Metallklebern oder als Holzersatzmasse bei Fenstersanierungen verwendet.

7. Welche Erzeugnisse werden aus Polyurethanharzen (PUR) hergestellt?

Polyurethanharze entstehen durch die Vermischung der Vorprodukte „Desmophen“ und „Desmodur“ (Bayer-Rohstoffe).

Erzeugnisse:

- PUR-Lacke (bzw. DD-Lacke),
- Polyurethankleber (PU-Kleber),
- Polyurethanschaum (PU-Montageschaum),
- weicher Schaumstoff für Polsterungen,
- elastische Vollstoffe, die als Dichtungsmasse zur Abdichtung von Dehnungsfugen dienen.

8. Was ist das Besondere an PU-Montagekleber und wozu verwenden Sie ihn?

PU-Kleber quellen bei der Aushärtung etwas auf, wodurch Ungenauigkeiten an den Verbindungsstellen ausgefüllt werden und fehlender Anpressdruck ersetzt wird. Man spricht auch von einkomponentigem PU-Kleber, weil die Aushärtung im Kontakt mit der Luft- oder Materialfeuchtigkeit erfolgt. Er eignet sich für die Verklebung unterschiedlicher Materialien und wird z. B. für die Nut-Feder-Verklebung bei der Verlegung von zementgebundenen Fußbodenplatten oder für die unkomplizierte Fixierung von Montageteilen wie z. B. Blenden und Leisten an der Baustelle verwendet.

Nachteilig ist, dass sich herausquellender Klebstoff sowie Flecke auf Kleidung und Händen nur schwer entfernen lassen. In angebrochenen Behältnissen härtet der Kleber aus, wenn diese nicht luftdicht verschlossen sind.

9. Worauf achten Sie bei der Wahl des PU-Montageschaums?

Es gibt PU-Montageschäume mit besonderer Eignung für bestimmte Anwendungsbereiche.

Für den Einbau von Holzfenstern und Außentüren eignet sich ein Schaum, der die Hohlräume zwischen Mauerwerk und Blendrahmen vollständig ausfüllt und bei hoher Alterungsbeständigkeit sehr gute Schall- und Wärmedämmeigenschaften hat. Er sollte nach der Aushärtung noch flexibel sein, um z. B. die Maßänderungen bei Kunststofffensterrahmen infolge starker Temperaturschwankungen auszugleichen. Man sollte ihn temperaturunabhängig verarbeiten können.

Für den Einbau von Innentürzargen eignet sich am besten ein zweikomponentiger PU-Montageschaum, der keinen Druck auf die verspreizten Türzargen ausübt und durch kurze Aushärtezeit ein zügiges Abschließen des Türeinbaus ermöglicht. Dieser Schaum darf durch späteres Nachdrücken die Zargen nicht ausbeulen; und durch Schrumpfen darf die Haftung und der Kontakt zu den Zargen und damit deren Fixierung nicht verloren gehen.

10. Was ist der Unterschied zwischen 1K- und 2K-PU-Schaum?

1K-PU-Schaum besteht nur aus Polyurethan und einem Treibmittel. Die Aushärtung erfolgt bei Kontakt mit Luftfeuchtigkeit.

2K-PU-Schaum reagiert mit einem Härter, der sich z. B. durch Drehen des Dosenbodens mit dem Schaum vermischt oder der sich in einer getrennten Kartusche befindet und beim Auftragen über ein Mischrohr mit dem Schaum zusammengeführt wird. Durch diese Aktivierung wird eine schnellere und kontrollierte Aushärtung des Schaums erreicht.

11. Worauf achten Sie bei der Verarbeitung von PU-Montageschäumen?

- Angrenzende Flächen müssen abgedeckt werden, da Montageschaum abtropfen kann.
- Arbeitshandschuhe und Schutzbrille sind zu tragen. Kleidung ist zu schützen.
- Die Gebrauchsanweisung des Herstellers muss beachtet werden (z. B. Aktivierung des Härters, Schütteln der Dose, Ventil nach unten halten usw.)
- Der Schaum wird bei sparsamer Dosierung von unten nach oben in die Anschlussfugen aufgetragen.
- Ausgeschäumte Fugen müssen nach der Aushärtung abgedeckt werden, da PU-Schaum nicht UV-beständig ist.

→

Fortsetzung der Antwort ⇒

Gefahren:

- Die bei der Verarbeitung austretenden Gase sind gesundheitsschädlich und explosionsfähig, wenn ohne Belüftung in kleinen Räumen gearbeitet wird.
- In gebrauchten Montageschaumdosen befinden sich noch stark gesundheitsgefährdende Reste. Deshalb müssen sie ordnungsgemäß entsorgt werden – z. B. durch Rücknahme über den Händler oder kommunale Sammelstellen.
- Behälter mit 2K-Montageschaum müssen kühl gelagert werden. Erwärmte Dosen müssen wegen Berstgefahr vor der Verwendung abgekühlt werden.

12. Was versteht man unter holzergänzenden Reaktionsharzen und bei welchen Arbeiten können sie verwendet werden?

Hierbei handelt es sich um ein Mittel zur Reparatur schadhafter Holzteile, das aus den zwei Komponenten Epoxidharz und Härter besteht. Nach der homogenen Durchmischung beider Komponenten können damit offene Verbindungsfugen, zuvor entfernte verfaulte Holzteile oder auch fehlende Zwischenstücke ausgefüllt bzw. überbrückt werden. Innerhalb der Topfzeit kann die Masse geformt werden, sodass nach der Aushärtung nur noch geringe Schleifarbeiten anfallen.

Sie kommen bei Sanierungsarbeiten (Erhalt und Instandsetzung) an Holzfenstern und anderen Holzbauteilen zur Anwendung.

3.1.3 Elastomere

1. Was sind Elastomere?

Elastomere ist der Sammelbegriff für eine Reihe von kautschukelastischen Stoffen, die unter der Bezeichnung Kunstkautschuke oder Synthesekautschuke zusammengefasst sind.

Sie haben elastische Eigenschaften, d. h., sie lassen sich leicht verformen und gehen nach Aufhebung der Spannung in ihre ursprüngliche Form zurück.

Die Elastizität ist temperaturunabhängig. (Elastomere sind nicht schmelzbar.)

2. Nennen Sie wichtige Elastomere.

Zu den Elastomeren zählen z. B. Kunstkautschuke (synthetische Kautschuke) wie Polychloropren-Kautschuk (= Neopren), Polyurethan-Kautschuk, Polysulfid-Kautschuk und Silikon-Kautschuk.

3. Was wird aus Elastomeren hergestellt?

Man stellt aus diesen Stoffen Fugendichtungsmassen, Dichtungsprofile, dauerelastische Versiegelungsmassen, Fenster-Abdichtungsbänder und Klebstoffe her.

4. Nennen Sie Eigenschaften und Verwendungen von Silikon (SI).

Silikon ist feuchtigkeitsabweisend, dauerelastisch, temperatur- und alterungsbeständig. Man verwendet diesen Kunststoff zur Versiegelung von Verglasungen und zum Abdichten von Mauer- und Wandanschlussfugen bei Fenstern und Türen. Silikon ist nicht überstreichbar.

3.1.4 Dekorative Hochdruck-Schichtpressstoffplatten

1. Was versteht man unter dekorativen Hochdruck-Schichtpressstoffplatten (HPL)?

HPL ist ein Belagstoff, der zum Beschichten von Holzwerkstoffplatten dient. Die Bezeichnung HPL kommt aus dem Englischen und bedeutet High-Pressure-Laminate.

Die dünnen Platten werden oberflächenfertig in vielen Farben, Mustern und Oberflächenstrukturen angeboten. Die Oberflächen sind leicht zu reinigen und haben eine hohe Widerstandskraft gegen Verkratzen. Gegen Haushaltschemikalien sind sie unempfindlich.

2. Nennen Sie Anwendungsbeispiele für dekorative Hochdruck-Schichtpressstoffplatten (HPL).

HPL-Platten sind dünn. Sie werden als Belagstoff für ebene Trägermaterialien eingesetzt. Nachformbare HPL-Platten eignen sich für das Postformingverfahren.

Man verwendet sie im Möbelbau, für Tischplatten, für Verkleidungen in Küchen, Labors, Gaststätten, Krankenhäusern und Badezimmern, für Ladeneinrichtungen sowie für Innentüren. Auch im Innenausbau werden sie für die Beschichtung von Trennwänden und als Bodenbelag verarbeitet.

3. Erklären Sie den Aufbau einer dekorativen Hochdruck-Schichtpressstoffplatte (HPL).

HPL-Platten bestehen aus

- einer Kernschicht ①,
- einer Dekorschicht ②,
- einer Overlayschicht ③,
- einer Gegenzugschicht ④.

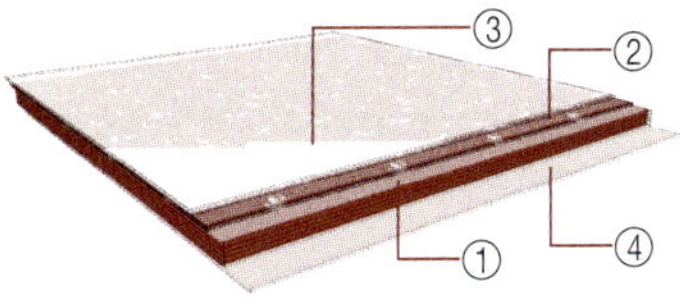

→

Fortsetzung der Antwort ⇒

Die Kernschicht wird von kunstharzgetränkten Faserstoffbahnen (Papieren) gebildet.

Die Dekorschicht besteht aus einem bedruckten Papier oder aus Echtholzfurnier.

Die glasklare Overlayschicht deckt die Dekorschicht ab. Als Kunstharze verwendet man für die Kernschicht Phenolharz und für die Overlayschicht das glasklare, sehr harte Melamin.

Bei der Herstellung werden die Schichten unter hohem Druck heiß verpresst und miteinander verschweißt.

4. Nach DIN EN 438-1 unterscheidet man bei HPL-Platten die Typen S, P und F. Was versteht man darunter?

Diese Einteilung kennzeichnet Materialeigenschaften:

- Typ S bedeutet Standard-Qualität,
- Typ P bedeutet nachformbare Platte (postforming),
- Typ F bedeutet erhöhte Widerstandsfähigkeit gegenüber Feuereinwirkung.

5. Was besagen die Anwendungsklassen bei HPL-Platten?

Die Anwendungsklasse setzt sich aus drei Kennzahlen für Abrieb, Stoß und Kratzen zusammen. Die Zahlen 1 bis 4 stehen hierbei für gering, mittel, hoch und sehr hoch.

Beispiel: Die Anwendungsklasse 223 kennzeichnet eine HPL-Platte mit mittlerer Abriebfestigkeit, mittlerer Stoßfestigkeit und hoher Kratzfestigkeit.

6. Worauf ist bei der Lagerung und beim Transport von HPL-Platten zu achten?

Die Platten sollten vor Nässe geschützt in Regalen auf ebener Unterlage gelagert werden. Auch Halterungen, in denen die Platten stehend mit etwa 80° Neigung gelagert werden, sind geeignet.

Man verhindert das Werfen der Platten durch eine schwere Holzwerkstoffplatte, die man auf die oberste Platte legt.

Beim Transport der Platten ist darauf zu achten, dass die Oberfläche nicht zerkratzt wird, dass die Kanten nicht beschädigt werden und dass die dünnen Platten nicht stark durchbiegen. Eine Papierschicht zwischen den Platten schützt die Oberfläche.

7. Woran erkennt man die Herstellungsrichtung der HPL-Platten und warum ist bei der Verarbeitung darauf zu achten?

Man erkennt sie an den Schleifspuren auf der Plattenrückseite. Sie wird auch als Erzeugerrichtung bzw. Plattenlänge bezeichnet.

Auf diese Richtung ist zu achten, da HPL-Platten bei Feuchteänderungen geringfügig schwinden und →

Technologie

Fortsetzung der Antwort ⇒

quellen und zwar in der Breite etwa doppelt so stark wie in der Länge.

8. Was ist bei der Beschichtung freistehender Trägerplatten mit HPL zu beachten?

Diese Trägerplatten erhalten eine beidseitige Beschichtung, möglichst mit dem gleichen Material. Hierbei ist auch darauf zu achten, dass auf beiden Seiten die Erzeugerrichtung gleichlaufend ist.

Bei Missachtung dieser Regeln verziehen sich die Trägerplatten durch die Wärmeausdehnung und das Schwinden und Quellen der Beschichtung.

9. Wie erfolgt der Zuschnitt der HPL-Platten?

Der Zuschnitt dieser Platten erfolgt an der Formatkreissäge mit hartmetallbestückten Kreissägeblättern (Dach- bzw. Trapez-Zahn).

Man vermeidet Ausrisse an der oberen Schnittkante (Dekorseite) durch ein möglichst hoch eingestelltes Sägeblatt.

Mit einer aufgelegten Latte drückt man die HPL-Platte auf den Maschinentisch und verhindert so, dass die Platte beim Schneiden flattert.

10. Erläutern Sie die Vor- und Nachteile der verschiedenen Verleimmöglichkeiten von HPL-Platten.

Zum Aufleimen der HPL-Platten können unterschiedliche Klebstoffe verwendet werden.

- Dispersionsleime ergeben eine dauerhafte zähelastische Verbindung. Nachteilig ist, dass die Trägerplatten das im Leim enthaltene Wasser aufnehmen.
- Bei der Verwendung von Kontaktklebern gelangt keine Feuchtigkeit in die Trägerplatten. Zu beachten ist aber, dass die Beschichtung sehr präzise aufgelegt werden muss, da sie sofort haftet und nicht mehr ausgerichtet werden kann.

11. Was versteht man unter CPL?

Die Abkürzung kommt aus dem Englischen und bedeutet Continuous-Pressure-Laminate (auf Deutsch: Kontinuierlich hergestellte Laminate). Dieser Schichtpressstoff hat einen ähnlichen Aufbau wie HPL, wird aber in einem anderen Verfahren hergestellt. Er wird in der Regel nicht als dünne Platten sondern aufgerollt geliefert.

12. Was versteht man unter Kompaktschichtpressstoff?

Hierbei handelt es sich um einen Werkstoff, der wie HPL aufgebaut ist und eine Materialstärke über 2 mm hat.

3.2 Glas

1. Aus welchen Rohstoffen wird Glas hergestellt?

Glas besteht hauptsächlich aus Quarzsand (ca. 60 bis 70 %), Natriumkarbonat (Soda), Dolomit und Kalkstein. Hinzu kommen Oxide, die Auswirkungen auf die physikalischen Eigenschaften und die Farbe des Glases haben.

Bei der Herstellung wird auch Glas aus dem Wertstoffkreislauf (Glasbruch, Glasrecycling) hinzugegeben.

2. Welche Eigenschaften hat Glas?

Glas ist hart, druckfest, spröde, wärme- und schalldämmend, unempfindlich gegen Wasser, Säuren und Salze, korrosionsfest, witterungsbeständig, licht- und strahlendurchlässig, nicht entflammbar, unbrennbar und leicht zu reinigen. Es hat eine Dichte von 2,5 kg/dm^3 und wird oberhalb 600°C allmählich weich und lässt sich dann leicht formen. Die Biegefestigkeit ist relativ gering.

3. Wie schwer ist eine Glasscheibe, die 1 m^2 groß und 1 mm dick ist?

Eine 1 m^2 große Scheibe wiegt pro Millimeter Glasdicke 2,5 kg. (Sie hat ein Volumen von 1 dm^3 und eine Dichte von 2,5 kg/dm^3.)

4. Nennen Sie die Herstellungsverfahren von Glas.

Die heute üblichen Verfahren sind

- das Floatverfahren,
- das Gieß- und Walzverfahren,
- das Pressverfahren.

5. Beschreiben Sie das Floatverfahren bei der Glasherstellung.

Beim Floatverfahren (float = obenauf schwimmend) wird zähflüssige Glasschmelze über ein flüssiges Metallbad aus Zinn geleitet. Da die Glasschmelze eine geringere Dichte als Zinn hat, breitet sie sich auf der Zinnoberfläche zu einer gleichmäßigen Schicht aus. Durch Abkühlung erstarrt die Schicht und kann zugeschnitten werden.

6. Nennen Sie die Eigenschaften und Verwendungsmöglichkeiten von Floatglas.

Floatglas ist beidseitig feuerblank, vollständig plan, klar und verzerrungsfrei und muss zur Verwendung nicht mehr geschliffen und poliert werden.

Es wird sowohl zum Verglasen von Fenstern als auch als Möbelglas verwendet. Es ist das Basisglas für die Spiegelherstellung und durch Weiterverarbeitung wird es besonderen Verwendungszwecken zugeführt (z. B. Sicherheitsglas, Schallschutzglas).

7. In welchen Dicken wird Fensterglas (Floatglas) hergestellt?

Man unterscheidet folgende Nenndicken:

2, 3, 4, 5, 6, 8, 10, 12, 15 und 19 mm. Die Toleranzen für zulässige Abweichungen betragen ± 0,2 mm bis ± 1,0 mm.

8. Welche Gläser werden im Gieß- und Walzverfahren hergestellt?

In diesem Verfahren wird Gussglas hergestellt. Es ist gut lichtdurchlässig, aber nicht durchsichtig. Es kann weiß und farbig, ein- oder doppelseitig ornamentiert, mit oder ohne Drahtnetzeinlage sein.

Im Einzelnen stellt man in diesem Verfahren Roh-, Ornament-, Kathedral-, Draht-, Drahtornament- und Gartenklarglas her.

9. Was wissen Sie über Ornamentglas?

Ornamentglas ist ein Gussglas mit ein- oder beidseitiger Oberflächenprägung, durchscheinend bis durchsichtsperrend.

Eine Sonderform ist das Kathedralglas. Hierbei handelt es sich um ein farbiges Ornamentglas mit einer Effektoberfläche (groß und klein gehämmerte Prägung).

Solche Gläser verwendet man zur Verglasung von Zimmer- und Möbeltüren.

10. Erklären Sie die Begriffe Drahtglas und Drahtspiegelglas.

Drahtglas ist ein Gussglas mit Drahtnetzeinlage. Das 7 und 9 mm dicke Glas wird z. B. für den Bau von Balkonbrüstungen, Trennwänden, Türen und Windschutzwänden verwendet.

Sind die Oberflächen geschliffen und poliert, spricht man von Drahtspiegelglas.

11. Erläutern Sie das Blasverfahren bei der Glasherstellung.

Beim Blasverfahren wird mithilfe der Glasmacherpfeife zum Mundblasen bzw. mithilfe von Pressluft zum maschinellen Blasen die Glasschmelze zu Hohlglasformen geformt.

Man wendet das Verfahren z. B. zur Herstellung von Butzenscheiben und des so genannten Echt-Antikglases an.

12. Welche besonderen Gestaltungstechniken gibt es bei der Glasbearbeitung?

Hierzu zählen

– die Blei- oder Messingverglasung: Fassung von Gläsern mittels verlöteter Bleiruten bzw. Messingprofilen zur dekorativen Gestaltung von Glasmalereien und als Zierverglasung, →

Fortsetzung der Antwort ⇒

- die Tiffanytechnik: sie ähnelt der Bleiverglasung, ermöglicht jedoch die Gestaltung feingliedriger Flächen und Körper,
- das Sandstrahlen: zur Herstellung von Mattglas oder zur Ornamentierung von Teilen der Glasoberfläche,
- das Ätzen: mattierendes Abtragen der Glasoberfläche mittels Fluorwasserstoffsäure [sehr giftig!] für flächige oder dekorative Gestaltung,
- der Glasschliff: Bearbeitung der Flachglasoberfläche zur Erzielung dekorativer Effekte,
- der Kantenschliff: z. B. Facetten, Fasen,
- die Betonverglasung: in Beton eingelegte farbige Glasbrocken oder Glasplatten für betonverglaste Wände z. B. in Kirchen, Treppenhäusern u. Ä.

13. Was versteht man unter Funktionsgläsern und welche gehören dazu?

Als Funktionsgläser bezeichnet man Glaserzeugnisse, die durch Weiterverarbeitung besonderen Verwendungszwecken zugeführt werden. Hierzu zählen z. B. Mehrscheibenisolierglas bzw. Wärmeschutzglas, Schallschutzglas, Einscheibensicherheitsglas, Verbundsicherheitsglas, Sonnenschutzglas, Brandschutzglas und Spiegel.

14. Erklären Sie den Aufbau von Mehrscheibenisolierglas.

Mehrscheibenisoliergläser (MIG) sind fertige Verglasungseinheiten aus zwei oder mehreren gleich- oder verschiedenartigen Glastafeln, die am äußeren Rand durch Abstandshalter aus Aluminium, verzinktem Stahl oder Kunststoff getrennt sind. Die Abstandshalter sind mit den Glastafeln so verklebt und abgedichtet, dass der Scheibenzwischenraum (SZR) hermetisch abgeschlossen ist.

Der Raum zwischen den Scheiben ist mit getrockneter Luft oder Spezialgasgemischen gefüllt. Außerdem enthalten die Abstandshalter ein Trocknungsmittel, das eventuell entstehendes Feuchtigkeitskondensat bindet.

15. Wozu dient eine Wärmeschutz-Isolierverglasung und wie ist sie aufgebaut?

Hiermit können die hohen Anforderungen der Wärmeschutzverordnung erfüllt werden.

Dem Aufbau nach handelt es sich um Mehrscheibenisoliergläser, deren Scheibenzwischenraum mit einem Spezialgas gefüllt ist. Außerdem ist auf der Innenseite einer Glasscheibe eine kaum wahrnehmbare, hauchdünne Silberschicht aufgedampft. →

Fortsetzung der Antwort ⇒

Durch die Spezialgasfüllung wird ein besonders geringer Wärmedurchlass erzielt.

Die aufgedampfte Silberschicht bewirkt als Wärmefunktionsschicht solare Wärmegewinne.

16. Bei Isoliergläsern spielt der U_g-Wert eine Rolle. Was versteht man darunter und welche Werte sind heute technisch erreichbar?

Der U_g-Wert ist der Wärmedurchgangskoeffizient der Fensterverglasung (in $W/(m^2 \cdot K)$, g = glazing). Der Wert fließt als Faktor in die Berechnung des U_w-Wertes (Wärmedurchgangskoeffizient des Fensters, w = window) ein.

Der U_g-Wert muss gering sein, damit das Fenster den Anforderungen der Energieeinsparverordnung (EnEV) entspricht.

Zweifachisolierglas kann einen U_g-Wert von 1 $W/m^2 \cdot K$ erreichen.

Bei Dreifachisolierverglasung sind U_g-Werte von 0,5 $W/m^2 \cdot K$ möglich.

17. Wie ist Schallschutzglas aufgebaut?

Schallschutzglas ist Mehrscheibenisolierglas mit unterschiedlichen Glasdicken und einer besonderen Gasfüllung in den Zwischenräumen.

Hohe Schalldämmwerte werden erreicht, wenn auf der einen Seite der Isolierglaseinheit Verbundsicherheitsglas oder eine Scheibe mit Gießharzverbund eingesetzt wird.

18. Was versteht man unter Einscheibensicherheitsglas (ESG)?

Hierbei handelt es sich um Flachglas, das durch ein thermisches Verfahren in einen Eigenspannungszustand versetzt wird. Bei Bruch zerfällt dieses Glas in kleine Krümel, wodurch die Gefahr von Schnittverletzungen stark verringert wird. Durch die Vorspannung ist es auch schlagfester und elastischer als nicht vorgespanntes Glas.

Verwendung: Glasvitrinen, Ganzglastüren, Ganztischplatten, Duschabtrennungen u. a.

19. Kann ESG bearbeitet werden?

Nein, ESG kann nicht mehr bearbeitet werden. Kantenbearbeitungen, Bohrungen oder Ausschnitte müssen bereits bei der Herstellung vorgenommen werden.

20. Beschreiben Sie Verbundsicherheitsglas (VSG).

VSG-Glas besteht aus zwei oder mehreren Scheiben mit glasklaren oder eingefärbten elastischen Zwischenfolien, die splitterbindend sind (auch mit Draht- oder Stahlfadeneinlage). VSG-Glas ist einbruch-, durchbruch- und schusshemmend und wurde früher als Panzerglas bezeichnet. Verwendung: Sportstätten, Schulen, Bäder, Überkopfverglasungen, Bankschalter.

21. Erklären Sie den Aufbau von Sonnenschutzglas.

Dies ist ein Flachglas oder ein Mehrscheibenisolierglas das langwellige Wärmestrahlen reflektiert (zurückwirft) oder absorbiert (schluckt). Eine Reflexion von etwa 50 % der Sonnenstrahlen erreicht man durch die Bedampfung der Glasinnenseite mit Gold, Silber oder Kupfer bzw. durch die Beschichtung der inneren Glasfläche mit einer metallisierten Gold-, Silber- oder Aluminiumfolie. Eine Absorption von Sonnenstrahlen erzielt man durch Einfärben der Glasschmelzmasse in den Farbtönen bronze, grün oder grau.

22. Man unterscheidet bei Brandschutzglas im Fensterbau die G- und die F-Klasse. Erläutern Sie die beiden Bezeichnungen.

G-Brandschutzglas ist vorgespanntes Spezialglas, das den hohen Temperaturbelastungen im Brandfall länger standhält und somit die Ausbreitung von gefährlichen Rauchgasen verhindert.

F-Brandschutzglas bietet im Brandfall einen weiterführenden Schutz. Es wird als Verbundsicherheitsglas mit einer Brandschutzfolie oder als Isolierglas mit einer Brandschutzgel-Füllung hergestellt. Sowohl die Brandschutzfolie als auch das Gel schäumen bei starker Erhitzung auf, sodass ein Teil des Scheibenverbundes trotz hoher Hitzebelastung längere Zeit unbeschädigt bleibt.

23. Eine Haustür soll Rahmenfüllungen aus Glas erhalten. Welche Auswahl ist hinsichtlich der Materialqualität und Materialoptik vorzunehmen?

Hierfür kommt Mehrscheibenisolierglas aus Einscheibensicherheitsglas oder Verbundsicherheitsglas in Frage.

Bei Mehrscheibenisoliergläsern werden durch die Angabe des U_g-Wertes die Wärmedämmeigenschaften beschrieben. Bei Sicherheitsgläsern gibt ein Prüfzeugnis Auskunft über den Grad des Schutzes (z. B. durchbruchhemmend).

Hinsichtlich der Materialoptik können Gläser mit unterschiedlicher Transparenz, mit Dekoren und Oberflächenornamenten gewählt werden.

24. Wie wird Glas gelagert und transportiert?

Glas wird immer dicht an dicht senkrecht stehend, geschützt vor Temperaturschwankungen und Feuchtigkeit gelagert. Eine Durchbiegung der Glastafeln darf nicht auftreten. Die Kanten der Tafeln müssen auf einer weichen Unterlage (Holz, Styropor o. Ä.) aufliegen.

Beim Transport von Glas sind stets Handschuhe und Handgelenkschutzmanschetten aus Leder sowie eine Lederschürze und Sicherheitsschuhe zu tragen.

25. Nennen Sie Werkzeuge zum Schneiden von Flachglas.

Flachglas wird mit Glasschneidern geschnitten. Als Schneiden dienen ein Diamant, Stahl- oder Hartmetallrädchen.

Der Glasschneider wird für gerade Schnitte an einem Winkelanschlag (Glaserwinkel) geführt.

Zum Abbrechen schmaler Glasstreifen verwendet man die Glasbrechzange.

26. Führen Sie die erforderlichen Arbeitsschritte und Werkzeuge zum Zuschnitt von Flachglas auf.

1. Die Glastafel wird auf eine geeignete Unterlage gelegt (z. B. mit Filz bespannte Holzwerkstoffplatte, die nicht durchbiegen kann).
2. Die Glastafel wird gereinigt.
3. An der Kante des Glaserwinkels wird der Glasschneider geführt und das Glas eingeritzt.
4. Zum Brechen wird unter die angeritzte Trennlinie eine dünne Glasbrechleiste in voller Länge gelegt. Mit leichtem Druck auf die beiden Hälften wird nun das Glas gebrochen. (Kleine Glasplatten können auch nur mit den Händen gebrochen werden. Bei schmalen Abschnitten verwendet man die Glasbrechzange.)
5. Um Verletzungen bei der Weiterverarbeitung vorzubeugen, werden abschließend feine Splitter an den Kanten mit dem Schleifklotz und feinem Schleifpapier entfernt.
6. Alle Glasabfälle und Splitter werden in einem dafür geeigneten Behälter für Glasabfälle gesammelt.

27. Worauf ist bei der Handhabung des Glasschneiders zu achten?

Zum Ritzen des Spalts wird der Glasschneider ohne abzusetzen mit gleichmäßigem Andruck am Lineal geführt. Er wird dabei senkrecht zur Schnittachse gehalten und sollte vorher mit dem Stahlrädchen in Schneidöl (z. B. Petroleum) getaucht werden, damit Glasstaub in den Spalt eingeschwemmt wird. Dadurch erhält der Spalt Spannung, die das Abbrechen erleichtert.

Da das Stahlrädchen des Glasschneiders nicht direkt am Führungsschenkel des Glasschneiders angelegt werden kann, sind je nach Glasschneider 2 bis 4 mm vom Sollmaß abzuziehen.

28. Was wissen Sie über das Schleifen und Bohren von Glas?

Zum Schleifen von Glas verwendet man Schleifsteine, -walzen, -bänder oder -scheiben und pulverförmige Schleifmittel wie Sand- und Lavastein, Korund, Siliciumcarbid oder Diamantstaub. →

Fortsetzung der Antwort ⇒

Um ein Heißwerden und Zerspringen des Glases bei der Bearbeitung zu vermeiden und um den entstehenden Glasstaub zu binden (Gesundheitsschutz), wird hauptsächlich nass geschliffen und nass gebohrt.

3.3 Metalle

1. Metalle werden in die Gruppe der Eisenwerkstoffe und Nichteisenmetalle unterteilt. Nennen Sie Beispiele für jede Gruppe.

- Zu den Eisenwerkstoffen zählen z. B. Gusseisen und Stahl.
- Zu den Nichteisenmetallen gehören Schwermetalle (wie z. B. Zink und Kupfer), Leichtmetalle (wie z. B. Aluminium) und die Legierungen dieser Metalle.

2. Beschreiben Sie die Stahlherstellung.

Die Stahlerzeugung erfordert mindestens zwei Arbeitsschritte.

- Im ersten Arbeitsschritt wird aus Eisenerz und anderen Stoffen im Schmelzverfahren Roheisen hergestellt.
- Im zweiten wird nach erneutem Schmelzen dem Roheisen Kohlenstoff entzogen.

Das Endprodukt Stahl ist eine Legierung aus Eisen und Kohlenstoff (Kohlenstoffanteil max. 2 %).

3. Nennen Sie die wesentlichen Stahlsorten.

Man unterscheidet die Stahlsorten in Baustähle und Werkzeugstahl und weiter in unlegierte, legierte und hochlegierte Stähle.

4. Was versteht man unter einer Legierung?

Legierungen entstehen durch das Mischen eines Metalls (Grundmetall) mit einem oder mehreren anderen metallischen oder nichtmetallischen Elementen. Die Legierungen haben andere Eigenschaften als ihre Bestandteile. So kann beispielsweise Stahl durch die Zulegierung von Nickel und Chrom rostbeständig gemacht werden.

5. Aus welchen Metallen ist Messing legiert und worin sehen Sie die Vorteile von vermessingten Beschlägen?

- Messing ist eine Legierung von Kupfer und Zink. Das Kurzzeichen hierfür ist CuZn.
- Messing ist bestens geeignet für die Herstellung von Beschlägen und Holzschrauben.
- Messingbeschläge bleiben korrosionsfrei und führen z. B. bei Eichenholz nicht zur Bildung von Oxidationsflecken. →

Fortsetzung der Antwort ⇒

- Vermessingte Schrauben und Beschläge, deren Grundwerkstoff aus Stahl besteht, haben die Oberflächenqualität von Messing, können aber stärker belastet werden.

6. Was versteht man unter unlegierten und was unter niedrig legierten Werkzeugstählen?

Unlegierte Werkzeugstähle verschleißen relativ rasch. Sie eignen sich für die Herstellung von einfachen Werkzeugen, die während der Anwendung keiner oder nur geringer Erhitzung ausgesetzt sind (z. B. Meißel, Hämmer, Sägeblätter).

Niedrig legierte Werkzeugstähle enthalten dagegen bis zu 5 % Legierungsbestandteile (wie z. B. Chrom, Molybdän, Nickel, Vanadium und Wolfram). Sie sind sehr zäh und verlieren auch bei höherer Reibungswärme nicht ihre Härte. Da sie deutlich weniger verschleißen als unlegierte Werkzeugstähle, werden daraus z. B. Stecheisen, Hobeleisen, Bohrwerkzeuge und Fräsketten hergestellt.

7. Welche Bedeutung haben hoch legierte Stähle?

Bei diesen Stählen betragen die Legierungsbestandteile zwischen 5 % und 30 %. Aus ihnen werden sogenannte HSS-Stähle (abgeleitet aus der englischen Bezeichnung High Speed Steel) z. B. für Hobel- und Fräswerkzeuge sowie für Tragkörper von Verbundwerkzeugen gefertigt.

8. Was sind Stellite?

Stellite sind Legierungen aus Kobalt, Chrom, Wolfram und Kohlenstoff. (Man spricht hierbei auch von Hartlegierungen.) Sie werden z. B. für die Schneiden von Verbundwerkzeugen und für Wendeplatten verarbeitet. Sie sind härter als Werkzeugstähle, aber weicher und spröder als Hartmetalle.

9. Die Schneidenplättchen der Verbundwerkzeuge sind häufig aus Hartmetall. Was sind Hartmetalle und welche Eigenschaften haben sie?

Hartmetalle (HM) sind im Wesentlichen eine Legierung von Wolfram oder Titan mit Kohlenstoff, die in der Regel in Kobalt eingebunden sind. Die zu Pulver gemahlenen Stoffe werden unter Druck miteinander verbacken (= Pressen) und anschließend unter hohen Temperaturen miteinander gebunden (= Sintern).

Hartmetalle sind sehr hart, haben eine lange Standzeit, große Verschleißfestigkeit und lassen hohe Schnittgeschwindigkeiten zu. Andererseits sind sie spröde und empfindlich gegen Schlag und Stoß.

10. Eine Anschlagschiene (6 x 60 x 1000 S235), die später als unterer Anschlag für eine Nebeneingangstür dient, ist mit 2 Bohrungen (Durchmesser 5 mm) für Schrauben zu versehen. Geben Sie den Arbeitsablauf des Bohrens einschließlich der erforderlichen Metallbearbeitungswerkzeuge in der zeitlichen Reihenfolge an. Nennen Sie auch die dabei erforderliche Sicherheitsausrüstung.

Die Bezeichnungen der Schiene: 6 x 60 x 1000 kennzeichnet die Dicke, Breite und Länge in Millimeter, S bedeutet unlegierter Baustahl; 235 kennzeichnet die Stahlqualität (Mindeststreckgrenze).

Die Arbeitsschritte:

1. Sollmaße der Bohrmittelpunkte mit Reißnadel anreißen.
2. Um den Bohrer zu zentrieren bzw. um ihm Halt zu geben, wird der Bohrmittelpunkt mit Körner vertieft.
3. Zum Bohren wird die Schiene in die Einspannvorrichtung der Ständerbohrmaschine gespannt.
4. Die Bohrungen werden mit einem Metall-Spiralbohrer (Durchmesser 5 mm) bei ca. 1500 U/min gebohrt. Dabei wird der 6 mm dicke Baustahl nicht in einem Zug durchbohrt, sondern man unterbricht den Vorgang mehrmals durch Anheben des Bohrers. So wird der Metallspan gebrochen und der Bohrer überhitzt sich nicht. Empfehlenswert ist die Verwendung von Kühlschmiermittel (Schneidöl).
5. Die Bohrlöcher werden mit einem Handentgrater (Kunststoffheft mit Krauskopf) entgratet.

Sicherheitsausrüstung:

Arbeitsschutzbrille, Arbeitsschuhe, anliegende Arbeitskleidung.

11. Warum ist bei den meisten Metallen Oberflächenschutz notwendig?

Bei allen metallischen Werkstoffen, außer bei Gold und Platin, werden die Oberflächen durch chemische und elektrochemische Einflüsse (Reaktionen) angegriffen. Ihr Aussehen verändert sich oder der Werkstoff wird im Laufe der Zeit zerstört. Diese Vorgänge nennt man Korrosion, beim Eisen auch Rosten.

Bei Aluminium und Kupfer ist die Korrosionsschicht nicht porös. Ein zusätzlicher Oberflächenschutz ist nicht erforderlich, da die Oxidschicht das darunter liegende Metall schützt.

12. Was versteht man unter chemischer und was unter elektrochemischer Korrosion?

Bei der chemischen Korrosion wird die Oberfläche von Metallen durch Sauerstoff in der Luft (Oxidation), durch Wasser, Säuren, Laugen, Salze, Gase und Dämpfe angegriffen. Es bildet sich eine Oxidschicht bzw. bei Eisenwerkstoffen eine Rostschicht. →

Fortsetzung der Antwort ⇒

Von einer elektrochemischen Korrosion spricht man, wenn zwei unterschiedliche Metalle in Anwesenheit eines Elektrolyts (leitende Flüssigkeit oder Luftfeuchtigkeit) ein galvanisches Element bilden. Dabei wird das unedlere Metall zerstört.

13. Wie kann man die Oberflächen von Metallen schützen?

Man schützt die Oberflächen durch Einölen und Einfetten, Anstreichen und Lackieren (z. B. Zopanlack), Emaillieren, Eloxieren, Verzinken (Tauchen des Werkstücks in geschmolzenes Metall), Galvanisieren oder auch Plattieren (Aufwalzen einer Metallfolie).

14. Erklären Sie das Galvanisieren von Metallen.

Beim Galvanisieren, dem sog. Vermetallen, erhält das Metall mithilfe von elektrischem Gleichstrom in einem Elektrolytbad (verdünnte Schwefelsäure) einen galvanischen Metallüberzug aus Kupfer, Cadmium, Nickel, Chrom, Zink, Silber oder Gold. Auf diese Art werden z. B. verzinkte Nägel und Schrauben hergestellt.

15. Was geschieht beim Eloxieren von Aluminium?

Eloxieren ist die Abkürzung für „elektrisch Oxidieren“. Bei diesem Verfahren wird die Oberfläche des Aluminiums mithilfe von Gleichstrom in einem Schwefelsäurebad mit einer harten, schützenden und sehr haltbaren Eloxalschicht versehen. Ein weiterer Oberflächenschutz ist danach nicht mehr erforderlich.

16. Nennen Sie Verwendungsmöglichkeiten von Aluminium (Al).

Aluminium verwendet man z. B. für die Herstellung von Fensterprofilen, Regenschutzschienen, für Verstärkungseinlagen und Dampfsperrschichten in Haustürblättern.

Al-Legierungen mit Magnesium und Silicium eignen sich z. B. für die Herstellung von Beschlägen (Türdrücker und Fensteroliven).

17. Zählen Sie Verbindungsmöglichkeiten bei Metallen auf.

Metalle kann man z. B. fälzen und schrauben, verlöten, schweißen, nieten und miteinander verklemmen oder mit Kunstharzklebern (Epoxidharz) unlösbar verkleben.

18. Was versteht man unter Schweißen und was unter Löten?

Unter Schweißen versteht man das Verbinden von zwei metallischen Werkstoffen durch Wärme. Man unterscheidet Pressschweißen (Ineinanderkneten der Metallteile) und Schmelzschweißen (Ineinanderfließen der Metallteile).

Im Gegensatz zum Schweißen schmilzt beim Löten nur der Zusatzwerkstoff (Lötzinn), nicht aber das →

Fortsetzung der Antwort ⇒

Grundmetall auf. Ein Flussmittel sorgt für den problemlosen Kontakt (Adhäsion).

3.4 Mineralische Plattenwerkstoffe, Dämm- und Sperrstoffe

1. Was versteht man unter mineralischen Plattenwerkstoffen?

Hierzu gehören alle Plattenwerkstoffe, die vorwiegend auf mineralischer Basis aufgebaut sind. Beispiele hierfür sind Gipsplatten, Gipsfaserplatten, Faserzementplatten, zementgebundene Holzspanplatten, Mineralwolle.

2. Erläutern Sie den Aufbau von Gipsplatten.

Sie bestehen vorwiegend aus Gips. Um den Platten eine höhere Aussteifung und Festigkeit zu verleihen, sind die Längskanten und Flächen zusätzlich mit Karton ummantelt.

3. Welche Arten von Gipsplatten unterscheidet man und wozu werden sie verwendet?

Man unterscheidet im Wesentlichen

- normale Gipskartonbauplatten (GKB, Typ A),
- imprägnierte Gipskartonbauplatten für Feuchträume (GKBI, Typ H), meistens grün gefärbt,
- Gipskartonbauplatten mit zusätzlichem Brandschutz (GKF, Typ F).

Hinzu kommen weitere Arten, die für spezielle Verwendungszwecke vorgesehen sind (Beispiele: Gipsplatten-Putzträgerplatten, Verbundplatten mit einer Schaumkunststoffschicht zur Verbesserung der Wärmedämmung).

Gipsplatten eignen sich für Wand- und Deckenverkleidungen und als Füllstoffe in schalldämmenden Bauteilen. Durch den Aufdruck des CE-Kennzeichens wird die Übereinstimmung mit den europäischen Normen nachgewiesen.

4. Wie sind Gipsfaserplatten aufgebaut und wozu werden sie verwendet?

Gipsfaserplatten bestehen aus mit Zellulosefasern vermischtem Gips.

Sie eignen sich wie Gipskartonplatten für Wand- und Deckenverkleidungen und gelten als universelle Bau-, Brandschutz- und Feuchtraumplatten. Wegen ihrer höheren Festigkeit werden sie auch zur Herstellung von Estrichelementen mit trittschall- und wärmedämmenden Eigenschaften verwendet.

5. Was versteht man unter Faserzementplatten und wozu können sie verwendet werden?

Faserzementplatten bestehen aus mineralischen und synthetischen Fasern, Zement und Wasser. Sie sind beständig gegen Säuren und Laugen, nicht brennbar und werden von Bakterien und Pilzen nicht befallen.

Faserzementplatten eignen sich für Wand- und Deckenverkleidungen in Feuchträumen. Die Befestigungsmittel müssen aus verzinkten oder nicht rostenden Metallen bestehen.

6. Beschreiben Sie zementgebundene Holzspanplatten und geben Sie Verwendungsmöglichkeiten an.

Zementgebundene Holzspanplatten bestehen aus Holz, Zement, Wasser und Zusatzstoffen als Brandschutz. Sie können furniert, mit Fliesen beklebt, mit Farben gestrichen oder mit Kunstharzauftrag versehen werden. Sie sind verrottungsfest, witterungsbeständig, nicht brennbar (Baustoffklasse A2) oder schwer entflammbar (Baustoffklasse B1).

Sie eignen sich z. B. als Verlegeplatten für Fußböden, zum Ausbau von Bädern sowie für Brand- und Schallschutzmaßnahmen im Innenausbau.

7. Was versteht man unter Dämmstoffen?

Das sind Stoffe, die aufgrund ihrer Struktur und Zusammensetzung dem Wärme- oder Schallschutz oder beidem gleichzeitig dienen. Man verwendet sie z. B. zur Isolation bei Kühl- und Wärmeschränken, zum Aufbau schall- und wärmgedämmter Außentürblätter und leichter Trennwände sowie zur Trittschalldämmung bei Parkett- und Estrichböden.

Man unterscheidet organische und anorganische Dämmstoffe.

8. Zählen Sie organische Dämmstoffe auf.

Zu den organischen Dämmstoffen gehören Korkplatten, Hartschaumplatten (Schaumkunststoffe), Zelluloseplatten, Zellgummimatten aus Kautschuk, Leichtbauplatten aus Holzwolle, poröse Holzfaserplatten (Holzfaserdämmplatten).

9. Nennen Sie anorganische Dämmstoffe.

Zu den anorganischen Dämmstoffen gehören z. B. Blähglimmer, Blähperlit, Schaumglas, Glas- und Steinwolle in Form von Matten, Filzen und Platten.

**10. a) Was versteht man unter Mineralwolle,
b) wozu wird sie verwendet und
c) welche Vor- und Nachteile hat sie?**

a) Mineralwollen (anorganische Wollen) bestehen aus kurzen Fasern, die aus Schlacken- oder Gesteinsschmelzen zu Schlacken- und Steinwolle in Form von Matten, Bahnen und Platten hergestellt werden.

b) Sie werden für thermische und akustische Dämmzwecke verwendet.

c) Ihre Vorteile bestehen darin, dass sie unbrennbar sind und nicht verwesen. Nachteilig ist die Gesundheitsgefährdung bei der Verarbeitung. Damit der feine Faserstaub nicht in die Lungen gelangen kann, ist unbedingt eine Atemschutzmaske zu tragen.

**11. a) Welche Materialien zählen zu den Sperr- oder Dichtstoffen und
b) welche Aufgaben sollen sie erfüllen?**

a) Zu den Sperr- oder Dichtstoffen zählen Bitumen- oder Teerpappen, Metallfolien, thermoplastische Kunststofffolien, Dichtungsbahnen, Unterspannbahnen und so genannte Dampfbremsen.

b) Sie sollen Schäden am Bau vorbeugen, indem sie das Eindringen von Feuchtigkeit in Bauteile sowie die Durchfeuchtung von Dämmstoffen und Holz verhindern.

3.5 Schleifmittel

1. Wozu benötigt der Tischler Schleifmittel?

Schleifmittel dienen einerseits zum Schärfen von Werkzeugschneiden und andererseits für die Oberflächenbehandlung bei Vollholz und Holzwerkstoffen sowie bei Lacken, Kunststoffen und Metallen.

2. Welche Schleifmittel werden in Tischlereien verwendet?

Man verwendet natürliche und künstliche Schleifmittel, die sich in unterschiedlicher Körnung und Streuung auf einem Trägermaterial (Papier, Gewebe oder Papier-Gewebe-Kombinationen) befinden.

Es werden aber auch Nylonfaservliese, Florbänder aus Kunstfasern mit eingewebter Wolle oder Baumwolle und Schwabbelscheiben aus Textilien verwendet.

Zum Schärfen von Hand- und Maschinenwerkzeugen dienen Schleifscheiben und Abziehsteine.

3. Beschreiben Sie den Aufbau der Schleifpapiere und -bänder.

Auf Papier, Gewebe und Kombinationen von Papier und Gewebe sind Schleifmittel als Körner aufgeleimt. Sie bestehen in der Regel aus den künstlich hergestellten Grundstoffen Elektrokorund, Siliciumkarbit, Glas und Kunstdiamant.

4. Schleifmittel werden nach der Körnung und Streuung bezeichnet. Was besagt z. B. die Körnung 80 und welche Streuungen werden unterschieden?

Die Zahl 80 besagt, dass bei dieser Korngröße auf ein Quadratzoll (Kantenlänge 25,4 mm x 25,4 mm) 80 x 80 Körner passen.

Die Körner werden offen oder geschlossen auf den Kornträger (Papier oder Gewebe) gestreut. Bei der geschlossenen Streuung liegt Korn an Korn, wogegen bei der offenen Streuung nur etwa 60 % des Kornträgers bedeckt ist. (Beim Schleifen harzreicher und weicher Hölzer setzt sich ein Schleifmittel mit offener Streuung nicht so schnell zu.)

5. Was ist bei der Lagerung von Schleifpapieren und -bändern zu beachten?

Um eine Qualitätsminderung zu vermeiden, sollen Schleifmittel trocken bei einer Temperatur von 15 °C bis 20 °C gelagert werden. Bei zu feuchter Lagerung werden viele Schleifpapiere unbrauchbar.

Bänder sind so zu lagern, dass sich keine Knickstellen bilden und dass die Ränder nicht beschädigt werden.

6. Was versteht man unter einem abgestuften Holzschliff?

Beim abgestuften Holzschliff arbeitet man in der Regel in drei Schritten. Für den Vorschliff verwendet man z. B. Papier mit 120er-Körnung, für den Zwischenschliff Papier mit 150er-Körnung und für den Endschliff 180er-Körnung.

7. Wie wird geschliffen?

Holzoberflächen schleift man stets in Faserrichtung, um Schleifrillen, so genannte Riefen, zu vermeiden. Das Werkstück muss dabei eingespannt sein.

Beim Handschliff verwendet man den Schleifklotz aus Kork, Linden- oder Pappelholz, die Handbandschleifmaschine, die Tellerschleifmaschine sowie den Schwingschleifer und Winkelschleifer.

Es ist darauf zu achten, dass man stets mit scharfem Schleifpapier arbeitet, andernfalls werden die Fasern zum Teil nur niedergedrückt.

Danach wird der Schleifstaub in Faserrichtung ausgebürstet oder abgesaugt.

8. Welche Schleifmittel verwendet man zum Schärfen von Werkzeugen?

Werkzeugschneiden schleift man an Schleifscheiben mit unterschiedlichen Härtegraden. Deren Schleifkörner bestehen aus Korund, Siliciumkarbid oder Diamanten und werden durch besondere Bindemittel zusammengehalten. →

Fortsetzung der Antwort ⇒

Die Endschärfe erzielt man mit einem Abziehstein. Man verwendet künstliche Abziehsteine aus Elektrokorund und Siliciumkarbit oder natürliche Abziehsteine wie z. B. den Belgischen Brocken (zum Abziehen mit Wasser) oder den Arkansasstein (zum Abziehen mit Petroleum oder Öl-Petroleum-Gemisch).

9. Welche Grundsätze sind beim Arbeiten an schnell laufenden Schleifscheiben zu beachten?

- Es dürfen nur einwandfreie, unbeschädigte Schleifscheiben benutzt werden.
- Die zulässige Drehfrequenz der Scheiben ist unbedingt einzuhalten.
- Beim Schärfen von Werkzeugschneiden ist stets eine Schutzbrille zu tragen.
- Das zu schärfende Werkzeug sollte in eine Führungsvorrichtung eingespannt werden.
- Zumindest müssen eine ebene Auflage und eine splittersichere Schutzscheibe vorhanden sein.

4 Verbindungsmittel und Klebstoffe

4.1 Verbindungsmittel

1. Wie können Verbindungsmittel, die der Tischler zur Herstellung fester oder lösbarer Verbindungen verwendet, eingeteilt werden?

Einteilung in:

- Drahtstifte,
- Klammern,
- Schrauben,
- Dübel,
- Federn,
- Verbindungsbeschläge wie z. B. Exzenterverbinder.

2. Nennen Sie die verschiedenen Drahtstift-Ausführungen, die im Tischlerhandwerk verwendet werden. Verdeutlichen Sie die drei wichtigsten Arten anhand von Skizzen und geben Sie deren DIN-Bezeichnung an.

Die gebräuchlichsten Arten sind:

- Drahtstifte mit glattem Flachkopf (DIN 1151 Form A),

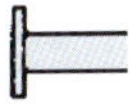

- Drahtstifte mit geriffeltem Senkkopf (DIN 1151 Form B),

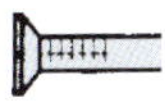

- Drahtstifte mit Stauchkopf (DIN 1152).

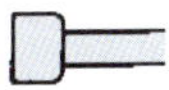

Weitere Ausführungen sind Leichtbauplattenstifte, Breitkopfstifte, Maschinenstifte, Tapezierstifte, Hakenstifte, Schlaufen, Fitschbandstifte, Rillennägel, Schraubnägel u. a.

3. Was bedeutet die folgende Angabe in einer technischen Zeichnung?

DIN 1152 - 17 x 40 -bk.

Mit dieser Angabe sind Drahtstifte mit Stauchkopf gemeint. Der Schaftdurchmesser beträgt 1,7 mm und die Länge ist 40 mm. Die Oberfläche des Stiftes ist blank.

4. Durch Laborversuche kann nachgewiesen werden, dass der Ausziehwiderstand einer Drahtstiftverbindung von verschiedenen Faktoren abhängt. Nennen Sie diese Faktoren.

Die Nagelverbindung ist eine kraftschlüssige Verbindung. Ihre Festigkeit hängt ab von:

- der Länge des Schaftes im Werkstoff,
- dem Schaftdurchmesser,
- der Schaftoberfläche. →

Fortsetzung der Antwort ⇒

Handelt es sich bei dem Werkstoff um Holz, spielen eine Rolle:

- die Holzart,
- die Holzfeuchte,
- die Lage des Drahtstiftes zur Holzfaserrichtung.

5. Wie kann man beim Nageln die Gefahr des Spaltens des Holzes verringern?

Man verringert sie

- durch ausreichenden Abstand von den Hirnenden (mehr als 10 x Stiftdurchmesser),
- durch die Verwendung von Drahtstiften mit geringerem Durchmesser,
- durch versetzte Anordnung der Drahtstifte,
- durch Vorbohren.

6. Zu den Sondernägeln gehören Schraub- und Rillennägel (Kammnägel). Beschreiben Sie die beiden Formen und geben Sie deren Vorteil an.

Bei beiden Ausführungen ist der Schaft profiliert und zwar im ersten Fall schraubenförmig und im zweiten Fall rillenförmig. Hierdurch vergrößert sich der Ausziehwiderstand im Vergleich zu Drahtstiften mit glattem Schaft erheblich.

7. Welche Vor- und Nachteile ergeben sich durch die Verwendung von Holzschrauben anstelle von Drahtstiften?

Vorteile:

- Mit Holzschrauben erreicht man eine größere Haltekraft. Durch das Einschneiden eines Gegengewindes ins Holz entsteht eine formschlüssige Verbindung.
- Schrauben sind ohne Beschädigung des Werkstücks wieder lösbar.
- Die Gefahr, das Werkstück zu beschädigen, ist geringer.

Nachteil:

- Höherer Zeitaufwand.

8. Skizzieren und nennen Sie die drei wichtigsten Holzschraubenarten, die der Tischler verwendet. Geben Sie auch die DIN-Bezeichnungen an.

Man unterteilt die Holzschrauben nach der Kopfform in

- Linsensenk-Holzschraube,

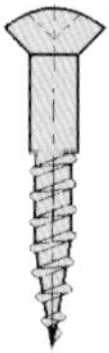

DIN 7995 (mit Kreuzschlitz) oder DIN 95 (mit Schlitz) →

Fortsetzung der Antwort ⟹

– Halbrund-Holzschraube,

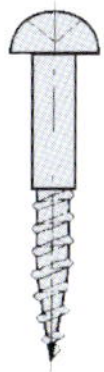

DIN 7996 (mit Kreuzschlitz) oder DIN 96 (mit Schlitz)

– Senk-Holzschraube.

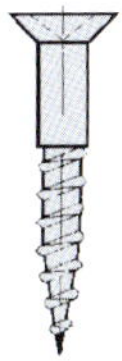

DIN 7997 (mit Kreuzschlitz) oder DIN 97 (mit Schlitz)

9. Aus welchem Material werden Holzschrauben hergestellt und welche Bedeutung hat das Material für die Praxis?

Holzschrauben sind in der Regel aus unlegiertem Stahl, aus Messing, aus einer Aluminiumlegierung oder aus einem anderen Metall. Man unterscheidet blanke, brünierte, vermessingte, verzinkte oder vernickelte Schrauben.

Somit hat man die Möglichkeit, die passenden Schrauben zum Metall und zur Oberfläche der Beschläge auszuwählen.

10. Aus welchem Material sollten Schrauben sein, mit denen Wetterschutzschienen aus Aluminium am Blendrahmen eines Holzfensters befestigt werden? Begründen Sie Ihre Antwort.

Bei der Auswahl der Schrauben für Beschläge sollte grundsätzlich darauf geachtet werden, gleiche Metalle zu verwenden, in diesem Fall also Aluminiumschrauben. Treffen unterschiedliche Metalle zusammen, ist die Korrosionsgefahr größer.

11. Welche Besonderheiten haben Spanplattenschrauben?

Diese Schrauben mit Senkkopf und Kreuzschlitz eignen sich besonders gut für den Einsatz von Akku- oder Pressluftschraubern. Sie haben eine Zentrierspitze und ein scharfes Doppelganggewinde, das durchgehend ist oder einen dünnen Schaft freilässt. Dadurch dringen sie bei gleicher Anzahl der Drehungen doppelt so tief in den Werkstoff ein wie normale Holzschrauben und die Spreizwirkung ist wegen des dünneren Schaftes geringer. So wird verhindert, dass die Spanschichten aufreißen.

12. Nennen Sie verschiedene Sonderformen von Holzschrauben, die im Tischlerhandwerk verwendet werden.

Zu den Sonderformen zählen z. B. Sechskant-Holzschrauben, Schraubenbolzen und Schlossschrauben (= Flachrundschrauben mit Vierkantansatz) mit verschiedenartigen Muttern, Nagelschrauben, Zierkopfschrauben, Stockschrauben, Verbindungschrauben und Einschraub- bzw. Einleimmuffen.

13. Beschreiben Sie Einschraub- bzw. Einleimmuffen und geben Sie an, was man damit macht.

Einschraubmuffen aus Metall werden in entsprechende Vorbohrungen eingeschraubt, Einleimmuffen aus Kunststoff werden in Bohrlöcher eingeleimt. Sie haben ein metrisches Innengewinde, sodass anschraubbare Teile befestigt werden können.

Metall-Einschraubmuttern können stärker belastet werden als Kunststoffmuffen.

14. Wie bezeichnet man die vier gezeigten Antriebsformen / Schraubbits?

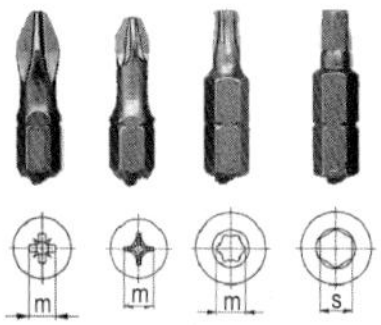

Von links nach rechts sind die Bezeichnungen

- Kreuzschlitz posidriv (PZ)
- Kreuzschlitz Phillips (PH)
- Innenvielzahn, Torx (T)
- Innensechskant oder Inbus

15. Nennen Sie Anwendungsbeispiele für Klammern im Tischlerhandwerk und geben Sie an, wie sie eingeschlagen werden.

Klammern sind zweischäftigte Stifte, die in verschiedenen Größen erhältlich sind. Sie werden mit Druckluft- oder mechanischen Geräten (Tackern) eingeschlagen. Dadurch ist z. B. ein deutlich zügigeres Befestigen von Möbelrückwänden oder Verbretterungen auf Unterkonstruktionen möglich als mit Drahtstiften.

16. Der Tischler verwendet verschiedene Dübelarten. Welche Arten unterscheidet man?

Verwendet werden Glattdübel und geriffelte Dübel aus Holz (z. B. mit geraden oder mit gewundenen Leimrillen), die als Stangenware oder als Fertigdübel in verschiedenen Längen und Durchmessern erhältlich sind. Gerillte Dübel werden auch als Quelldübel bezeichnet.

Für Gehrungsverbindungen kommen Winkeldübel aus Sperrholz oder Kunststoff in Frage.

Spezielle Handmaschinen sind für den Einsatz von Sonderdübeln wie z. B. Flachdübel („Lamello", „Domino" usw.) vorgesehen.

17. Wann verwendet man Quelldübel und wann Glattdübel?

Quelldübel eignen sich für Massivholzverbindungen. Sie quellen durch die Feuchtigkeit des Leims auf, wodurch besonders feste Verbindungen entstehen.
Bei beschichteten Plattenwerkstoffen werden Glattdübel verwendet. Bei der Verwendung von Quelldübeln würde sich die Oberfläche in der Umgebung der Dübellöcher wölben.

18. Welche Regeln sind bei der Herstellung gedübelter Korpusverbindungen zu beachten?

- Dübellänge ≈ 2 x Plattenstärke,
- Dübeldurchmesser ≈ 1/2 x Plattenstärke,
- die Bohrungen in den aufrechten Korpusseiten müssen dem Dübel etwa 1 mm Spiel lassen,
- Dübel anfasen, damit sie leichter in die Dübellöcher geschoben werden können und den Leim nicht vor sich wegschieben,
- Dübel zuerst an den waagerechten Korpusteilen einleimen und den Leim vor dem Korpus-Zusammenbau abbinden lassen.

19. Welche Arten von Federn verwendet man bei Tischlerarbeiten?

Man verwendet

- gerade Federn aus Vollholz, Holzwerkstoffen (FU und HFH) und Kunststoff,
- Formfedern aus Sperrholz oder Kunststoff.

  Bei den geraden Federn aus Vollholz unterscheidet man nach der Faserrichtung Langholz- und Querholzfedern.

Zu den Formfedern zählen Winkelfedern, Lamellen-Formfedern und Sonderarten wie z. B. Federn in Schwalbenform.

4.2 Klebstoffe

4.2.1 Grundlagen der Klebetechnik

1. Erklären Sie den Begriff „Klebstoffe".

Klebstoffe sind nichtmetallische Werkstoffe, die andere Werkstoffe durch Kohäsion und Adhäsion miteinander verbinden. Es entsteht eine stoffschlüssige Verbindung.

Die Fügeteile selbst bleiben hinsichtlich der Form, Struktur und Eigenschaften unverändert. →

Fortsetzung der Antwort ⇒

Klebstoffe sind vorwiegend synthetische Produkte. Sie können flüssig, pastös oder fest sein. Natürliche Klebstoffe werden nur noch in Sonderfällen verwendet.

2. Was versteht man unter der Adhäsion und Kohäsion bei einer Klebefuge?

Adhäsion ist die Anziehungskraft zwischen Molekülen verschiedener Art. Sie wirkt an den Grenzflächen zwischen den Fügeteilen und dem Klebstoff.

Bei der **Kohäsion** handelt es sich um molekulare Bindungskräfte innerhalb der erhärteten Klebschicht.

3. Was bedeutet eine hohe und was eine niedrige Viskosität von Klebstoff bei der Verarbeitung?

Viskosität heißt Zähflüssigkeit:

- hohe Viskosität = Der Klebstoff ist dickflüssig, zäh.
- niedrige Viskosität = Der Klebstoff ist dünnflüssig.

4. Nennen Sie die Voraussetzungen einer guten Vollholzverleimung.

Die Hauptvoraussetzungen einer guten Leimverbindung sind:

- hohe Passgenauigkeit (damit nur eine dünne Klebefuge entsteht),
- Staub- und Fettfreiheit,
- geringe Holzfeuchte.

Zur Vorbeugung von Spannungen:

- sollten sich die Fügeteile entsprechen (gleiche Holzart, gleiche Holzfeuchte, gleicher Faserverlauf),
- sind handwerkliche Regeln zu beachten (Kern an Kern, Splint an Splint, kein Langholz an Querholz).

Hinweise der Klebstoffhersteller sind zu beachten (Pressdruck, Presszeit, Temperatur).

5. Welche Beanspruchungsgruppen unterscheidet man nach DIN EN 204 bei Klebstoffen?

Klebstoffe sind nach der Norm in die Gruppen D1, D2, D3 und D4 eingestuft, je nach Beständigkeit gegen Feuchtigkeits- und Klimaeinflüsse.

D1 kennzeichnet z. B. einen Klebstoff, der nur für den Innenbereich mit geringer Luftfeuchte geeignet ist, und D4 einen Klebstoff, der witterungsbeständig und kochwasserfest ist.

6. Bei der Klebstoffverfestigung sind zwei unterschiedliche Vorgänge möglich. Erläutern Sie diese.

Das Abbinden bzw. Aushärten der Klebstoffe wird durch einen physikalische und/oder einen chemischen Vorgang bewirkt. →

Fortsetzung der Antwort ⇒

- Physikalische Vorgänge sind z. B. die Verdunstung von Wasser bzw. Lösemittel und die Unterschreitung der Schmelztemperatur. Dabei rücken die Klebstoffmoleküle eng aneinander und verfilzen.

  Der Vorgang ist reversibel (d. h., er kann rückgängig gemacht werden).
- Chemische Vorgänge führen zu einer Vernetzung der Moleküle. Es findet eine Reaktion zwischen zwei Komponenten statt oder eine bei der Klebstoffherstellung unterbrochene Reaktion wird durch Härterzugabe, Wärme oder Feuchtigkeit wieder in Gang gesetzt. Diese Vorgänge sind irreversibel (d. h., sie können nicht rückgängig gemacht werden).

7. Welche Verarbeitungstemperaturen unterscheidet man bei den Klebstoffen?

Man unterscheidet die Kaltverleimung bei Raumtemperatur, die Warmverleimung bei etwa 40–70 °C und die Heißverleimung bei Temperaturen darüber.

8. Was versteht man unter den Begriffen Reifezeit, Topfzeit, offene Wartezeit und geschlossene Wartezeit?

Reifezeit: Zeitspanne zwischen dem Ansetzen und der Gebrauchsfähigkeit des Klebstoffs.

Topfzeit: Zeitspanne der Verwendbarkeit des verarbeitungsfähigen Klebstoffs (Gebrauchsdauer).

Offene Wartezeit: maximale Zeitspanne, die nach dem Klebstoffauftrag bis zum Zusammenbringen der Teile verstreichen darf.

Geschlossene Wartezeit: maximale Zeitspanne, die nach dem Zusammenbringen der Teile bis zum Erreichen des vollen Pressdrucks verstreichen darf.

9. Erklären Sie das Untermisch- und Vorstreichverfahren.

Einige Klebstoffe verfestigen sich durch den Kontakt mit Härter.

Untermischverfahren: Der Härter wird als Lösung bzw. in Form von Pulver dem Klebstoffansatz beigemischt. Danach muss der Klebstoff zügig verarbeitet werden.

Vorstreichverfahren: Auf eine Fügefläche wird die Härterlösung aufgetragen. Der Klebstoffauftrag auf die andere Fläche und das Zusammenpressen können später erfolgen.

4.2.2 Klebstoffarten

1. Nennen Sie die im Tischlerhandwerk gebräuchlichen Klebstoffarten.

Verwendet werden vorwiegend folgende synthetische Klebstoffe:

- Dispersionsklebstoffe wie z. B. KPVAC,
- Kondensationsklebstoffe auf der Basis von Harnstoffharz, Melaminharz, Phenolharz, Resorcinharz und Formaldehyd,
- lösemittelhaltige Kontaktklebstoffe,
- lösemittelfreie Reaktionsklebstoffe, die auch als Zweikomponentenklebstoffe bezeichnet werden,
- Schmelzklebstoffe.

Natürliche Klebstoffe wie z. B. Glutinleim oder Kaseinleim kommen nur noch in speziellen Fällen wie z. B. bei Restaurierungen vor.

2. Beschreiben Sie den Polyvinylacetat-Klebstoff (KPVAC).

KPVAC ist eine milchig weiße Dispersion und wird darum auch häufig als Weißleim bezeichnet.

Dieser Klebstoff bindet im Prinzip physikalisch ab. Durch chemische Zusätze werden häufig seine Eigenschaften verändert, sodass er für spezielle Anwendungen geeignet ist oder einer höheren Beanspruchungsgruppe entspricht (bis D4).

Einfacher Weißleim kann sehr lange gelagert werden. Durch Frost wird er allerdings unbrauchbar.

3. Was versteht man unter Kondensationsklebstoffen?

Sie bestehen aus härtbaren Kunstharzen (Harnstoff-, Phenol-, Melamin-, Resorcinharz) und Formaldehyd. Sie sind in flüssiger Form oder als Pulver erhältlich, das mit Wasser angesetzt wird.

Der chemische Aushärtungsprozess dieser Klebstoffe beginnt schon bei der Herstellung und wird durch spezielle Verfahren unterbrochen. Die unterbrochene Aushärtung wird beim Verarbeiten des Klebstoffs durch die Zugabe eines Härters oder durch Wärme wieder in Gang gesetzt.

4. Führen Sie die verschiedenen Kondensationsklebstoffe auf, nennen sie deren Kurzbezeichnungen und Verwendungsbeispiele.

- Harnstoff-Formaldehyd-Harz (KUF),
- Phenol-Formaldehyd-Harz (KPF),
- Melamin-Formaldehyd-Harz (KMF),
- Resorcin-Formaldehyd-Harz (KRF).

→

Fortsetzung der Antwort ⇒

KUF und KMF verwendet man kalt und heiß als Montageleim und Furnierleim sowie bei der Sperrholz- und Spanplattenherstellung. Die wetter- und tropenfesten Klebstoffe KRF und KPF werden auch im Boots- und Ingenieurholzbau verarbeitet.

5. Welche nachteiligen Eigenschaften haben Kondensationsklebstoffe im Vergleich zu Weißleim?

- Bei der Klebstoffaushärtung wird das gesundheitsschädliche Gas Formaldehyd freigesetzt (reizt die Schleimhäute, kann krebserregend sein).
- Leimdurchschläge und Fehlverleimungen können nicht mehr entfernt bzw. rückgängig gemacht werden.
- Bei der Weiterverarbeitung der verleimten Werkstücke werden Schneidwerkzeuge durch die harten und spröden Klebefugen stark beansprucht.

6. Beschreiben Sie die Anwendung und Verarbeitung von Kontaktklebstoffen.

Kontaktklebstoffe wie z. B. Polychloropren (KPCP) werden zum Verbinden unterschiedlicher Werkstoffe verwenden (z. B. HPL-Beschichtungen von Trägerplatten).

Der Klebstoff wird auf beide Fügeflächen aufgetragen. Vor dem Zusammenfügen der Teile müssen die Lösemittel verdunsten. Nach der Ablüftzeit soll sich der Klebstoffauftrag trocken anfühlen (Fingerprobe).

Durch kurzes Pressen unter hohem Druck erzielt man eine hohe Endfestigkeit.

Die Werkstücke können sofort nach dem Pressen weiterverarbeitet werden.

7. Was versteht man unter Reaktionsklebstoffen?

Reaktionsklebstoffe sind lösemittelfrei. Die Aushärtung erfolgt durch eine chemische Reaktion zwischen den beiden Komponenten Kleber und Härter. Sie wird als Polyaddition bezeichnet. Für den Vorgang ist kein Pressdruck erforderlich.

Einige Inhaltsstoffe gefährden die Gesundheit.

8. Was wissen Sie über Epoxidharzklebstoffe?

Epoxidharzklebstoffe (KEP) zählen zu den Reaktionsklebstoffen. Man verwendet sie für Sonderfälle wie z. B. die Verbindung von Holz mit Metall, Glas, Kunststoffen und Keramik. Abweichungen von der Passgenauigkeit können mit dem Klebstoff gefüllt werden. Nach der Aushärtung ist der Klebstoff chemikalienfest und hat D4-Qualität.

9. Wozu verwendet man im Tischlerhandwerk Schmelzkleber?

Schmelzkleber (KSCH) werden hauptsächlich zum Anleimen von Kanten aus Vollholz, Furnieren oder Kunststoff bei einer Temperatur von etwa 220 °C in automatischen Kantenanleimmaschinen verwendet.

Die Erhärtung erfolgt unmittelbar bei Unterschreitung der Schmelztemperatur.

10. Im Fachhandel werden Begriffe wie zum Beispiel „Expressleim", „Super 3-Leim" und „PUR-Leim" verwendet. Was ist darunter zu verstehen?

- Expressleim ist eine Bezeichnung für Weißleim mit einer deutlich kürzeren Abbindezeit,
- Super 3-Leim ist eine Bezeichnung für Weißleim, der durch Härterzugabe der Beanspruchungsgruppe D3 entspricht,
- PUR-Leim ist ein Leim auf Polyurethanbasis, der im Kontakt mit Luftfeuchtigkeit etwas aufquillt und chemisch aushärtet. Diese Verleimung ist wasserfest.

5 Arbeitsmittel für die Handarbeit

11. Benennen Sie die in der Abbildung gekennzeichneten Teile einer Hobelbank.

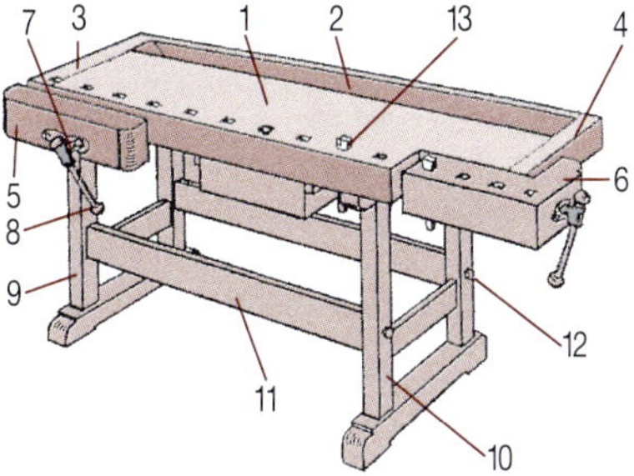

1 Bankplatte
2 Beilade
3 vordere Einfassleiste
4 hintere Einfassleiste
5 Vorderzange
6 Hinterzange
7 Gewindespindel
8 Zangenschlüssel
9 vorderer Gestellfuß
10 hinterer Gestellfuß
11 Schwinge
12 Gestell-Zugschraube
13 vorderer Bankhaken

12. Beschreiben Sie die Spannvorrichtungen an der Hobelbank.

Sie bestehen aus der Vorder- und aus der Hinterzange.

- Die so genannte französische Vorderzange – vom Betrachter aus links zu sehen – hat eine Parallelführung. Seltener ist die deutsche Vorderzange mit beweglichem Druckbrett.
- Mithilfe der Hinterzange werden Werkstücke direkt oder zwischen die Bankhaken eingespannt.

13. Zur Grundausstattung eines Hobelbank-Arbeitsplatzes gehören die Bankwerkzeuge, die z. B. in einem Werkzeugschrank untergebracht sind. Welche Werkzeuggruppen gehören zu den Bankwerkzeugen?

Hierzu zählen

- Werkzeuge zum Messen und Anreißen,
- Werkzeuge zum Sägen,
- Werkzeuge zum Hobeln und Glätten,
- Werkzeuge zum Stemmen und Stechen,
- Werkzeuge zum Bohren,
- Werkzeuge zum Raspeln und Feilen,
- Werkzeuge zum Nageln und Schrauben,
- Pflegewerkzeuge und Pflegemittel.

14. Mit welchen Werkzeugen führt der Tischler Arbeitsvorgänge zum Messen und Anreißen durch?

Man verwendet verschieden große Anschlagwinkel, die Stellschmiege, den Gehrungswinkel, den Messschieber, die Messuhr, den Gliedermaßstab, den Teleskop-Maßstab, das Bandmaß und den Laser-Entfernungsmesser. Zum Anreißen verwendet man das Streichmaß, einen Zirkel, den Spitzbohrer oder einen gut angespitzten Bleistift.

15. Nennen Sie Verwendungsbeispiele für den Messschieber und geben Sie für das unten abgebildete Messbeispiel den Ablesewert an.

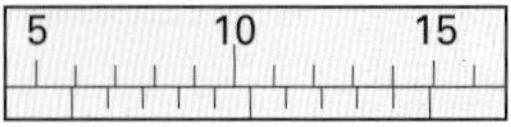

Man verwendet ihn, wenn Messgenauigkeiten von 1/10tel mm gefordert sind. Man kann damit Außenmessungen (z. B. Plattendicke), Innenmessungen (z. B. Nutbreite) und Tiefenmessungen (z. B. Nuttiefe) durchführen.

Der Messwert des Beispiels lautet: 5,9 mm. (Die Zehntelmillimeter werden am Nonius abgelesen. Der neunte Teilungsstrich am Nonius kommt mit einem Teilungsstrich am oberen Maßstab zur Deckung.)

16. Wozu dienen die Stellschmiege und der Gehrungswinkel?

Die **Stellschmiege** dient zur Übertragung beliebiger Winkel. Mit einer Flügelschraube wird die Zunge in der gewünschten Stellung festgeklemmt.

Das **Gehrungsmaß** benutzt man zum Anreißen von Gehrungswinkeln (45°).

17. Wie überprüft man den Gehrungswinkel?

An einer Platte mit genauer 90°-Ecke reißt man einen 45°-Winkel über die Ecke an. Dann überprüft man von der anstoßenden Plattenkante aus, ob sich der Riss mit der Anschlagzunge deckt.

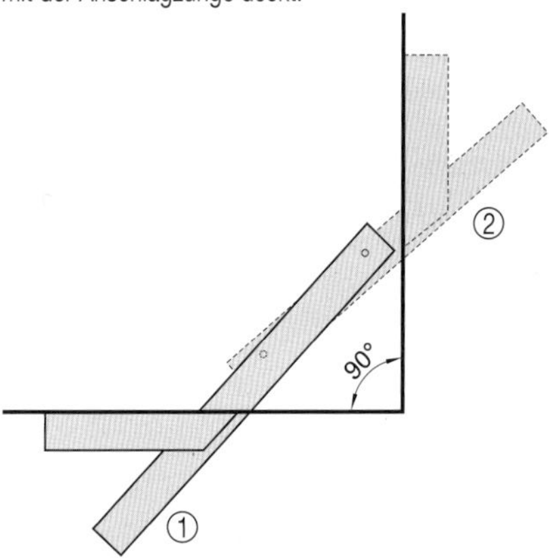

18. Nennen Sie Anwendungsbeispiele für Laser-Entfernungsmesser und erläutern Sie, nach welchem Prinzip dieses Gerät funktioniert.

Mit Laser-Entfernungsmessern werden waagerechte und senkrechte Abstände im Bereich von etwa 0,5 m bis 50 m gemessen. Sie sind insbesondere dann von Vorteil, wenn an schwer zugänglichen Stellen gemessen werden muss.

Im Prinzip wird die Zeit gemessen, die ausgesendete Lichtsignale benötigten, um den Weg zwischen Sender und Empfänger zurückzulegen. Das Messgerät ist sowohl Sender als auch Empfänger für Lichtsignale, die vom Endpunkt der Messstrecke reflektiert werden. Da die Lichtgeschwindigkeit konstant ist, kann aus mehreren schnell hintereinander erfolgenden Zeitmessungen mit hoher Genauigkeit die Strecke errechnet und im Anzeigedisplay als Abstand angezeigt werden.

19. Nennen Sie Messzeuge zum Prüfen von Richtungen (genaue Flucht, Lotrechte und Waagerechte).

- Mit Richthölzern, über die man fluchtet, überprüft man eine Fläche, ob sie eben ist.
- Die waagerechte oder senkrechte Ausrichtung von Bauteilen überprüft man mit dem Schnurlot und der Wasserwaage.
- Mithilfe der Schlauchwaage kann die Höhe eines Punktes über Hindernisse hinweg auf einen Anschlusspunkt übertragen werden.
- Baulaser erzeugen entweder bei einem Rundumlauf eine waagerechte bzw. senkrechte Bezugsebene oder einen ruhigen, gebündelten Lichtstrahl, der die genaue Flucht angibt.

20. Nennen Sie das Funktionsprinzip und die Vorteile einer Schlauchwaage.

Sie funktioniert nach dem Prinzip der kommunizierenden Röhren. Der Flüssigkeitsstand in den beiden geöffneten Messröhrchen, die durch einen Schlauch miteinander verbunden sind, pendelt sich genau auf gleiche Höhe ein.

Vorteile:

- Einfaches Gerät und einfache Handhabung,
- Höhepunkte können übertragen werden, ohne dass eine optische Verbindung zwischen den Punkten gegeben sein muss.

21. Benennen Sie die dargestellten Einzelheiten eines Sägeblattes.

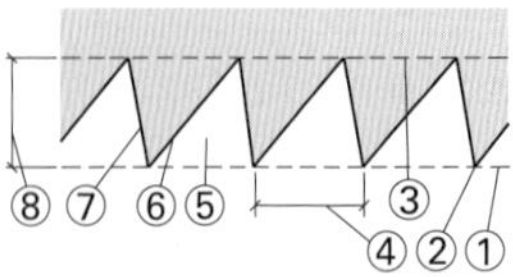

① Zahnspitzenlinie
② Zahnspitze
③ Zahngrundlinie
④ Zahnteilung
⑤ Zahnlücke / Spanraum
⑥ Zahnrücken
⑦ Zahnbrust
⑧ Zahnhöhe

22. Führen Sie die in der Abbildung gekennzeichneten Winkel der Schneidengeometrie auf.

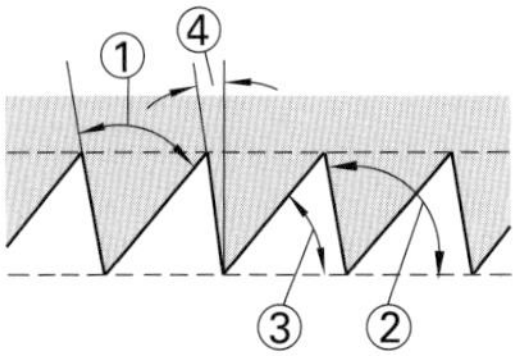

① Keilwinkel (β)
② Schnittwinkel (δ)
③ Freiwinkel (α)
④ Spanwinkel (γ) (hier negativ)

23. Welche Schnittwirkungen unterscheidet man bei den im Tischlerhandwerk üblichen Handsägen? Nennen Sie für jede Schnittwirkung die Größe des Schnittwinkels.

- Auf Stoß (Schnittwinkel = 90°),
- schwach auf Stoß (Schnittwinkel 100° bis 120°),
- auf Stoß und Zug (Schnittwinkel = 120°),
- auf Zug (Schnittwinkel = 90°).

24. Mit welchen Sägeblättern erzielt man einen Freischnitt?

- Mit geschränkten Sägeblättern,
- mit Sägeblättern, die an der Zahngrundlinie dicker als am Blattrücken sind (z. B. Stichsäge),
- mit Sägeblättern, deren Zähne gestaucht sind,
- mit gewellten Sägeblättern (wie z. B. bei Metallsägen),
- mit Hartmetallschneiden, die breiter als das eigentliche Sägeblatt und im Querschnitt konisch sind (wie z. B. an Verbundkreissägeblättern).

25. Welche Vorteile haben Sägeblätter mit Freischnitt?

Durch den verringerten Reibungswiderstand wird bei schnell laufenden Sägeblättern eine Überhitzung vermieden. Bei Handsägen hält sich der Kraftaufwand in Grenzen und der Schnittverlauf kann geringfügig korrigiert werden.

26. Wie werden Sägen geschärft ?

Unter dem Schärfen versteht man das Schränken und Feilen.

Hierzu wird das Sägeblatt in eine Vorrichtung (Feilkloben) eingespannt.

Mit einem Schränkeisen oder einer Schränkzange, die auf Schränktiefe (max. halbe Zahnhöhe) und Schränkweite (max. doppelte Blattdicke) eingestellt werden kann, werden die Zähne abwechselnd nach rechts und links gebogen.

Mit einer waagerecht geführten Dreikantfeile werden Zahnbrust und Zahnrücken aller Zähne gefeilt. Man arbeitet dabei gegen den Stoß, wobei auf einen gleichmäßigen Feildruck und auf die Anzahl der Feilstöße zu achten ist.

27. Nennen Sie die Vor- und Nachteile japanischer Sägen.

Vorteile: Japanische Sägen haben eine spezielle Bezahnung mit wechselseitig angeschliffenen sehr scharfen Schneidkanten. Da sie auf Zug arbeiten, können die Blätter dünn sein, ohne beim Schneiden zu verbiegen. Zusammen mit der geringen Schränkung ergeben sich so bei geringem Kraftaufwand feine Schnitte mit hoher Schnittqualität. Bei guten japanischen Sägeblättern sind die Zähne durch ein spezielles Verfahren gehärtet, was eine relativ hohe Standzeit ergibt.

Nachteile: Die Umstellung auf das Sägen „auf Zug“ erfordert Übung. Insbesondere bei der Verwendung von Sägen mit trapezförmigem Blatt und beidseitiger Bezahnung ist die Verletzungsgefahr bei Anfängern relativ groß.

In der Praxis kommen vorwiegend Einweg-Wechselsägeblätter zum Einsatz. Ein Nachschärfen dieser Sägeblätter ist nicht möglich.

28. Führen Sie die Einzelteile eines Hobels auf.

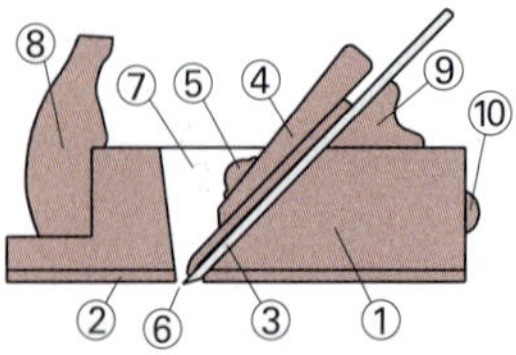

① Hobelkasten
② Hobelsohle aus Hartholz
③ Hobeleisen mit Klappe
④ Keil
⑤ Keilwiderlager
⑥ Hobelmaul
⑦ Spanloch
⑧ Nase oder Hörnchen
⑨ Handschutz bzw. Handschoner
⑩ Schlagknopf

29. Beschreiben Sie die Wirkung der Klappe bei Hobeln mit Doppelhobeleisen.

Die Klappe bewirkt zusammen mit der Hobelmaulvorderkante eine starke Umlenkung und Stauchung des Hobelspans. Dadurch wird die Vorspaltung verringert. Außerdem können umgelenkte und gestauchte Holzfasern leichter von der Schneide durchtrennt werden. Einrisse an der Holzoberfläche treten seltener auf und zum Teil ist Hobeln gegen die Faser möglich.

30. Nennen Sie vier für die Schnittwirkung bedeutende Winkel am Hobeleisen und zwei Formeln der Schneidengeometrie.

- Freiwinkel (α),
- Keilwinkel (β),
- Schnittwinkel (δ),
- Spanwinkel (γ).

Formeln:

$\alpha + \beta = \delta \qquad \gamma = 90° - \delta$

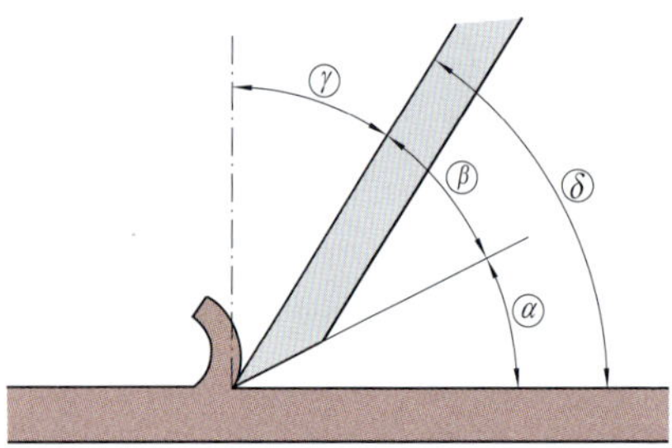

Technologie

31. Was versteht man beim Hobeln unter dem Abzwerchen der Brettfläche und was unter einem ziehenden Schnitt?

Abzwerchen (Skizze ①): Der Hobel wird in einem Winkel von etwa 35 – 45° zur Faserrichtung schräg über das Brett geführt. Ziel: Ebnen von Brettern (Schlichten).

Ziehender Schnitt (Skizze ②): Der Hobel wird gegen die Bewegungsrichtung etwas gedreht. Ziel: sauberere Oberfläche.

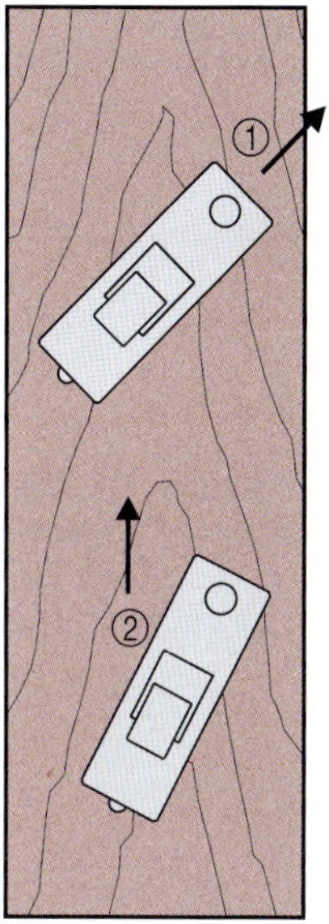

32. Beschreiben Sie die Unterschiede zwischen einem Schlicht- und Putzhobel.

Schlichthobel: Hobeleisen ohne Klappe, ($\delta = 45°$), relativ großes Hobelmaul,

Putzhobel: Hobeleisen mit Klappe, ($\delta = 49°$), relativ kleines Hobelmaul, kürzerer Kasten.

33. Nennen Sie die Werkzeuge und Arbeitsschritte zum Schärfen des Hobeleisens.

Man verwendet Schleifscheiben und Abziehsteine.

- An der Schleifscheibe wird der Keilwinkel von 25° angeschliffen. Ein leichter Hohlschliff ist vorteilhaft. Die Fase darf aber nicht rund werden.
- Der an der Schneide entstandene Grat wird durch das Abziehen an einem natürlichen oder künstlichen Abziehstein entfernt. Dabei erhält die Schneide die endgültige Schärfe.

34. Verdeutlichen Sie anhand einer Skizze die Teile eines Stechbeitels.

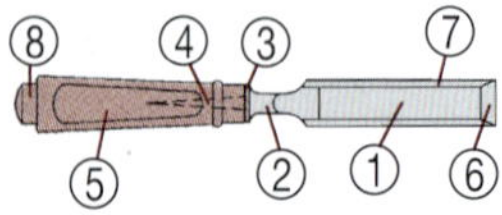

(1) Klinge,
(2) Hals,
(3) Krone,
(4) Angel,
(5) Heft,
(6) Schneidenfase,
(7) seitliche Fasen,
(8) Zwinge.

35. Welche Spiralbohrer werden im Tischlerhandwerk verwendet? Nennen Sie Anwendungsbeispiele.

- Spiralbohrer mit Zentrierspitze und Vorschneidern für Bohrungen in Holz und weiche Kunststoffe;
- Spiralbohrer mit Dachspitze, die entweder für das Bohren von Holz, von Kunststoff oder von Metall geeignet sind. (Entsprechend der Werkstoffeignung haben sie unterschiedlich große Span- und Spitzenwinkel.) Die Spannuten sind in Schnittrichtung zu Nebenschneiden angefast, damit die Bohrlochwandung gesäubert und der Bohrer seitlich geführt wird.
- Spiralbohrer mit Hartmetall-Dachspitze für Bohrungen in Beton, Fliesen und Mauerwerk.

36. Welche Funktionen haben Zentrierspitze und Vorschneider bei Holzspiralbohrern?

Die **Zentrierspitze** gibt dem Bohrer eine gute Führung. Er kann an einem markierten Punkt genau angesetzt werden und verläuft nicht.

Die **Vorschneider** durchtrennen die Holzfasern bevor der Spanabnehmer die Späne abtrennt.

Dadurch wird das Ausfransen des Bohrloches vermieden.

37. Worauf ist bei der Aufbewahrung von Bohrern zu achten?

Sie werden nach der Größe geordnet in entsprechenden Vorrichtungen (Holzkiste / Steckvorrichtungen) aufbewahrt. Die Schneiden dürfen sich nicht gegenseitig und auch sonst keine Metallgegenstände berühren. Sie müssen vor Feuchtigkeit bzw. vor Rost geschützt werden. Vorteilhaft ist ein leichtes Einfetten oder Einölen.

38. Was ist hinsichtlich der Pflege von Raspeln und Feilen zu beachten?

- Mit Harz- oder Holzteilen verschmutzte Raspeln und Feilen legt man zum Einweichen in heißes Wasser und bürstet sie danach mit einer Wurzelbürste sauber. →

Technologie

Fortsetzung der Antwort ⇒

- Verschmutzte Metallfeilen reinigt man mit einer Messingdrahtbürste.
- Raspeln und Feilen müssen ein festsitzendes Heft haben. Beschädigte Hefte sind auszutauschen.
- Bei der Aufbewahrung ist darauf zu achten, dass die Hiebflächen bzw. Zähne nicht aufeinander liegen oder durch andere Metallteile beschädigt werden.

39. Worauf ist bei der Verwendung von Schraubendrehern zu achten und welche weiteren Werkzeuge und Geräte verwendet man zum Eindrehen der Schrauben?

Die Schraubendreherklinge muss in der Größe und Form (Schlitz oder Kreuzschlitz) den Schrauben entsprechen, damit diese ohne Beschädigung mit dem richtigen Drehmoment eingeschraubt werden können. Rationeller arbeitet man z. B. mit dem Akkuschrauber oder mit dem Druckluftschrauber (mit automatischer Schraubenzuführung). Diese Geräte haben Rechts- und Linkslauf.

40. Welche Arten von Spannwerkzeugen unterscheidet man? Nennen Sie Beispiele.

Man unterscheidet mechanische, pneumatische und hydraulische Spannwerkzeuge.

- Mechanische Spannwerkzeuge sind z. B. Schraubzwingen, Schraubknechte, Kantenzwingen, Türfutterspanner.
- Pneumatische und hydraulische Spannwerkzeuge sind z. B. Rahmenpresse, Korpuspresse, Fugenverleimpresse mit Pneumatik- oder Hydraulik-Druckzylinder).

41. Wie sollten Zwingen in der Werkstatt aufbewahrt werden?

Bei Verleimarbeiten wird oft unter Zeitdruck gearbeitet. Darum müssen Zwingen in ausreichender Anzahl schnell griffbereit sein. Bei jeder Aufbewahrungsart ist wichtig, dass mit einem Blick überprüft werden kann, ob die Zwingen vollständig sind bzw. in ausreichender Anzahl zur Verfügung stehen. Für die Aufbewahrung eignen sich sehr gut Zwingenwagen, die leicht an den jeweiligen Arbeitsplatz bewegt werden können. Fest montierte Wandhalterungen eignen sich für Arbeitsstellen mit geringem Bewegungsradius. Die Zwingen sind schnell griffbereit, wenn sie in den Halterungen in senkrechter Anordnung und nach der Größe geordnet bereitgehalten werden.

6 Maschinen und Maschinenwerkzeuge zur Holzbearbeitung

6.1 Antriebsmotoren und Kraftübertragung

1. Nennen Sie Antriebsmöglichkeiten für Holzbearbeitungsmaschinen.

Für den Antrieb von Maschinen zur Holzbearbeitung kommen fast ausschließlich Elektromotoren infrage. Sie sind stets betriebsbereit, wartungsarm, leicht ein- und ausschaltbar und haben einen hohen Wirkungsgrad.

2. Nennen Sie verschiedene Arten von Elektromotoren.

Die wichtigsten sind

- der Gleichstrommotor (z. B. bei Akkuschraubern),
- der Universalmotor, der für Gleich- und Wechselstrom geeignet ist (z. B. bei Handbohrmaschinen),
- der Wechselstrommotor (z. B. bei kleinen Kreissägen),
- der Drehstrommotor (Käfigläufermotor),
- der Schrittmotor (oder AC-Servoantrieb, der z. B. an CNC-Maschinen digitale Steuerbefehle in Antriebsbewegungen umwandelt).

3. Was versteht man unter einer Stern-Dreieck-Schaltung?

Mit diesem Schalter können leistungsstarke Drehstrommotoren mit herabgesetztem Einschaltstrom auf Touren gebracht werden. (Zweck: Vermeidet Spannungsschwankungen im Stromnetz und das Auslösen von Sicherungen wegen des sonst sehr hohen Anlaufstroms.)

- Bei Schalterstellung Y (Stern) läuft der Motor mit 230 V an.
- Bei Schalterstellung △ (Dreieck) läuft der Motor mit 400 V und erreicht die volle Leistung.

  An neueren Holzbearbeitungsmaschinen erfolgt der Schaltvorgang automatisch.

4. Wie können die Arbeitsmaschinen des Tischlers entsprechend der Kraftübertragung eingeteilt werden?

Man unterscheidet Maschinen

- mit direkter und indirekter mechanischer Kraftübertragung,
- mit pneumatischer Kraftübertragung (mit Druckluft),
- mit hydraulische Kraftübertragung (mit Hydrauliköl).

6.1.1 Mechanische Kraftübertragung

1. Wie erfolgt die mechanische Kraftübertragung vom Motor auf die Maschine?

Sie kann direkt oder indirekt auf die Arbeitswelle übertragen werden.

- Beim Direktantrieb ist die Motorwelle mit der Arbeitswelle fest verbunden.
- Beim indirekten Antrieb wird die Bewegung des Motors über Riemen, Ketten oder Zahnräder auf die Arbeitswelle übertragen.

2. Was versteht man unter formschlüssigen Antrieben und welche Vorteile haben sie?

Hierzu zählt die Kraftübertragung durch Zahnräder, Ketten und Zahnriemen. Diese indirekten Antriebe werden als formschlüssig bezeichnet, weil zur Kraftübertragung passende Formen ineinander greifen.

Vorteile:

- Große Kräfte können übertragen werden,
- konstante Drehfrequenz der Arbeitswelle durch schlupffreie Kraftübertragung.

3. Warum entsteht bei der Kraftübertagung über Keilriemen nur ein geringer Riemenschlupf (Gleitverluste)?

Durch den trapezförmigem Querschnitt liegen die Riemenflanken keilförmig in den Keilnuten der Riemenscheiben. Durch das Spannen des Riemens über eine Spannrolle, eine Motorwippe oder Spannschrauben entstehen große Reibungswiderstände zwischen den Riemenflanken und den Nutwangen der Riemenscheiben. Je größer die Reibungswiderstände, desto geringer der Riemenschlupf.

4. Beschreiben Sie die Funktionsweise sowie die Vorteile des Stufenscheibenantriebs.

Bei diesem indirekten Antrieb wird ein Keilriemen über Stufenscheiben (mehrere miteinander gekoppelte Scheiben mit unterschiedlichen Durchmessern) an Motor und Arbeitswelle geführt.

Vorteile:

- Durch Umlegen des Keilriemens kann die Drehfrequenz der Arbeitswelle und somit die Schnittgeschwindigkeit des Schneidwerkzeugs gesteuert werden.
- Motorvibrationen werden durch den Riemen aufgefangen und nicht auf die Arbeitswelle übertragen.
- Schläge und Stöße an der Arbeitswelle werden durch den Riemenschlupf nicht ungedämpft auf den Motor übertragen.

5. Erläutern Sie anhand einer Skizze, was man unter einer Übersetzung beim Riemenantrieb versteht.

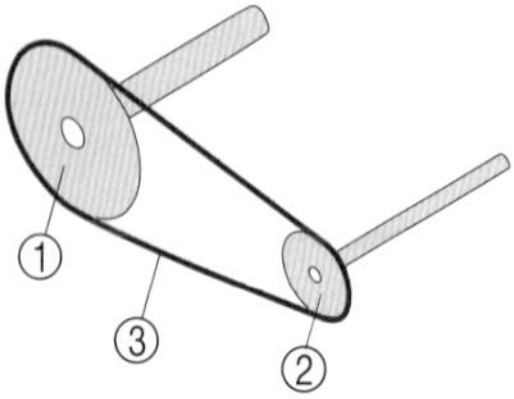

Eine Übersetzung erfordert eine große Riemenscheibe an der Motorwelle ① und eine kleinere Riemenscheibe an der Arbeitswelle ②. Beide Scheiben sind durch den Keilriemen ③ miteinander verbunden.

Eine Umdrehung der Riemenscheibe am Motor verursacht eine mehrfache Umdrehung der Riemenscheibe an der Arbeitswelle.

Beispiel: Ein Übersetzungsverhältnis von 1 : 3 kommt zustande, wenn der Scheibendurchmesser am Motor 3-mal größer ist als der Scheibendurchmesser an der Arbeitswelle. Die Drehfrequenz der Arbeitswelle erreicht dann das 3-fache der Motordrehfrequenz.

6. Durch welche technischen Lösungen kann eine Änderung der Arbeitswellendrehfrequenz erzielt werden?

- Durch Stufenscheibenantrieb (Umlegen des Keilriemens),
- durch stufenlose Regelgetriebe, die während des Maschinenlaufs betätigt werden,
- durch polumschaltbare Motoren,
- durch schaltbare Zahnradgetriebe.

6.1.2 Pneumatische und hydraulische Kraftübertragung

1. Was versteht man unter Pneumatikanlagen?

Bei Pneumatikanlagen werden Gase (Luft) als Energieträger für Arbeitsprozesse und Steuerungen genutzt. Die Kraftübertragung erfolgt durch die Verdichtung des Gases (Druckluft).

2. Aus welchen Elementen besteht eine Druckluftanlage?

Sie besteht aus

- der Verdichtermaschine (Kompressor),
- Teilen der Druckluftaufbereitung (z. B. Filter),
- Teilen der Druckluftverteilung (z. B. Druckbehälter, Leitungen, Ventile),
- Teilen zur Umwandlung der Druckenergie in mechanische Energie (z. B. Zylinder oder Turbinen).

3. Welche Möglichkeiten der Drucklufterzeugung kennen Sie?

Druckluft erzeugt man in ortsfesten oder fahrbaren Verdichtern (Kompressoren).

Man unterscheidet
- Hubkolbenverdichter,
- Rotationsverdichter,
- Drehkolbenverdichter,
- Schraubenverdichter.

4. Beschreiben Sie Drucklufterzeugung durch einen Hubkolbenverdichter.

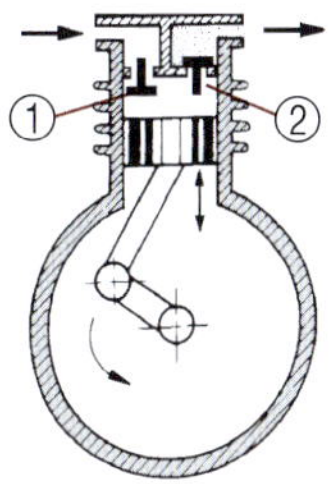

Die Verdichtung erfolgt durch Hin- und Herbewegen eines Kolbens im Druckluftzylinder. Das Einlassventil (1) öffnet sich, wenn durch die Kolbenbewegung Unterdruck erzeugt wird. Das Auslassventil (2) öffnet sich, um die Druckluft zum Druckbehälter weiterzuleiten.

5. Wie und warum wird die Druckluft aufbereitet?

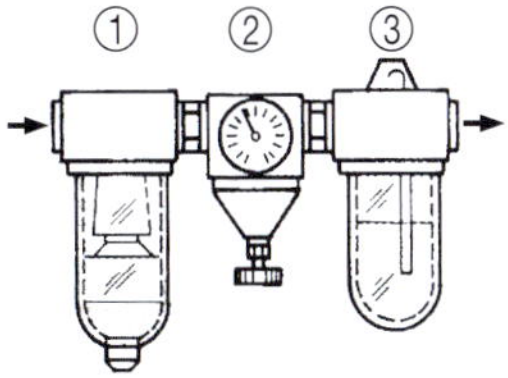

Die Druckluftaufbereitung erfolgt durch die Wartungseinheit, bestehend aus dem Druckluftfilter (1), dem Druckluftregler (2) und dem Drucklufttöler (3) und in einigen Fällen durch einen zusätzlichen Lufttrockner.
- Der Druckluftfilter entfernt aus der Druckluft Staub und Feuchtigkeit.
- Der Druckluftregler sorgt für den gewünschten, konstanten Arbeitsdruck.
- Der Druckluftöler setzt der Druckluft Öl zu, um Ventile und Zylinder vor Rostbildung zu schützen und zu schmieren.

6. Bei welchen Anwendungen wird in Holz verarbeitenden Betrieben Druckluft eingesetzt?

Druckluft wird verwendet
- zum Spannen und Pressen (z. B. Werkstückeinspannung bei automatisierter Fertigung, Rahmen-, Korpus- und Kantenleimpressen),
- zum Spritzen (Hochdruckspritzen), →

Fortsetzung der Antwort ⇒

- zum Regeln und Steuern,
- als Energieträger für drehende Druckluftwerkzeuge (z. B. Druckluft-Bohrmaschine, Winkelschleifer, Schrauber),
- als Energieträger für schlagende Druckluftwerkzeuge (z. B. Klammerhefter, Pressluftnagler).

7. Nennen Sie die Vor- und Nachteile von pneumatischen Anlagen.

Vorteile:

- Druckluft ist leicht zu transportieren, stufenlos regelbar, universell einsetzbar und einfach in der Anwendung.
- Pneumatische Anlagen erfordern keine Rückleitung.

Nachteilig ist

- der Geräuschpegel,
- der Aufwand zur Druckluftaufbereitung,
- dass nur verhältnismäßig geringe Kräfte übertragen werden können,
- die mehrfache Energieumwandlung und damit der höhere Energieverbrauch im Vergleich zu elektrisch angetriebenen Geräten.

8. Was versteht man unter Hydraulikanlagen?

Bei Hydraulikanlagen werden Flüssigkeiten (z. B. Hydrauliköl) als Energieträger für Arbeitsprozesse und Steuerungen genutzt.

Innerhalb eines geschlossenen Systems kann durch geringe Kraftausübung auf eine kleine Pumpenkolbenfläche ein Flüssigkeitsdruck erzeugt werden, der an einer großen Kolbenfläche eine große Kraft bewirkt.

9. Stellt Druckluft eine Gefahrenquelle dar?

Mit der Druckluftpistole zu spielen, kann zu schweren Verletzungen führen. Beispiele für fahrlässig falsch gerichteten Druckluftstrahl sind Augenverletzungen, geplatztes Trommelfell und Lungenverletzungen.

Die Druckluftpistole darf auch nicht zum Abblasen verstaubter Arbeitskleidung benutzt werden.

Der Luftdruckstrahl kann die Haut verletzten und durch die Wunde können Luftblasen und Schmutzpartikel in die Blutbahn gedrückt werden.

10. Erläutern Sie den prinzipiellen Aufbau einer Hydraulikanlage anhand der Skizze.

Teile der Skizze:

- Vorratsbehälter für Hydrauliköl (1),
- Pumpkolbenzylinder (2) mit kleinem Durchmesser (Kolben zieht Öl aus dem Vorratsbehälter nach und erzeugt Flüssigkeitsdruck),

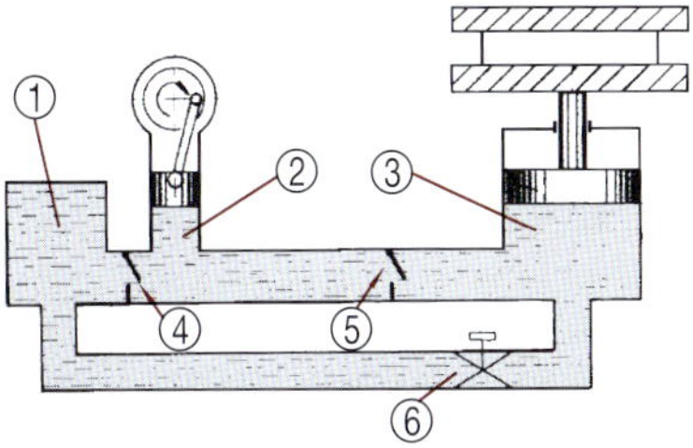

- Zylinder mit großem Durchmesser (3) (überträgt große Kräfte z. B. auf Presskolben),
- Saugventil (4),
- Druckventil (5),
- Rücklaufleitung mit Sperrventil (6).

11. Nennen Sie Beispiele für hydraulische Anlagen in Holz verarbeitenden Betrieben.

Sie finden Anwendung bei Furnier-, Korpus- und Rahmenpressen, Hubtischen und Hubwagen zum Anheben und Transportieren schwerer Lasten.

12. Welche Vor- und Nachteile haben Hydrauliksysteme?

Vorteile:

- Übertragung großer Kräfte,
- keine Explosionsgefahr,
- Hubbewegungen sind genau steuerbar,
- geringer Wartungsaufwand.

Nachteile:

- Kosten bei Wechsel des Hydrauliköls,
- starke Verschmutzungen bei Leckverlusten.

6.2 Maschinenwerkzeuge

6.2.1 Grundkenntnisse zu den Maschinenwerkzeugen

1. Nennen Sie die drei prinzipiellen Bewegungsmöglichkeiten der Schneiden bei der maschinellen Holzbearbeitung (mit Maschinenbeispielen).

- Hin- und hergehende Bewegung (z. B. Gattersäge, Stichsäge),
- umlaufende Bewegung (Bandsäge, Fräs- und Sägeketten),
- rotierende Bewegung (Tischkreissäge, Tischfräse, Hobelmaschine)

2. Was versteht man unter der Standzeit von Werkzeugschneiden?

Die Standzeit ist die Zeitspanne zwischen zwei Schärfvorgängen, in der die Werkzeugschneiden mit ausreichender Schärfe verwendet werden können. Sie hängt von dem Schneidenwerkstoff, den Winkeln am Schneidkeil und dem zu bearbeitenden Material ab.

3. Beschreiben Sie die vier abgebildeten Winkel an Werkzeugschneiden.

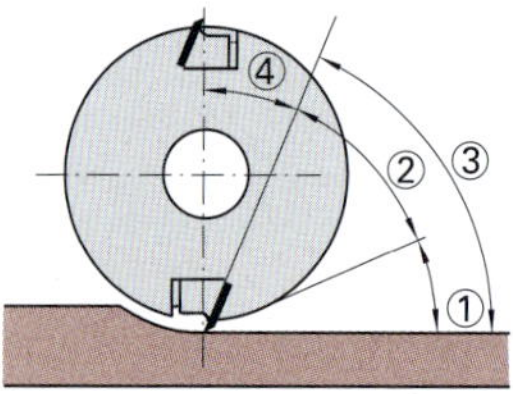

Alle Werkzeugschneiden sind keilförmig. Die Keilform und Schnittwirkung hängen ab vom

- Freiwinkel α ①,
- Keilwinkel β ②,
- Schnittwinkel ③ (= $\alpha + \beta$),
- Spanwinkel γ ④ (= $90° - \delta$).

  Der Spanwinkel ist negativ, wenn der Schnittwinkel größer als 90° ist.

4. Welche Nachteile entstehen, wenn der Keilwinkel oder der Freiwinkel einer Werkzeugschneide zu klein sind?

- Bei zu kleinem Keilwinkel ist die Schneide zwar sehr scharf, aber nicht lange belastbar. Die Standzeit ist gering.
- Bei zu kleinem Freiwinkel reibt der Schneidenrücken über das Holz. Auch die starke Reibungshitze verringert die Standzeit.

5. Was versteht man unter der Schnittgeschwindigkeit (v_c) bei rotierenden Werkzeugen?

Dies ist die Geschwindigkeit, mit der die Schneide eines Werkzeugs in den Werkstoff eindringt. Sie wird in Meter pro Sekunde [m/s] angegeben und entspricht somit dem Weg in Meter, den die Schneidenspitze in einer Sekunde zurücklegt. →

Fortsetzung der Antwort ⇒

Bei rotierenden Werkzeugen hängt sie ab

- vom Werkzeugdurchmesser d (in mm),
- von der Drehfrequenz n der Werkzeugwelle (in 1/min).

$$v_c = \frac{d\,(\text{mm}) \cdot \pi \cdot n\,(1/\text{min})}{1.000\,(\text{mm/m}) \cdot 60\,(\text{s/min})} \quad (\text{in m/s})$$

6. Was versteht man unter der Vorschubgeschwindigkeit bei der Arbeit mit stationären Holzbearbeitungsmaschinen?

Dies ist die Geschwindigkeit, mit der ein Werkstück gegen das laufende Werkzeug (z. B. Kreissägeblatt, Hobelmesser) einer stationären Maschine bewegt wird. Mithilfe eines Vorschubapparates kann sie konstant gehalten werden. Sie wird in Meter pro Minute angegeben.

Sie hängt ab von

- der bearbeiteten Strecke s am Werkstück (in m),
- der Zeit t (in min).

$$v_f = \frac{s}{t} \quad (\text{in m/min})$$

7. Welche Vorschubarten unterscheidet man bei der Arbeit an stationären Holzbearbeitungsmaschinen und aus welchem Grund ist diese Unterscheidung von Bedeutung?

Man unterscheidet den

- Handvorschub, bei dem das Werkstück gegen das Werkzeug mit der Hand oder mit zusätzlichen Hilfsmitteln wie z. B. Vorschubapparat oder Schiebeschlitten bewegt wird,
- mechanischen Vorschub, bei dem die Werkstückführung durch spezielle Spann- und Vorschubeinrichtungen erfolgt und die Hände keinen Kontakt mit dem Werkstück haben.

Die Unterscheidung erfolgt aus Gründen des Arbeitsschutzes. Werkzeuge für den Handvorschub müssen besondere Bedingungen erfüllen.

8. Was versteht man unter dem BG-TEST-Prüfzeichen?

BG-TEST-Prüfzeichen kennzeichnen Fräswerkzeuge, die den erhöhten Sicherheitserfordernissen für den Handvorschub genügen.

- Sie sind rückschlagarm durch eine Spandickenbegrenzung auf maximal 1,1 mm.
- Die Spanlückenweite ist entsprechend einer Prüfschablone eng begrenzt.
- Sie haben eine weitgehend kreisrunde Form. →

Fortsetzung der Antwort ⇒

- Sie haben eine form- oder stoffschlüssige Messerbefestigung.
- Sie sind für alle Vorschubarten zugelassen.

9. Wie können sich bei rotierenden Werkzeugen die Vorschubbewegung und Schneidenbewegung zueinander verhalten?

Man unterscheidet

- die Schnittbewegung im Gegenlauf, bei der die Schneidenbewegung und die Vorschubbewegung gegeneinander gerichtet sind,

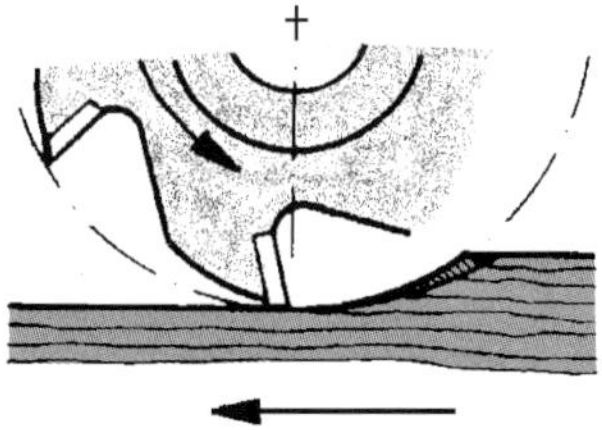

- die Schnittbewegung im Gleichlauf, bei der die Schneidenbewegung und die Vorschubbewegung gleich gerichtet sind.

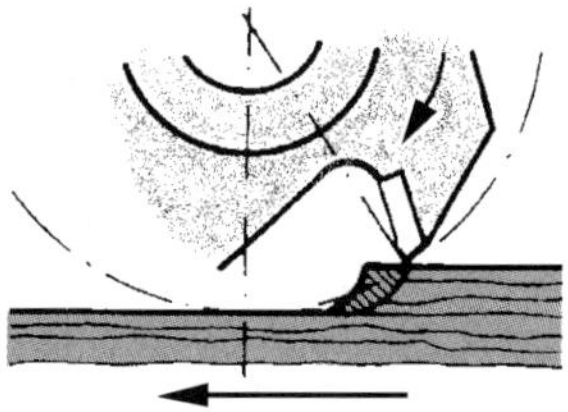

10. Warum erzielt man bei einer Schnittbewegung im Gleichlauf eine bessere Oberflächenqualität?

Während des Schnitts entsteht ein gedrungener, kommaförmiger Span mit abnehmender Dicke. Die Schneiden werden zwar stark beansprucht, aber eine Vorspaltung ist nicht möglich.

11. Warum ist bei Handvorschub nur die Schnittbewegung im Gegenlauf zulässig?

Die Schnittbewegung im Gleichlauf ist für Handvorschub verboten, da eine unfallsichere Führung des Werkstücks nicht möglich ist. Das Werkstück wird zum Werkzeug hingezogen und kann von diesem erfasst werden. (Ausnahme: Vorritzsäge an der Formatkreissäge.)

12. Wie wirkt sich eine a) zu große und wie b) eine zu geringe Vorschubgeschwindigkeit beim maschinellen Hobeln und Fräsen aus?

a) Ein zu schneller Vorschub wirkt sich auf die Güte der gehobelten Oberfläche aus. Die Schneiden trennen dickere Späne ab und Messerschläge werden erkennbar. Ausrisse an der Oberfläche und eine Antriebsüberlastung der Maschine können die Folge sein.

b) Ein zu langsamer Vorschub ist unökonomisch. Bei sehr langsamem Vorschub verschleißen die Schneiden durch Erhitzung und am Werkstück entstehen Brandstellen.

13. Wie wirken sich a) eine zu geringe und b) eine zu hohe Schnittgeschwindigkeit beim maschinellen Hobeln und Fräsen aus?

a) Bei zu geringer Schnittgeschwindigkeit treten Schneidenvorspaltungen am Holz auf. Dadurch ist die Schnittqualität unbefriedigend. Bei Wuchsunregelmäßigkeiten dringen die Vorspaltungen tief ins Holz ein, sodass Rückschlaggefahr besteht.

b) Bei zu hoher Schnittgeschwindigkeit verringert sich die Standzeit der Werkzeugschneiden, da kaum noch eine Vorspaltung stattfindet. Durch die zunehmenden Fliehkräfte werden die Werkzeuge insgesamt stark beansprucht und die Gefahr des Werkzeugbruchs nimmt zu. Außerdem steigt die Lärmbelastung am Arbeitsplatz.

14. Welche Minimal- und Maximalschnittgeschwindigkeit sollte bei der maschinellen Zerspanung nicht unter- bzw. überschritten werden?

- Die Schnittgeschwindigkeit sollte mindestens 45 m/s betragen. Ab dieser Schnittgeschwindigkeit wird die natürliche Spaltgeschwindigkeit des Holzes überschritten, wodurch sich die Vorspaltung verringert. Die verringerte Vorspaltung ist eine wichtige Voraussetzung zur Begrenzung der Rückschlaggefahr und zur Verbesserung der Schnittqualität.
- Die maximale Schnittgeschwindigkeit wird durch die Werkzeughersteller festgelegt, die die maximal zulässige Drehfrequenz auf dem Werkzeug eingravieren. Hierdurch wird die Gefahr des Werkzeugbruchs begrenzt.

15. Wie kann an Holzbearbeitungsmaschinen mit rotierenden Werkzeugen die optimale Schnittgeschwindigkeit eingestellt werden?

Die optimale Schnittgeschwindigkeit liegt über der minimalen und unter der maximalen Schnittgeschwindigkeit. Sie kann nur indirekt über die Änderung der Drehfrequenz der Arbeitswelle eingestellt werden.

Die richtige Drehfrequenz bestimmt man

- durch Berechnung (Schnittgeschwindigkeitsformel oder Näherungsformel),
- mithilfe von Geschwindigkeitstabellen und -diagrammen.

16. Welche Faktoren beeinflussen die Oberflächengüte eines maschinell gehobelten Brettes?

Die Oberflächengüte hängt ab von

- der Zerspanungsrichtung (im Gleich- oder Gegenlauf),
- Werkzeugbesonderheiten (z. B. Spiralmesserwelle),
- der Schärfe und dem allgemeinen Zustand der Schneiden,
- der Drehfrequenz,
- der Anzahl der Schneiden,
- der Vorschubgeschwindigkeit,
- Werkstoffbesonderheiten (z. B. Holzart, Holzfeuchte).

17. Wie verändert sich die Oberflächengüte von gefrästen Zierleisten, wenn

a) die Geschwindigkeit des Vorschubapparates erhöht wird oder

b) ein Fräswerkzeug mit größerer Schneidenzahl eingesetzt wird oder

c) eine höhere Drehfrequenz gewählt wird?

a) Durch die höhere Vorschubgeschwindigkeit vergrößert sich der Zahnvorschub und damit die Spandicke und Spanmenge. Die Messerschläge werden an der Holzoberfläche muldenartig erkennbar.

b) Wird ein Werkzeug mit größerer Schneidenzahl eingesetzt, verringert sich der Zahnvorschub.

c) Die Oberflächengüte wird verbessert. Die Erhöhung der Drehfrequenz hat den gleichen Effekt wie eine Erhöhung der Schneidenzahl.

18. An einer Tischfräse mit Vorschubapparat wird ein Profilfräswerkzeug mit zwei Schneiden und 120 mm Durchmesser eingesetzt. Bestimmen Sie mithilfe von Faustformeln (Näherungsformeln),
a) welche Drehfrequenz einzustellen ist, um eine günstige Schnittgeschwindigkeit zu erreichen (möglich sind 3000, 4500, 6000, 9000, 12000 1/min),
b) welche Geschwindigkeit am Vorschubapparat einzustellen ist, damit eine mittelfeine Oberfläche entsteht (möglich sind 3, 4, 5, 6, 9, 12, 18 m/min).

a) Nach der Faustformel ergibt sich bei 9.000 1/min eine ausreichende Schnittgeschwindigkeit von 54 m/s und bei 12.000 1/min eine optimale Schnittgeschwindigkeit von 72 m/s.

$$v_c \approx r_{[\text{in cm}]} \cdot \frac{n}{1.000}$$

$$v_{c1} \approx 6 \cdot \frac{9.000}{1.000} = 54 \ \frac{\text{m}}{\text{s}}$$

$$v_{c2} \approx 6 \cdot \frac{12.000}{1.000} = 72 \ \frac{\text{m}}{\text{s}}$$

b) Nach der Faustformel wird der Vorschubapparat auf 12 m/min eingestellt.

$$v_f \approx \frac{n}{1.000}$$

$$v_f \approx \frac{12.000}{1.000} = 12 \ \frac{\text{m}}{\text{min}}$$

19. Welche Regeln sind bei der Wartung und Pflege von Maschinenwerkzeugen zu beachten?

- Stumpfe Werkzeuge sind gefährlich. Die Messer sind zu schärfen bzw. auszutauschen.
- Verharzte Werkzeuge müssen gesäubert werden.
- Schadhafte Werkzeuge (z. B. Materialrisse) dürfen nicht mehr verwendet werden.
- Beim Werkzeugwechsel und bei der Aufbewahrung gilt: „Kein Metall auf Metall legen!".

6.2.2 Kreissägeblätter

1. Warum werden heute an der Tischkreissägemaschine vorwiegend Verbundkreissägeblätter eingesetzt?

Sie haben folgende Vorteile:

- Sie haben eine höhere Standzeit als die früher üblichen einteiligen Kreissägeblätter.
- Auch härtere Materialien wie z. B. Plattenwerkstoffe mit einem hohen Kunstharzanteil können bearbeitet werden.
- Die Schränkung entfällt, da Verbundsägeblätter durch die Form der Schneidenplättchen frei schneiden.
- Man kann sie mehrmals nachschärfen lassen.

2. Skizzieren Sie einen Teil eines Verbundkreissägeblattes und kennzeichnen Sie die Teile und die Winkel der Schneidengeometrie.

① Schneidenplatte
② Schneidenflugkreis
③ Tangente an Schneidenflugkreis

α Freiwinkel
β Keilwinkel
γ Spanwinkel
δ Schnittwinkel

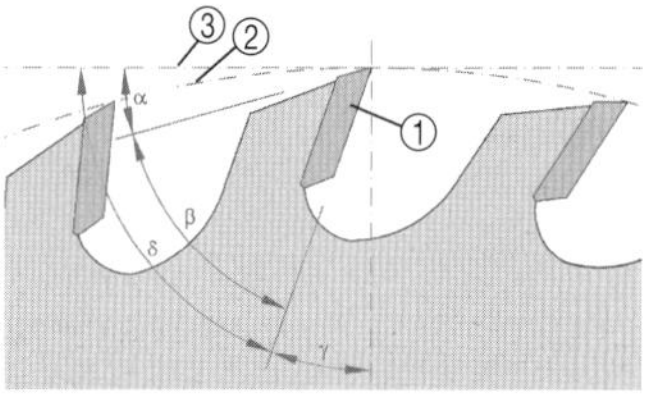

3. Führen Sie verschiedene Zahnformen für hartmetallbestückte Kreissägeblätter auf (Skizzen) und geben Sie Anwendungsmöglichkeiten dafür an.

Flachzahn für Rohzuschnitte in Faserrichtung

Wechselzahn für Querholzschnitte und Zuschnitte furnierter Platten – bei großem Zahnabstand und Spanabweisern zwischen den Zähnen auch für Schnitte in Faserrichtung und somit universell einsetzbar.

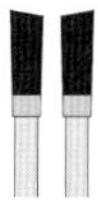

Hohlzahn im Wechsel mit Dachzahn für Zuschnitte von ein- und beidseitig beschichteten Plattenwerkstoffen

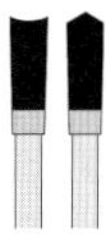

Trapezzahn im Wechsel mit Flachzahn für Plattenwerkstoffe mit beidseitiger Kunststoffbeschichtung

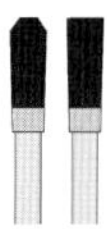

4. Je nach Stellung des Spanwinkels γ spricht man bei Kreissägeblättern von positiver und negativer Zahnstellung. Geben Sie an, für welchen Einsatzzweck die Kreissägeblätter nach dieser Einteilung vorgesehen sind.

Kreissägeblätter mit positivem Spanwinkel werden für Maschinen verwendet, bei denen das Werkstück zum Sägeblatt geführt wird, wie z. B. bei der Tischkreissäge.

Kreissägeblätter mit negativem Spanwinkel werden für Maschinen verwendet, bei denen das Sägeblatt zum Schnittgut geführt wird, wie z. B. bei der Pendelsäge oder der Kapp- und Gehrungssäge.

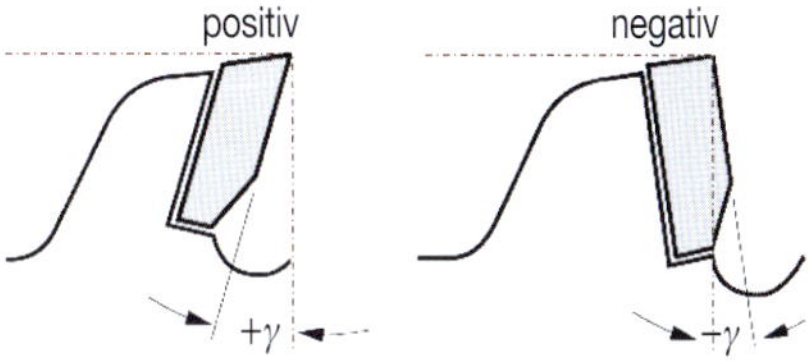

5. Welche Rolle spielt die Anzahl der Zähne bei der Wahl des Kreissägeblattes?

Für die Bearbeitung dünner Werkstücke wählt man Kreissägeblätter mit vielen Zähnen. Je dicker das zu bearbeitende Werkstück ist, desto weniger Zähne sollte das Sägeblatt haben.

6. Welche Schnittgeschwindigkeiten sollten beim Einsatz von Verbundkreissägeblättern angestrebt werden, wenn
a) Weichholz,
b) Hartholz
c) Holzwerkstoffplatten
geschnitten werden sollen?

- bei Weich- und Hartholz: 80 m/s ± 20
- bei Holzwerkstoffplatten: 65 m/s ± 15

  Zu hohe Schnittgeschwindigkeit erhöht die Lärmbelästigung und kann zu Beschädigung des Sägeblattes führen. Zu geringe Schnittgeschwindigkeit erhöht die Rückschlaggefahr. Die auf den Werkzeugen angegebene höchstzulässige Drehzahl darf nicht überschritten werden.

7. Welche Kennzeichnungen müssen an Kreissägeblätter gemäß der DIN EN 847-1 dauerhaft ablesbar sein?

Folgende Kennzeichnungen müssen ablesbar sein:

- Die maximale Drehfrequenz,
- die Werkzeugabmessungen (Sägeblattdurchmesser, Schnittbreite und Bohrungsdurchmesser),
- das Kurzzeichen des Schneidenwerkstoffs,
- die Anzahl der Zähne,
- den Namen des Herstellers.

8. Warum befinden sich an Kreissägeblättern Dehnungsschlitze ① und an manchen auch Lasereinschnitte ②?

Bei der Verwendung der Kreissägeblätter entsteht Wärme, die zu Ausdehnung und Verzug des Blattes führen kann. Dehnungsschlitze dienen zur Aufnahme der Wärmedehnung. Dadurch bleibt das Sägeblatt gerade.

Durch lasergeschnittene Dämpfungsschlitze wird der Geräuschpegel gesenkt.

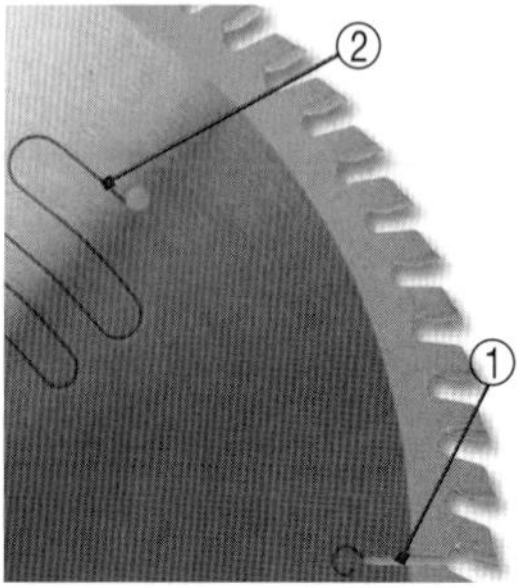

6.2.3 Fräswerkzeuge

1. Welche Fräswerkzeuge unterscheidet man nach der Bauart?

Man unterscheidet

- einteilige Fräswerkzeuge (heute selten),
- Verbundfräswerkzeuge (stoffschlüssige Schneidenbefestigung),
- zusammengesetzte Fräswerkzeuge (formschlüssige, wechselbare Schneidenbefestigung),
- Werkzeugsätze (Kombinationen verschiedener Fräswerkzeuge zur gleichzeitigen Aufspannung).

2. Welche Anforderungen müssen Fräswerkzeuge erfüllen, damit sie für den Handvorschub zulässig sind?

Sie müssen folgende Anforderungen erfüllen:

- Begrenzung der Spandicken durch einen maximalen Schneidenüberstand von 1,1 mm,
- Begrenzung der Spanlückenweite (entsprechend der Prüfschablone der Berufsgenossenschaft),
- weitgehend kreisrunde Werkzeugform,
- formschlüssige oder stoffschlüssige Schneidenbefestigung,
- ausreichende Kennzeichnung (BG-Test-Zeichen oder „HANDVORSCHUB", Angabe des zulässigen Drehfrequenzbereichs.)

Technologie

3. Beschreiben Sie die Besonderheiten eines Falzfräsers.

Falzfräser sind umfangschneidend und flankenschneidend, um Fälze einer gewünschten Höhe und Tiefe herstellen zu können. Für den Flankenschnitt sind entweder die Hauptschneiden hinterschliffen oder am Tragkörper dieser Werkzeuge sind für diesen Zweck gesonderte Vorschneider angebracht.

4. Was versteht man unter einem Universal-Profilfräskopf und welche Vorteile bietet er?

Ein Universal-Profilfräskopf ist ein Tragkörper, der je nach beabsichtigte Formgebung mit einem entsprechenden Profilmesser ausgestattet werden kann. Die Messer werden zusammen mit einem gleich gestalteten Abweiser durch Spannkeile auf dem Tragkörper aufgespannt. Mithilfe des Abweisers wird die Forderung nach einem maximalen Schneidenüberstand von 1,1 mm erfüllt.

5. In einem Werkzeugkatalog werden Hochleistungs-DP-Werkzeuge für CNC-Bearbeitungszentren angeboten. Worin besteht die Besonderheit dieser Werkzeuge?

Die Schneiden dieser Werkzeuge sind Hartmetallträger mit einer Schicht aus vielen kleinen Diamantkristallen. (Der Hartmetallträger ist das Bindeglied zwischen Schneidstoff und Werkzeuggrundkörper.)

6. Benennen Sie die dargestellten Werkzeuge für die Handoberfräse sowie ein Zubehörteil.

① Gratnutfräser

② Rundungsfräser mit Anlaufring

③ Bündigfräser mit Anlaufring

④ Fasenfräser mit Anlaufring

⑤ Hohlkehlfräser

⑥ Kehlfräser mit Anlaufring

⑦ Spannzange

7. Die Längskanten der abgebildeten Leisten haben unterschiedliche Profilfräsformen. Wie bezeichnet man diese Formen?

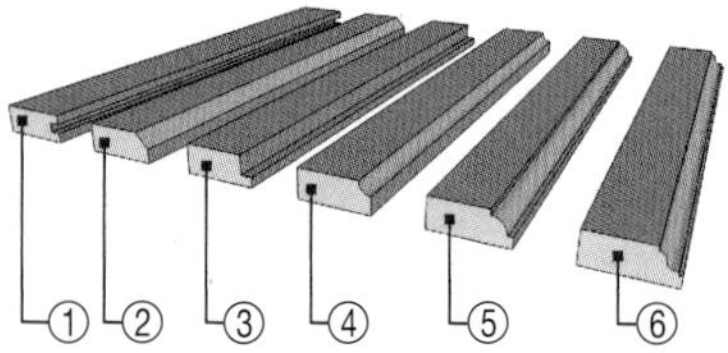

(1) Nut
(2) Fase
(3) Falz
(4) Hohlkehle
(5) Viertelstab
(6) Karnies

6.3 Holzbearbeitungsmaschinen

6.3.1 Tischbandsägemaschine

1. Für welche Arbeiten ist die Tischbandsägemaschine geeignet?

Sie eignet sich besonders

- für das Auftrennen hochkant stehender Bretter und Bohlen sowie von Rundholz, wenn die Schnittverluste gering bleiben sollen,
- für das Schneiden geschweifter Formen und kreisförmiger Teile.

Mit der Tischbandsäge können zwar alle üblichen Sägearbeiten durchgeführt werden. Ihr Einsatz ist aber im Vergleich zur Tischkreissäge oft zeitaufwändiger und die Schnittgüte ist geringer.

2. Welche Regeln sind bei der Arbeit an der Tischbandsägemaschine hinsichtlich des Arbeitsschutzes zu beachten?

- Alle umlaufenden Teile sowie das Sägeblatt müssen während der Arbeit bis auf den erforderlichen Schneidbereich verkleidet sein.
- Werkstücke müssen so geführt werden, dass die Hände nicht in den Gefahrenbereich kommen. Bei kurzen Teilen verwendet man entsprechende Zuführhilfen (z. B. Schiebestock und Schiebelade) und bei langen Teilen zusätzlich eine Tischverlängerung, um das Abkippen zu verhindern. Die Stützlade verhindert das Umkippen hochkant stehender Werkstücke. Mit Keilstützen auf der Abrollseite sichert man die Lage von Rundhölzern.
- Gehörschutz ist erforderlich.
- Eine funktionierende Holzstaubabsaugung muss angeschlossen sein.

3. Welche Besonderheiten weisen Bandsägeblätter auf?

Bandsägeblätter sind endlose Stahlbänder aus niedrig legiertem Spezialstahl. Die Spanwinkel der geschränkten Zähne sind positiv.

Erhältlich sind Blätter in verschiedenen Längen und Breiten, mit großem Spanraum für Weichhölzer und kleinem Spanraum für Harthölzer. Ihre Dicke beträgt nur 1/1000stel des Speichenraddurchmessers.

4. Beschreiben Sie die Führung des Bandsägeblattes.

Das gespannte Bandsägeblatt wird durch die balligen Bandagen aus Kork, Gummi oder Kunststoff auf den Speichenrädern ohne Beschädigung der Schränkung relativ abrutschsicher geführt. Eine zerspanbare Tischeinlage sowie eine spezielle Bandsägeblattführung unterhalb des Tisches und dicht oberhalb des Werkstücks verhindern, dass das Sägeblatt beim Schneiden nach hinten und seitlich ausweicht.

5. Durch welche Einstellungen erreicht man eine optimale Führung des Bandsägeblattes im Bereich der Schnittstelle?

Das Bandsägeblatt wird durch getrennte Sägeblattführungen über und unter dem Arbeitstisch geführt. Für eine optimale Führung werden bei Maschinenstillstand die jeweils seitlichen und eine hintere Führungsrolle eingestellt.

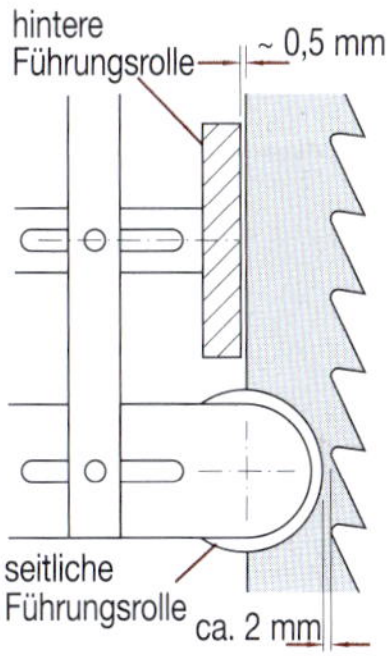

- Alle Führungsrollen werden nahe an das Sägeblatt heran geführt. Nur ein geringer Abstand ist einzuhalten, damit im Leerlauf keine Reibung auftritt.
- Die seitlichen Rollen benötigen zum Zahngrund einen Abstand von 2 mm, damit bei Belastung die geschränkten Zähne nicht an die Führungen kommen. →

Fortsetzung der Antwort ⇒

- Um den Abstand der beiden Führungsteile zueinander gering zu halten, wird die obere Sägeblattführung entsprechend dem zu bearbeitendem Werkstück soweit wie möglich abgesenkt.
- Eine zusätzliche Führung stellt die zerspanbare Tischeinlage dar. Sie darf nur wenig beschädigt sein

6.3.2 Tisch- und Formatkreissägemaschine

1. Welche Arbeiten können mit der Tischkreissägemaschine ausgeführt werden?

Man verwendet sie

- zum Längsschneiden von Vollholz (Besäumen, Abbreiten, Auftrennen),
- zum Querschneiden von Vollholz (Ablängen),
- zum Schneiden von Nuten und Fälzen (Verdecktschnitte),
- für Formatschnitte an Plattenwerkstoffen,
- zum Einsetzschneiden.

Schwenkbare Queranschläge ermöglichen exakte Winkel- und Gehrungsschnitte. Durch die Neigung des Sägeblattes können auch Schrägen geschnitten werden.

2. Nennen Sie die Unterschiede einer einfachen Tischkreissägemaschine gegenüber einer Formatkreissägemaschine.

Bei der Formatkreissägemaschine reicht der Maschinentisch von hinten nur bis zum Sägeblatt. Der vordere Teil ist als festklemmbarer Rollwagen (Schiebeschlitten) ausgebildet. Er ist erheblich länger als der Tisch.

Der Rollwagen erleichtert das Besäumen und, nach dem Einsetzen eines großen Querschnittanschlags mit Werkstückanlage, auch das Ablängen sowie das Formatschneiden von Platten. Wird ein verstellbarer Winkelanschlag eingesetzt, sind exakte Winkelschnitte möglich.

3. Welche Schutzvorrichtungen sind an Tischkreissägemaschinen vorgeschrieben?

- Einstellbarer Spaltkeil mit Zwangsführung (Kippsicherung),
- Schutzhaube an gesonderter Halterung und mit Absaugvorrichtung,
- zerspanbare Tischeinlage zur Verdeckung des Werkzeugs bis auf eine 3-mm-Fuge,
- Not-Aus-Schalter,
- Motorbremse, die nach maximal 10 Sekunden das Sägeblatt zum Stillstand bringt, →

Fortsetzung der Antwort ⇒

- verstellbarer Parallelanschlag mit wahlweise hoher oder niederer Führungsfläche,
- Verkleidungen der Antriebsteile und des Sägeblattes unterhalb des Tisches,
- Staub- und Späneabsaugung,
- Zuführ- und Abweishilfen wie Schiebestock, Schiebeholz und Abweisleiste.

4. Wozu dient der Spaltkeil an Tischkreissägemaschinen?

- Er verhindert, dass sich die Schnittfuge hinter dem Sägeblatt durch Spannungen im Werkstoff schließt. Ohne Spaltkeil besteht die Gefahr, dass das Werkstück vom aufsteigenden Teil des Sägeblattes erfasst und gegen den Bearbeiter geschleudert wird.
- Er dient auch als Berührungsschutz, da er den aufsteigenden Sägeblattteil abdeckt.

5. Welche Regeln sind beim Sägeblattwechsel hinsichtlich des Spaltkeils zu beachten?

Der Spaltkeil muss etwas dünner als die Schnittfuge und etwas dicker als der Sägeblattgrundkörper sein.

Seine Größe und Krümmung muss dem Sägeblatt entsprechen.

Er wird so in der kippsicheren Führung befestigt, dass der Abstand vom Schneidenflugkreis 8 mm beträgt und seine Spitze 2 mm unterhalb des höchsten Punktes des Sägeblattes liegt.

Nur für den Sonderfall des Einsetzschneidens wird der Spaltkeil vorübergehend entfernt.

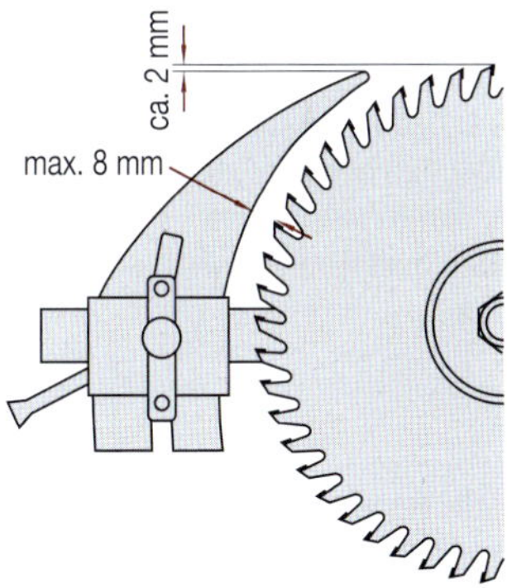

6. Welche Maschineneinstellungen nehmen Sie vor, wenn Sie an der Formatkreissäge Bohlen besäumen wollen, und wie werden die Bohlen aufgelegt?

- Verbundkreissägeblatt mit Flachzahnschneiden einsetzen und Spaltkeileinstellung darauf anpassen,
- Höhe des Sägeblattes auf Höhe 2 cm Überstand zur Bohlendicke einstellen,
- Drehzahl so wählen, dass eine Schnittgeschwindigkeit von etwa 70 m/s erreicht wird,
- Besäumniederhalter (Klemmschuh) auf dem Schiebetisch festklemmen,
- Parallelanschlag wegschieben, damit er nicht stört,
- Schutzhaube auf Bohlendicke absenken,
- Nachschiebeholz bereitlegen.

Die Bohlen werden grundsätzlich mit der runden Seite nach unten aufgelegt. Sie werden so ausgerichtet, dass die Schnittverluste möglichst gering sind, und dann mit dem Hirnende unter den Besäumniederhalter geschoben.

7. Wie stellen Sie den Parallelanschlag an einer Tischkreissäge ein, wenn Bretter auf ein einheitliches Breitenmaß unter 120 mm zugeschnitten werden sollen?

- Er wird bei geringen Breitenmaßen (unter 120 mm) umgelegt, so dass bei niedriger Führungsfläche der Vorschub mit dem Schiebestock nicht behindert ist und die Schutzhaube weit genug abgesenkt werden kann.
- Er wird soweit nach rechts versetzt, bis der erforderliche Abstand zum Sägeblatt erreicht ist (Breitenmaß).
- Er wird soweit zurückgezogen, dass eine gedachte Linie vom Anschlagende bis zur Sägeblattmitte in einem Winkel von 45° zur Schnittrichtung verläuft.

8. Wie erzielt man saubere Schnittkanten beim Auftrennen von furnierten Plattenwerkstoffen an der Formatkreissäge?

- Durch die Wahl des richtigen Werkzeugs: Kreissägeblatt mit Hohlzahn oder Wechselzahn mit kleinem Zahnabstand,
- bei großem Sägeblattüberstand wird die obere Schnittkante sauber, die untere zeigt Ausrisse,
- durch Verwendung einer Vorritzsäge wird auch die untere Schnittkante sauber. (Alternativen hierzu sind Klebestreifen und Zulagen.)

9. Welche Regel ist beim Fälzen an der Tischkreissäge zu beachten?

Die Schnittfolge ist so zu wählen, dass nach dem zweiten Schnitt der Schnittabfall nicht zwischen Sägeblatt und Parallelanschlag fällt. Wird diese Regel missachtet, kann der Schnittabfall gegen den Bearbeiter geschleudert werden.

6.3.3 Stationäre Hobelmaschinen

1. Welche Schutzvorrichtungen gehören zu einer Abrichthobelmaschine?

- Abdeckung der Messerwelle (vor und hinter dem Fügeanschlag) z. B. durch
  - Brückenschutz,
  - rückfedernder Schwenkschutz,
  - Klappenschutz inklusive Führungsleiste.
- Hilfsanschlag mit niedriger Führungskante, der die Führung schmaler Werkstücke ermöglicht,
- Zuführlade zur sicheren Führung kurzer Werkstücke,
- Tischverlängerung zur sicheren Auflage langer Werkstücke,
- Not-Aus-Schalter,
- Motorbremse, die nach maximal 10 Sekunden das Werkzeug zum Stillstand bringt,
- Staub- und Späneabsaugung,
- Vorschubapparat (optional).

2. Nennen Sie die üblichen Messerwellenformen an Abrichthobelmaschinen.

- Streifenhobelmesserwellen mit kraftschlüssiger Messerbefestigung.
- Einweg-Wendehobelmesserwellen mit formschlüssiger Messerbefestigung.
- Spiralmesserwellen mit spiralförmig angeordneten Schneiden, die formschlüssig befestigt sind.

3. Welche Vor- und Nachteile haben Spiralmesserwellen?

Sie laufen geräuscharm und arbeiten mit hoher Schnittgüte, da die Holzoberfläche im ziehenden Schnitt gehobelt wird. Nachteilig sind die höheren Anschaffungs- und Schärfkosten.

4. a) Wie muss der Abnahmetisch einer Abrichthobelmaschine in der Höhe eingestellt sein und b) welche Folgen haben Einstellungsfehler?

a) Er wird in der Höhe genau auf den höchsten Punkt des Schneidenflugkreises der Messerwelle eingestellt.

b) Bei höherer Einstellung stoßen die Werkstücke beim Vorschieben dagegen.

Bei niedrigerer Einstellung kippen die Werkstücke am Ende des Hobelvorgangs auf den Abnahmetisch ab, wodurch Ausfräsungen am Werkstückende entstehen.

5. Benennen Sie die Teile der dargestellten Dickenhobelmaschine.

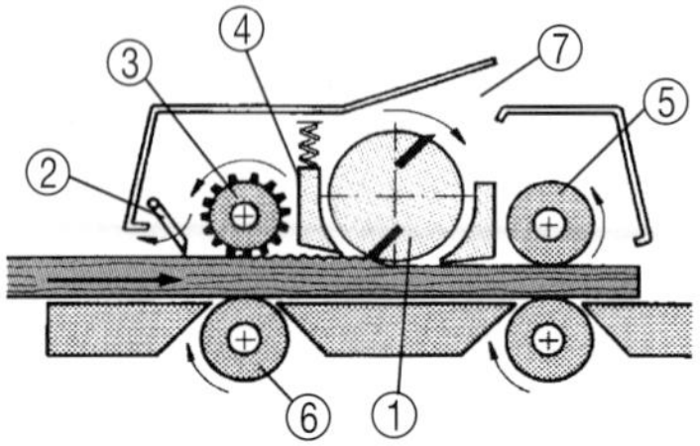

① Hobelmesserwelle,
② Rückschlagsicherungen,
③ Einzugwalze (glatt oder geriffelt, ungeteilt oder gegliedert),
④ Druckbalken vor und hinter der Messerwelle,
⑤ Auszugwalze,
⑥ Gleitwalzen,
⑦ Späneauswurföffnung zum Anschluss der Absauganlage.

6.3.4 Tischfräsmaschine

1. Welche Arbeiten können an einer Tischfräsmaschine durchgeführt werden?

Mithilfe der Tischfräse kann man gerade oder geschweifte Werkstückkanten mit einer Vielzahl von Formen versehen. Die Fräsungen (z. B. Nuten, Fälze und Profile) können durchgehend sein oder in ihrer Länge durch Einsetzfräsen genau begrenzt werden. Verbindungsformen wie z. B. Schlitz und Zapfen können hergestellt werden. Mit speziellem Zubehör kann man auch Schleifen und Bürsten.

Für einige der genannten Arbeiten sind spezielle Führungen und Vorrichtung erforderlich. Bogenförmige Werkstücke werden z. B. am Anlaufring gefräst.

2. Nennen Sie die Schutzvorrichtungen an der Tischfräse.

- Weitestmögliche Werkzeugverdeckung
  - durch Einlegeringe im Maschinentisch, die auf den Werkzeugdurchmesser abgestimmt sind,
  - durch dicht herangeführte Anschlaghälften,
  - durch die Schutzhaube.
- Zusätzliche Werkzeugabdeckung vor dem Anschlag (z. B. durch einen Handabweisbügel, eine Bogendruckfeder oder einen Vorschubapparat),
- Verkleidung des Maschinenantriebs,
- Tischverlängerungen,
- Not-Aus-Schalter und automatische Motorbremse,
- Zuführhilfen wie z. B. Spannlade und Schiebeholz,
- Staub- und Späneabsaugung. →

Fortsetzung der Antwort ⇒

Alle Werkzeuge müssen für Handvorschub zugelassen sein.

3. Beschreiben Sie die Werkzeugeinspannung an der Tischfräsmaschine.

Fräswerkzeuge werden auf den Fräsdorn geschoben, der über eine Kegelverbindung mit der Frässpindel verbunden ist. (Eine Überwurfmutter mit zwei unabhängigen Gewinden hält Fräsdorn und Spindel zusammen.)

Durch unterschiedlich breite Dornringe wird die gewünschte Position des Werkzeugs auf der nutzbaren Länge des Dorns festgelegt. Über weitere Dornringe wird der Spanndruck der Fräsdornmutter auf das Werkzeug übertragen. Hierbei ist zu beachten, dass der obere Dornring als Sicherungsring ausgebildet sein muss, damit sich die Fräsdornmutter beim Abbremsen der Maschine nicht lösen kann.

4. Welche Fräsdorndurchmesser sind zulässig?

Fräsdorne müssen einen Mindestdurchmesser von 30 mm haben.

5. Wie wird das Fräswerkzeug mit der Messuhr eingestellt?

- Um die Fräserhöhe einzustellen, setzt man den Taster der Messuhr auf den Vorschneider des Fräswerkzeugs und verstellt dann die Frässpindel in der Höhe.
- Zur Einstellung der Frästiefe wird der Taster auf eine Schneide geführt, wobei das Werkzeug mit der Hand etwas gedreht wird, um den äußeren Punkt des Schneidenflugkreises zu finden. Durch Anschlagverstellung erzielt man die gewünschte Tiefe.
- Abschließend werden alle Klemmschrauben angezogen.

6. Warum ist die Verwendung der Bogenfeder und des Federdruckkamms bei Arbeiten an der Tischfräse vorteilhaft?

Diese Vorrichtungen sind Führungshilfen, die waagerecht am Maschinentisch oder senkrecht am Anschlag angebracht werden. Beim Werkstückvorschub sorgen sie für einen gleichmäßigen Andruck an den Anschlag oder den Maschinentisch.

Sie dienen außerdem der Sicherheit, da sie eine vordere Werkzeugabdeckung bilden und die Rückschlaggefahr verringern.

7. Wie führt man rückschlagsichere Einsetzfräsarbeiten durch?

Zur Rückschlagsicherung ist rechts vom Fräswerkzeug ein Queranschlag als Abstoppvorrichtung erforderlich. Er dient gleichzeitig als Endanschlag. (Wenn auch links vom Fräswerkzeug ein Anschlag befestigt wird, ist die Fräsung beidseitig begrenzt.) →

Fortsetzung der Antwort ⇒

Bei großen Werkstücken wird der Queranschlag durch ein Klemmholz auf einer Tischverlängerung gebildet.

Das Werkstück wird mit der Vorderkante (1) an den Fräsanschlag und mit der hinteren Kante (2) an die Abstoppvorrichtung angesetzt. Dann wird es zum Werkzeug geschwenkt und, sobald es voll am Fräsanschlag liegt, vorgeschoben.

Bei kleinen Werkstücken gelingt die sichere Führung mithilfe einer Einsetz-Spannlade.

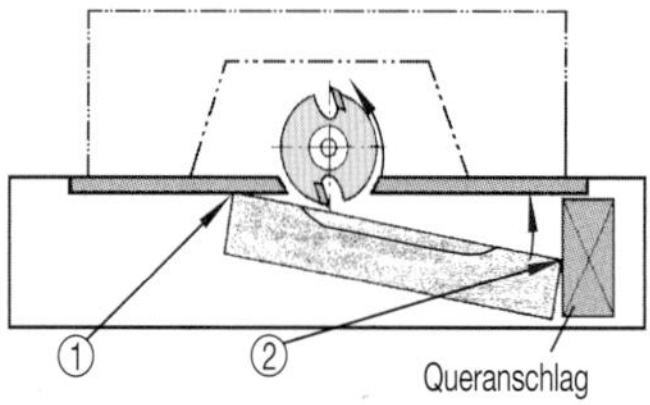

8. An einer Tischfräse klebt das dargestellte Zahlendiagramm. Wozu dient es?

Werkzeugdurchmesser (mm)	2500	2800	3000	3500	4000	4500	5000	5500	6000	6500	7000	7500	8000	8500	9000	10000	12000
450	59	66	71	82													
420	55	62	66	77	88												
400	52	59	63	73	84												
380	50	56	60	70	80	90											
360	47	53	57	66	75	85											
340	45	50	53	62	71	80	89										
320	42	47	50	59	67	75	84										
300	39	44	47	55	63	71	79	86									
280	37	41	44	51	59	66	73	81	88								
260		38	41	48	54	61	68	75	82	88							
240			38	44	50	57	63	69	75	82	88						
220				40	46	52	58	63	69	75	81	86					
200				37	42	47	52	58	63	68	73	79	84	89			
180					38	42	47	52	57	61	66	71	75	80	85		
160						38	42	46	50	54	59	63	67	71	75	84	
140							37	40	44	48	51	55	59	62	66	73	88
120									38	41	44	47	50	53	57	63	75
100											37	39	42	45	47	52	63
80														36	38	42	50
60																	38

Drehzahl der Frässpindel (1/min)

Damit kann schnell für ein Fräswerkzeug die geeignete Drehzahl gefunden werden.

Im mittleren Bereich (grün) stehen gute Schnittgeschwindigkeitswerte (in m/s).

Beispiel: Für einen Werkzeugdurchmesser von 100 mm ist eine Drehzahl von 8000 bis 12000 optimal.

Im unteren Bereich (gelb) stehen niedrige Schnittgeschwindigkeitswerte (in m/s), bei denen bereits Rückschlaggefahr auftreten kann.

Im oberen Bereich (rot) stehen hohe Schnittgeschwindigkeitswerte (in m/s), die mit hohem Lärmpegel verbunden sind oder bei denen wegen der hohen Materialbelastung möglicherweise die vom Werkzeughersteller angegebene maximale Drehzahl bereits überschritten ist.

Felder ohne Werte kennzeichnen den verbotenen Bereich.

6.3.5 CNC-Maschinen

1. Was versteht man unter einer CNC-Steuerung?

CNC steht für **C**omputerized **N**umerical **C**ontrol (computergestützte numerische Steuerung).

Mit Hilfe spezieller Software werden alle erforderlichen Bewegungsabläufe und Maschinenvorgänge für eine Werkstückbearbeitung vorab als so genanntes CNC-Programm zusammengestellt.

Bei der Übergabe des Programms an die Maschine werden die Programmschritte entschlüsselt (decodiert) und in die für die automatisierte Werkstückbearbeitung erforderlichen elektrischen Steuersignale und Impulse umgesetzt.

2. Nennen Sie die Vorteile der CNC-Bearbeitung.

- Am Werkstück können in einer Aufspannung mehrere Bearbeitungsvorgänge durchgeführt werden (Fräsen, Bohren, Sägen),
- hohe Fertigungspräzision,
- Wiederholbarkeit des automatisierten Fertigungsablaufs mit gleich bleibender Genauigkeit,
- hohe Fertigungsgeschwindigkeit,
- flexible Einsatzmöglichkeiten – auch für komplizierte Werkstücke,
- Programmierung mit Variablen (= Platzhalter für Zahlenwerte) ermöglicht schnelle Auftragsanpassung bei der Fertigung ähnlicher Werkstücke (Variantenfertigung),
- Fertigungsdaten können softwaregesteuert aus CAD-Dateien entnommen werden,
- relativ hohe Arbeitssicherheit, da nach der Aufspannung die CNC-Maschine ohne Handeingriff arbeitet.

3. Nennen Sie die drei Steuerungsarten der CNC-Technik mit Maschinenbeispielen.

Punktsteuerung: Vorschubgeschwindigkeit wird durch einen Motor bestimmt. Beispiel: Bohrautomat,

Streckensteuerung: Vorschubgeschwindigkeit wird durch maximal zwei Motoren gleichzeitig bestimmt. Beispiel: automatische Plattenaufteilsäge,

Bahnsteuerung: Vorschubgeschwindigkeit kann durch mehr als zwei Motoren gleichzeitig bestimmt werden. Beispiel: CNC-Bearbeitungszentrum.

4. Erläutern Sie die Begriffe Maschinennullpunkt, Referenzpunkt und Werkstücknullpunkt.

Maschinennullpunkt: Schnittpunkt der X-, Y- und Z-Koordinatenachse einer CNC-Maschine, Nullpunkt im Messsystem der Maschine.

Referenzpunkt: dient zur Abstimmung der Steuerung auf das Messsystem der Maschine nach dem Maschinenstart.

Werkstücknullpunkt: Schnittpunkt der X-, Y- und Z-Koordinatenachse des Werkstücks.

5. Beschreiben Sie die in der Abbildung gezeigten Teile einer CNC-Maschine.

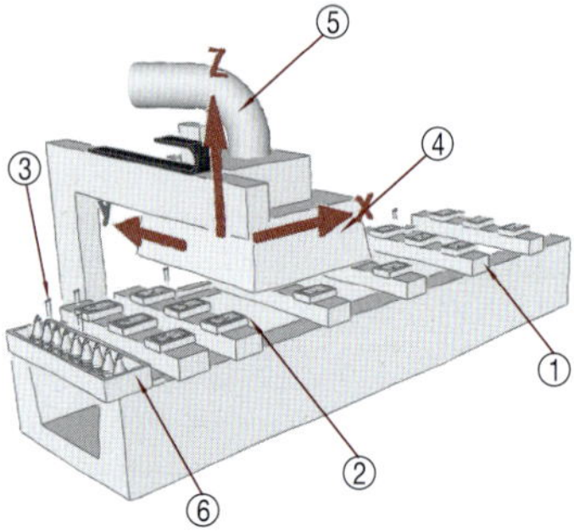

① Traversen (in der X-Achse verschiebbar),

② Saugeradapter (in der Y-Achse verschiebbar), mit Anschluss an Vakuumpumpe,

③ Anschlagstutzen (automatisch absenkbar),

④ Maschinenaggregate (Bohrspindel, Frässpindel, Sägeaggregate) unter der Abdeckung,

⑤ flexibles Absaugrohr,

⑥ Werkzeugmagazin (hält Werkzeuge für den automatischen Werkzeugwechsel bereit).

6. Für den automatischen Werkzeugwechsel werden Fräswerkzeuge in einem Magazin bereitgehalten. Sie sind dabei bereits in Spannzangenfutter eingespannt. Nennen Sie zwei Formen dieser Werkzeugaufnahme.

Es gibt Spannzangenfutter mit Steilkegelschaft (SK-Schaft) ① und die moderneren mit Hohlschaftkegel (HSK-Schaft) ②. Beim Anziehen einer Überwurfmutter ③ klemmt eine Spannzange ④ den Schaft eines Fräswerkzeugs fest. Die Spannzangenfutter passen in entsprechende Aufnahmen an der Bearbeitungsspindel der CNC-Maschine. Der automatische Wechsel der Spannzangenfutter mit den darin eingespannten Fräswerkzeugen vom Werkzeugwechselmagazin in die Bearbeitungsspindel erfolgt programmgesteuert. →

Fortsetzung der Antwort ⟹

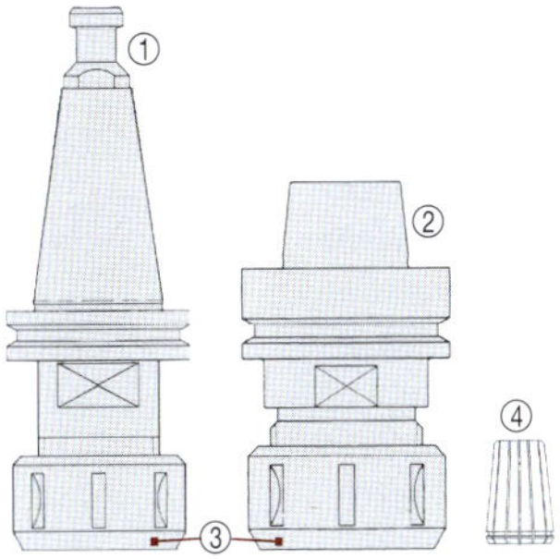

7. In den Bohraggregaten der CNC-Maschinen befinden sich Bohrer ohne farbliche Markierung und Bohrer mit orangeroter Färbung. Welche Bedeutung hat die Färbung?

Damit mehrere Bohrer mit dem gleichen Antrieb gleichzeitig bohren können, ist bei geringem Bohrerabstand eine Übersetzung erforderlich, bei der einige Bohrer rechts- und andere linksdrehend sind. Durch die Färbung wird die Verwechslung der Bohrer beim Werkzeugaustausch verhindert. Schwarze Bohrer sind rechtsdrehend, die gefärbten Bohrer sind linksdrehend.

8. Welche technischen Zusatzeinrichtungen müssen für den Betrieb einer CNC-Maschine vorhanden sein?

- Absauganlage zur Staubabsaugung,
- Druckluftkompressor zur pneumatischen Werkzeugspannung,
- Vakuumpumpe zum Ansaugen bzw. Fixieren der zu bearbeitenden Platten,
- Drehstromanschluss,
- selbstauslösende Not-Stopp-Einrichtung (wie z. B. Laserlichtschranke oder Trittmatte), um eine Personengefährdung auszuschließen.

9. Bei der CNC-Programmierung werden nach DIN 66025 die Verfahrwege in Form von G-Befehlen eingegeben. Was bewirken die Befehle G 0, G 1, G 2 und G 3?

- **G 0:** Positionierung des Werkzeugs im Eilgang an einen durch Koordinaten festgelegten Punkt,
- **G 1:** geradlinige Bewegung des arbeitenden Werkzeugs zu einem Zielpunkt,
- **G 2:** kreisförmige Bewegung des arbeitenden Werkzeugs im Uhrzeigersinn,
- **G 3:** kreisförmige Bewegung des arbeitenden Werkzeugs gegen den Uhrzeigersinn.

10. Um die CNC-Bearbeitung des abgebildeten Werkstücks programmieren zu können, werden für die Punkte P2 bis P9 Koordinaten benötigt. Ermitteln Sie diese Koordinaten und geben Sie die Reihenfolge der G-Befehle für die Konturfräsung entsprechend der Punktnummerierung an (P1 hat die Koordinaten X = 0, Y = 0).

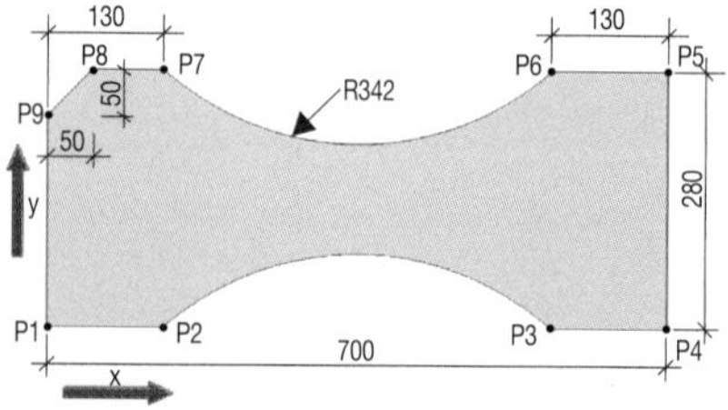

G0 nach P1:	X = 0	Y = 0
G1 nach P2:	X = 130	Y = 0
G2 nach P3:	X = 570	Y = 0 (mit Radius = 342)
G1 nach P4:	X = 700	Y = 0
G1 nach P5:	X = 700	Y = 280
G1 nach P6:	X = 570	Y = 280
G2 nach P7:	X = 130	Y = 280 (mit Radius = 342)
G1 nach P8:	X = 50	Y = 280
G1 nach P9:	X = 0	Y = 230
G1 nach P1:	X = 0	Y = 0

11. Erläutern Sie den Unterschied zwischen einer Absolutmaßeingabe und Inkrementalmaßeingabe bei der CNC-Programmierung.

Bei der CNC-Programmierung kann zwischen beiden Möglichkeiten der Maßeingabe gewählt werden:

- Bei der Absolutmaßeingabe beziehen sich alle X-, Y- und Z-Maße auf den Werkstücknullpunkt.
- Bei der Inkrementalmaßeingabe (relative Bemaßung) werden als X-, Y- und Z-Werte die Zuwächse in den Achsrichtungen, bezogen auf den jeweils vorhergehenden Punkt eingegeben.

12. Zur Vereinfachung der CNC-Programmierung wird in der Regel WOP-Software eingesetzt. Erläutern Sie die Abkürzung und beschreiben Sie die Besonderheiten dieser Software.

Die Abkürzung WOP steht für **w**erkstatt**o**rientierte **P**rogrammierung. Hierbei handelt es sich um Software, die durch grafische Unterstützung, durch Makros (zusammengefasste Befehlsfolgen) und durch Simulationsvorschau die Erstellung von CNC-Programmen im Vergleich zur reinen DIN-Programmierung stark vereinfacht und sicherer macht. Nur noch Grundkenntnisse der DIN-Programmierung sind erforderlich. Weitere Funktionen dieser Software sind z. B. die CNC-Programmierung mit Variablen, die direkte Übernahme von CAD-Daten sowie die Programmierung der Saugerpositionierung.

13. Bei der Erstellung eines CNC-Programms beziehen sich die Koordinatenangaben auf den Werkstücknullpunkt. Wie wird dieser Werkstücknullpunkt mit dem Koordinatensystem der CNC-Maschine in Verbindung gebracht?

Der Bearbeitungsbereich einer CNC-Maschine ist in der Regel in Felder mit mehreren Anschlagszapfen eingeteilt. Wird nach der Aktivierung eines Feldes ein Werkstück an die entsprechenden Anschlagszapfen angelegt und eingespannt, erfolgt die Berücksichtigung der Maßabweichungen des Werkstücknullpunkts zum Maschinennullpunkt automatisch.

14. Was versteht man bei der CNC-Programmierung unter einer Fräserradiuskorrektur?

Hierunter versteht man Programmbefehle, durch die die Werkzeugbahn um den halben Durchmesser des Fräswerkzeugs nach links oder rechts versetzt wird. Dies erleichtert die Programmierung, da der Konturverlauf nach den Maßvorgaben einer Fertigungszeichnung eingegeben werden kann. Die Fräserradiuskorrektur sorgt dann dafür, dass sich bei der Bearbeitung das Werkzeug wunschgemäß links oder rechts der programmierten Kontur bewegt.

15. Erläutern Sie die Fräserradiuskorrektur anhand eines Beispiels.

Um z. B. die Außenkonturen eines Werkstücks aus einem Rohteil herauszufräsen, wird die Bearbeitungskontur entsprechend der Fertigungszeichnung programmiert. Bei einem programmierten Konturverlauf gegen den Uhrzeigersinn sorgt der Befehl „Fräserradiuskorrektur nach rechts“ dafür, dass die Kontur um den halben Werkzeugdurchmesser (= Werkzeugradius) versetzt verläuft. Der Maß für diesen Versatz wird automatisch der Werkzeugdatei entnommen. Im Ergebnis entsteht das Werkstück mit den Soll-Außenmaßen.

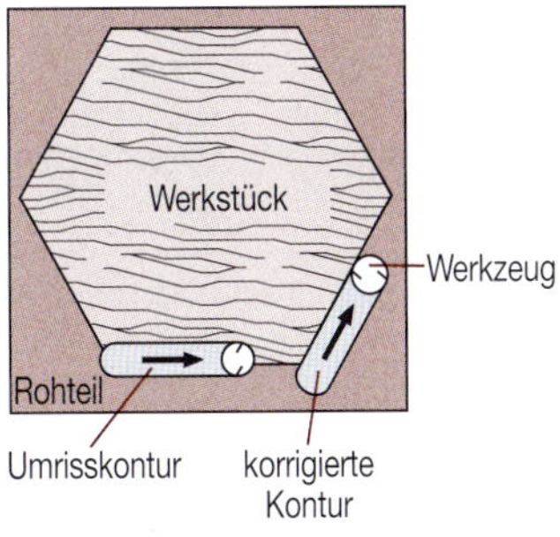

16. Nach der Programmierung der Fräserradiuskorrektur und des Bearbeitungsweges einer Konturfräsung können die Bewegungen des laufenden Fräswerkzeugs zum Startpunkt der Kontur und vom Endpunkt weg festgelegt werden. Nennen Sie werkzeug- und werkstückschonende An- und Abfahrbewegungen, die hierfür gewählt werden können.

Werkzeug- und werkstückschonend sind

- fliegendes Ein- und Austauchen in einer Geraden oder
- fliegendes Ein- und Austauchen im Kreisbogen.

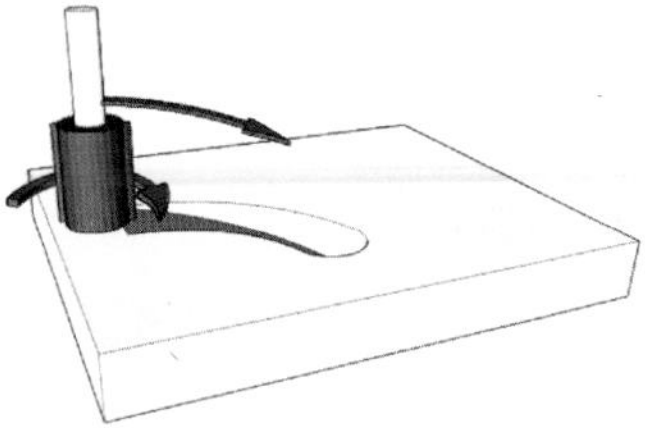

Beispiel: fliegendes Eintauchen im Bogen

17. CNC-Software bietet in der Regel spezielle Programmierfunktionen für Taschenfräsungen. Was versteht man darunter?

Bei Taschenfräsungen handelt es sich um komplett ausgefräste Vertiefungen – z. B. in rechteckiger oder runder Form. Der Programmierer wählt das Werkzeug und gibt Maße und Form der Tasche (Vertiefung) an. Die Maschinenbewegungen zum Ausräumen der Vertiefung ermittelt die Software automatisch.

18. Wozu dient die CNC-Programmsimulation am Computerbildschirm?

- Programmierfehler können schnell und ohne Materialverluste festgestellt werden.
- Kollisionen mit Teilen der Maschine wie z. B. dem Arbeitstisch oder Einspannvorrichtungen können ohne tatsächliche Maschinenbeschädigung festgestellt werden.
- Die Verfahrwege (programmgesteuerte Maschinenbewegungen) können zur Optimierung veranschaulicht werden.

19. Was versteht man bei der CNC-Bearbeitung unter dem Nesting-Verfahren?

Nesting ist ein softwaregesteuertes Verfahren, durch das möglichst viele und unterschiedliche Werkstückteile verschnittoptimiert aus einer Gesamtplatte ausgefräst werden (to nest (engl.) heißt verschachteln). Dafür geeignete CNC-Maschinen sind mit einem Rastertisch ausgestattet. Durch eine daraufliegende dünne Schonerplatte aus MDF wird die Gesamtplatte vollflächig angesaugt und fixiert. Nachteilig ist, dass nur vertikale Bohrungen in die Werkstückteile möglich sind und dass die Schonerplatte in der Regel durch die Bearbeitung und Ausfräsung der Werkstückteile beschädigt wird.

6.3.6 Handmaschinen

1. Welche technischen Sicherheitsstandards müssen an den Handmaschinen erfüllt sein?

- Handmaschinen müssen schutzisoliert sein.
- Die elektrischen Anschlüsse und Leitungen dürfen keine Beschädigungen aufweisen.
- Die Maschinen müssen so gebaut sein, dass alle umlaufenden Teile bis auf den schneidenden Werkzeugteil abgedeckt sind, dass beim Abschalten der Stillstand schnell erreicht ist und dass die Arbeitsgeräusche nicht übermäßig laut sind.
- Alle spanenden Handmaschinen müssen mit einem Anschluss für eine Staubabsaugung ausgestattet sein.

2. Welche Sicherheitsregeln gelten für den Umgang mit Handmaschinen?

- Die zu bearbeitenden Werkstücke sind einzuspannen bzw. sicher aufzulegen.
- Vor dem Maschineneinsatz ist darauf zu achten, dass sich Kabel und Absaugschlauch nicht verhaken können und dass sie von dem Werkzeug der Maschine nicht berührt werden.
- Bei Regen und hoher Feuchtigkeit dürfen sie im Freien nicht eingesetzt werden.

  Die Maschinen dürfen nur bei Stillstand des Werkzeuges abgelegt werden.
- Vor dem Wechseln von Werkzeugen sind die Maschinen vom Netz zu trennen.
- Hinsichtlich der persönlichen Schutzausrüstung (Gehörschutz, Arbeitsschuhe, eng anliegende Kleidung usw.) gelten die gleichen Regeln wie bei der Arbeit an stationären Holzbearbeitungsmaschinen.

3. Viele Handmaschinen sind Akkuwerkzeuge. Erläutern Sie kurz die Unterschiede bei den Akkutypen NiCd, NiMH und Li-Ion.

NiCd – Nickel-Cadmium-Akkus: älteste Akkutechnologie, wird kaum noch verwendet wegen der niedrigen Energiedichte (bzw. der Größe oder dem Gewicht), wegen Umweltgefährdung ist in absehbarer Zeit mit Verbot zu rechnen.

NiMH – Nickel-Metallhydrid-Akkus: umweltneutral, mittlere Energiedichte, „Überladung“ ist nicht möglich, Akkus sind relativ preiswert. →

Fortsetzung der Antwort ⇒

Li-Ion – Lithium-Ionen-Akkus: modernste Technologie, Akkus sind sehr kompakt wegen der hohen Zellenspannung und der hohen Energiedichte, hoher Wirkungsgrad, sehr geringe Selbstentladung, Akkus dürfen nicht überlastet und nicht überladen werden, ein spezielles Ladegerät ist erforderlich, die Akkus sind relativ teuer.

4. Wovon hängt die Lebensdauer von Akkus ab? Welche Tipps können Sie für den Umgang mit Akkus geben?

NiCd- oder NiMH-Akku: erst dann laden, wenn die Leistung merklich abfällt. Akkus mit Teilentladung weiter verwenden. Ladevorgang vollständig und in einem Zug durchführen.

Li-Ion-Akkus: Zwischenladungen sind jederzeit möglich.

Akkus nicht bis zum Stillstand des Motors entladen, Tiefentladung vermeiden.

Häufige Überlastung und Erwärmung bzw. häufige Teil- oder Tiefentladung verkürzen die Lebensdauer. Reserveakkus nicht zu lange unbenutzt lagern.

5. Wie erfolgt die Staubabsaugung bei Handmaschinen und warum ist sie erforderlich?

- Sie erfolgt in der Regel durch dafür geeignete Industriestaubsauger, deren Schlauch am Stutzen der Handmaschine angeschlossen wird.
- Sie ist erforderlich, weil die Stäube gesundheitsschädigend sind und durch das Absaugen bessere Arbeitsergebnisse erzielt werden. (Schleifblätter erhitzen z. B. nicht so stark, setzen sich nicht so schnell zu und bleiben länger scharf.)

6. Welche besonderen Sicherheitsvorrichtungen müssen an Handkreissägemaschinen vorhanden sein?

- Eine selbsttätige Abdeckung für den nicht schneidenden Teil des Werkzeugs, die nach dem Spanungsvorgang das Werkzeug vollständig umschließt,
- einen Spaltkeil zur Offenhaltung der Schnittfuge, dessen Abstand zum Schneidenflugkreis 5 mm betragen darf,
- ein Motorschalter, der gegen unbeabsichtigtes Auslösen gesichert ist.

7. Führen Sie einige besondere Sicherheitsmerkmale der Handhobelmaschine auf.

- Der Abstand zwischen den Anschlaghälften und dem Schneidenflugkreis darf höchstens 5 mm betragen.
- Die Spandicke muss auf 1,1 mm begrenzt sein.
- Der Motorschalter muss gegen unbeabsichtigtes Auslösen gesichert sein.

8. Warum darf bei der Bearbeitung von Werkstückkanten mit der Handoberfräse nur im Gegenlauf gefräst werden?

Nur beim Fräsen im Gegenlauf ist eine sichere Führung der Maschine möglich. Beim Fräsen im Gleichlauf wird dagegen die handgeführte Maschine durch das rotierende Werkzeug vom Werkstück weg gedrückt, wodurch das Fräsergebnis auf jeden Fall unsauber wird. Werden Fräswerkzeuge mit größerem Radius eingesetzt, ist bei falscher Maschinenführung auch eine hohe Rückschlaggefahr gegeben.

Zur umlaufenden Bearbeitung von Vollholzteilen beginnt man an der Hirnholzseite (1) und fräst gegen den Uhrzeigersinn (2), (3), (4).

Zum Fräsen der Innenkanten von Ausschnitten arbeitet man im Uhrzeigersinn. Das Werkstück muss dabei festgespannt sein.

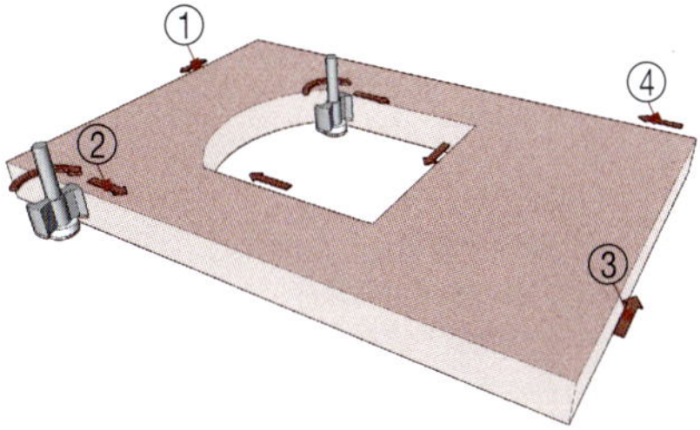

6.3.7 Sonstige Maschinen

1. Nennen Sie stationäre Bohrmaschinen und ihre Einsatzgebiete.

- Die Ständerbohrmaschine, zum genauen Bohren in unterschiedliche Werkstoffe,
- die Astlochbohrmaschine, zum Ausbohren von Ästen und zur Herstellung der dazu passenden Füllscheiben sowie für Beschlagsbohrungen,
- der Astausflickautomat (Weiterentwicklung der Astlochbohrmaschine). Die ausgebohrten Äste werden im gleichen Arbeitsgang mit Füllscheiben flächenbündig verleimt,
- die Langlochbohrmaschine, bei der die Bohrlöcher durch Hin- und Her-Bewegung des rotierenden Bohrfräsers zu Langlöchern erweitert werden,
- die Dübellochbohrmaschine, zum Bohren mehrerer Dübellöcher in einem Arbeitsgang sowie zur Herstellung von Lochreihen und Beschlagsbohrungen.

2. Welche stationären Schleifmaschinen werden im Tischlerhandwerk eingesetzt?

Hierzu zählen

- die Langbandschleifmaschine,
- die Kantenschleifmaschine,
- die Breitbandschleifmaschine.

Bei der Langbandschleifmaschine läuft ein Endlosschleifband waagerecht über zwei Umlenkrollen. Mit einem Schleifschuh drückt man das laufende Band auf das Werkstück. Bei der Kantenschleifmaschine läuft das Schleifband über senkrecht gelagerte Rollen. Der Arbeitstisch steht rechtwinklig zum Schleifband und kann in der Höhe und Neigung verstellt werden.

Bei Breitbandschleifmaschinen werden die Werkstücke (Platten) über Transportbänder oder Einzugswalzen zugeführt. In der Maschine befinden sich zwei oder mehrere Schleifaggregate, sodass in einem Durchlauf kalibriert wird (Kalibrierung = Vorschliff, um Platten auf Soll-Dicke zu bringen).

3. Welche Regeln sind bei der Arbeit an Langbandschleifmaschinen hinsichtlich des Arbeitsschutzes zu beachten?

- Das Schleifband muss bis auf den Arbeitsbereich abgedeckt sein (Schleifbandabdeckung).
- Man darf nicht zwischen das laufende Band greifen.
- Bei jeder Schleifarbeit muss die Absauganlage in Betrieb sein.

4. Welche Mehrzweckmaschinen kommen beim Tischler vor und welche Vor- und Nachteile haben diese Maschinen?

Maschinenhersteller bieten z. B. kombinierte Abricht- und Dickenhobelmaschinen, kombinierte Kreissäge- und Langlochbohrmaschinen, kombinierte Kreissäge-, Fräs- und Langlochbohrmaschinen an.

Mehrzweckmaschinen eignen sich für Betriebe, in denen Einzelmaschinen nicht voll ausgenutzt werden können. Sie brauchen weniger Platz und sind in ihrer Anschaffung kostengünstiger als einzelne Maschinen.

Nachteilig ist der Zeitverlust beim Einstellen und Umstellen der Werkzeuge und der Vorrichtungen.

5. Welche Fräsmaschinen werden zusätzlich zur Tischfräsmaschine im Tischlerhandwerk eingesetzt? (Nennen Sie auch Anwendungsbeispiele.)

Zusätzliche Fräsmaschinen sind

- die Oberfräsmaschine zum Graten und Nuten sowie zum Ausfräsen von Vertiefungen und von Formen nach Schablonen,
- die Zinkenfräsmaschine zur Herstellung von Zinkenverbindungen →

Fortsetzung der Antwort ⇒

- die Kettenfräsmaschine zum Ausfräsen rechteckiger Löcher, wie z. B. Zapfenlöcher oder Schlosskastenausfräsungen,
- die Kantenfräsmaschine zum exakten Ebenfräsen von Kanten.

6. Beschreiben Sie die Funktionsweise der Rahmen- und der Korpuspresse.

Rahmen- und Korpuspressen sind mit pneumatischen oder hydraulischen Druckzylindern ausgestattet. Sie ermöglichen ein zügiges und winkeltreues Zusammenpressen und Verleimen von Fenster- und Türrahmen bzw. Möbelkorpussen.

6.4 Arbeitsschutz und Unfallverhütungsvorschriften

1. Nennen Sie die Gefahrenquellen bei der Arbeit im Maschinenraum.

Neben der Verletzungsgefahr an Maschinen und Maschinenwerkzeugen stellen Holzstaub, Lärm und Elektrizität die wichtigsten Gefahrenquellen im Maschinenraum dar.

Hinzu kommen menschliches Fehlverhalten, Unordnung am Arbeitsplatz und verstellte Fluchtwege.

2. Wer darf an Holzbearbeitungsmaschinen arbeiten?

Holzbearbeitungsmaschinen dürfen nur von Volljährigen, die eine entsprechende Unterweisung erfahren haben, betrieben werden.

Sonderregelung während der Berufsausbildung: Auszubildende über 16 Jahren dürfen unter Aufsicht eines Fachkundigen zum Erlernen von Ausbildungsinhalten an Maschinen beschäftigt werden.

3. Was hat die Berufsgenossenschaft Holz und Metall (BGHM) mit dem Arbeitsschutz und den Unfallverhütungsvorschriften zu tun?

- Sie ist der Träger der gesetzlichen Unfallversicherung für Beschäftigte in holz- und metallverarbeitenden Betrieben. Im Schadensfall soll durch ihre Leistungen die Erhaltung oder Wiederherstellung der Erwerbsfähigkeit erreicht werden.
- Sie ist zuständig für die Aufstellung und Überwachung der Unfallverhütungsvorschriften.
- Sie überprüft Maschinen und Maschinenwerkzeuge der Holz- und Metallverarbeitung im Hinblick auf Arbeitssicherheit.
- Sie führt Kurse und Unterweisungen zur Sicherheit am Arbeitsplatz durch und leistet Aufklärungsarbeit zur Einhaltung von Sicherheitsregeln zur Vermeidung von Arbeits- und Wegeunfällen und Berufskrankheiten.

4. Welche Berufskrankheiten können bei unsachgemäßer Arbeit an Holzbearbeitungsmaschinen auftreten?

- Verursacht durch Stäube können Allergien, Erkrankungen der Atemwege und Krebs auftreten.
- Durch Lärm im Maschinenraum können unwiderrufliche Gehörschäden auftreten.
- Durch Unfälle an Maschinen treten schwere Verletzungen auf, die zur Invalidität führen können.

5. Warum und wie schützt man sich vor Maschinenlärm?

Maschinenlärm führt zu nicht heilbaren Gehörschäden, wenn man sich nicht schützt. Dies mindert die Lebensqualität und erschwert die Lebensführung erheblich.

Man schützt sich durch Gehörschutzkapseln oder Gehörschutzstöpsel. (Bei Stöpseln ist auf Hygiene zu achten.)

6. Ab welchem Schallpegel schreibt die Berufsgenossenschaft Gehörschutzmittel vor?

- Übersteigt der Schallpegel 85 dB (A), müssen vom Arbeitgeber Gehörschutzmittel zur Verfügung gestellt werden.
- Ab 90 dB (A) ist das Tragen von Gehörschutzmitteln Pflicht.

7. Beschreiben Sie die „sichere Kleidung“ für Arbeiten an Holzbearbeitungsmaschinen.

Bei der Arbeit an Holzbearbeitungsmaschinen sollten Sicherheitsschuhe und eine bequeme, aber eng anliegende Kleidung getragen werden. Armbanduhren, Ringe und Schmuckstücke sind abzulegen. Bei langen Haaren ist eine geeignete Kopfbedeckung unerlässlich. Ohne Gehörschutz darf an den Maschinen nicht gearbeitet werden.

8. Welche Verhaltensregeln sind bei der Arbeit im Maschinenraum und gegenüber Arbeitern an laufenden Maschinen zu beachten?

- sichere Kleidung tragen,
- Unfallverhütungsvorschriften einhalten,
- Rauchverbot,
- kein Alkohol oder sonstige Drogen,
- Reinigungs- und Putzarbeiten an Maschinen sowie Störungsbeseitigung nur vornehmen, wenn die Maschinen stillstehen,
- vor dem Verlassen des Arbeitsplatzes sind die Maschinen stets außer Betrieb zu setzen. Nicht einsatzbereite Maschinen müssen deutlich gekennzeichnet sein (z. B. durch Schild „Achtung – Maschine defekt!“).
- Arbeiter an laufenden Maschinen dürfen nicht von hinten angesprochen werden. Auch in dringenden Fällen ist zuerst der Augenkontakt zu suchen.

7 Holzverbindungen

1. Nennen Sie verschiedene Möglichkeiten für Längsverbindungen.

- Keilzinkenverbindung, die mithilfe spezieller Fräswerkzeuge hergestellt wird,
- Schichtverleimung (mehrere Bretter mit versetzten Stoßfugen),
- Schlitz-Zapfen-Verbindung,
- Überblattung mit geraden oder schrägen Brüstungen,
- Überblattung mit Schwalbenschwanz,
- Schäftung,
- Hakenblatt mit Keil.

2. Nennen und skizzieren Sie verschiedene Möglichkeiten für unverleimte Breitenverbindungen.

stumpfe Fuge mit Deckleiste

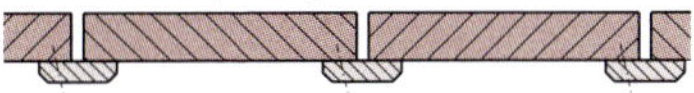

überluckte Fuge

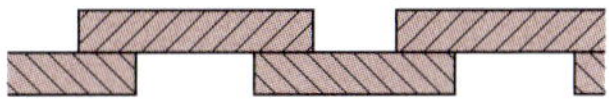

gespundete Fuge

überfälzte Fuge

gefederte Fuge

überschobene Schalung

3. Welche Brettseite wird bei unverleimten Breitenverbindungen zur Sichtseite gewendet? (Begründen Sie Ihre Antwort.)

In der Regel die rechte Brettseite. Sie hat eine schönere Textur. Außerdem kann den zu erwartenden Verformungen besser entgegengewirkt werden, indem man z. B. die lang gestreckten Jahrringe auf der linken Seite durch Nuten unterbricht. Nimmt man dagegen die linke Seite nach außen, werden durch das Hohlwerden der Bretter die Fugen zu sehr belastet oder Risse werden sichtbar.

(Ausnahmen: Bei Holzfußböden und Außenverkleidungen kann es sinnvoll sein, die linke Brettseite zur Sichtseite zu wenden, weil sich durch Abrieb oder Alterung auf der rechten Seite harte Jahrringteile von weichen lösen und absplittern können.)

4. Erläutern Sie verschiedene Varianten der verleimten Breitenverbindung.

Man unterscheidet

- die stumpfe Fuge,
- die Kronenfuge,
- die gedübelte Fuge,
- die gefederte Fuge (mit Federn aus verschiedenen Werkstoffen).

Die stumpfe Fuge erfordert zwar den geringsten Arbeitsaufwand. Sie hat aber gegenüber den anderen Formen den Nachteil, dass sich bei der Verleimung die Teile verschieben können und dass sie später nicht so stark belastet werden kann.

5. Welche Regeln sind bei der Herstellung von verleimten Breitenverbindungen zu beachten, damit sich das Schwinden und Quellen des Holzes nicht zu nachteilig auswirkt?

- Bei der Holzauswahl ist auf die Holzfeuchte zu achten.
- Die Verbindung sollte nur aus Seitenbrettern, nur aus Mittelbrettern oder nur aus Kernbrettern bestehen.
- Man verleimt immer Kern an Kern bzw. Splint an Splint.
- Breite Seitenbretter sind nur geeignet, wenn die Breitenverbindung durch eine zusätzliche Konstruktion, wie z. B. eine Gratleiste, gesichert wird.
- Seitenbretter können auch zu schmalen Streifen aufgetrennt und dann gestürzt verleimt werden.
- Bei Kernbrettern muss der Bereich um die Markröhre entfernt werden.

6. Nennen Sie Gründe für die Verleimregel „Kern an Kern! und Splint an Splint!“.

- Wird die Regel nicht eingehalten, treten nach einiger Zeit sichtbare Unebenheiten an der Leimfuge auf, da die zusammentreffenden Teile unterschiedlich schwinden und quellen. Die auftretenden Spannungen in der Leimfuge können auch dazu führen, dass die Verbindung nicht dauerhaft ist.
- Außerdem entsteht bei Missachtung der Regel ein unnatürliches Oberflächenbild, da helle Splintholzteile ohne Übergang an dunkles Kernholz anschließen.

7. Nach welchen Regeln wird eine Gratleistensicherung bei verleimten Breitenverbindungen hergestellt?

- Die Gratleiste ① sollte aus Hartholz sein.
- Bildet der Leistenquerschnitt ein stehendes Rechteck, können auch große Verformungskräfte der verleimten Breitenverbindung ② abgefangen werden.
- Liegende Gratleisten ③ müssen stehende Jahrringe haben, damit sie sich beim Schwinden nicht lockern.
- Die Gratnuttiefe ④ richtet sich nach den verwendeten Werkzeugen (Gratsäge bzw. Gratnutfräser). Maximal beträgt sie ein Drittel der Holzplattendicke.
- Zwischen Gratfeder und Nutgrund ist ein Spielraum (1 mm) zu berücksichtigen, damit die Gratleiste eingeschoben werden kann.
- Ein Mindestabstand ⑤ von 5 cm zur Flächenkante ist einzuhalten, damit das Vorholz nicht abschert.
- Die Winkel an den Nutwangen ⑥ und der Gratfeder sollen ca. 72° betragen.
- Gratnut und Gratfeder werden einseitig auf der zur Flächenkante abgewandten Seite ⑥ etwas verjüngt, damit die Gratleiste wie ein Keil in die Nut eingeschlagen werden kann.
- Eine zusätzliche Fixierung erfolgt nur an einer Stelle (z. B. Verleimung am Nutende), damit die Vollholzfläche ungehindert schwinden und quellen kann.

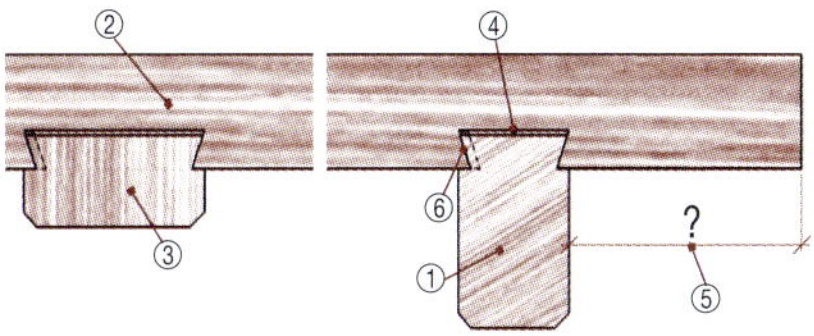

8. Erläutern Sie die Formsicherung verleimter Breitenverbindungen durch Hirnleisten.

Hirnleisten können bei schmalen Breitenverbindungen (Flächen unter 200 mm Breite) mit vergrößerter Leimfläche eingeleimt werden.

Bei breiteren Flächen kann die Verbindung z. B. durch einen verkeilten Zapfen erfolgen. Hierzu wird am Hirnende der Breitenverbindung ein Zapfen und rechts und links davon eine Zapfenfeder angebracht. Die Hirnleiste erhält die entsprechende Gegenform, also ein Zapfenloch und die zur Zapfenfeder passende Nut. Leim wird nur am Zapfen angegeben, um das Schwinden und Quellen der Breitenverbindung nicht zu behindern.

9. Wie können Eckverbindungen aus Vollholzteilen hergestellt werden und welche Regeln sind dabei zu beachten?

Man unterscheidet die genagelte, die gedübelte, die gefederte, die gezinkte und die T-förmige gegratete Eckverbindung. Außerdem gibt es lösbare Verbindungsbeschläge, die ein einfaches Zusammenbauen und Auseinandernehmen der Teile ermöglichen.

Regeln:

- Es darf nur Langholz mit Langholz oder nur Querholz mit Querholz verbunden werden.
- Gezinkte und gegratete Eckverbindungen sind nur bei Verbindungen von Querholz mit Querholz möglich.
- Bei Außenecken nimmt man die rechte Holzseite nach außen.

10. Nennen Sie Varianten der gefederten Vollholz-Eckverbindung.

Die gefederte Verbindung kann

- durch Nut-Feder-Verbindungen,
- durch angefräste Federprofile,
- durch eingesetzte Fremdfedern

gebildet werden.

Bei Fremdfedern handelt es sich um Querholzfeder, Federn aus Holzwerkstoffen, sowie vorgefertigte Kunststoff- , Winkel- oder Formfedern.

11. Wie bestimmen Sie die Maße im Falle einer Eckverbindung durch Nut und Feder?

Die Maße richten sich nach der Holzdicke (D).

- Federstärke: bis maximal 1/3 D,
- Nuttiefe: etwa 4/10 D.

Technologie

12. Wie wird eine gefederte Eckverbindung auf Gehrung ausgeführt?

Bei Eckverbindungen auf Gehrung verwendet man Winkelfedern oder Fremdfedern.

Letztere ordnet man relativ dicht an der Innenkante an. So können Federn mit ausreichender Breite verwendet werden und die Forderung wird eingehalten, zwischen Nut und Holzaußenfläche mindestens ein Drittel der Holzstärke stehen zu lassen.

13. Beschreiben Sie die gegrateten Kastenverbindungen.

Gratverbindungen eignen sich für Vollholzteile, die T-förmig miteinander verbunden werden. Sie werden wie Gratleistenverbindungen hergestellt, können aber durchgehend verleimt werden, da Querholz auf Querholz stößt.

Die so genannte einseitige Gratung ist eine vereinfachte Variante bei der Verbindung von Zwischenböden mit Korpusseiten.

14. Welche Varianten der gezinkten Eckverbindung kennen Sie?

- Die einfache oder offene Zinkung,
- die halb verdeckte Zinkung, bei der nur das Hirnholz des Zinkenteils frei bleibt,
- die allseitig verdeckte Gehrungszinkung (heute nicht mehr üblich),
- die Zierzinkung (verschiedenartige Abwandlung der einfachen und halb verdeckten Zinkung),
- die Schrägzinkung und die Trichterzinkung (Sonderfälle),
- die Fingerzinkung (im Gegensatz zu allen anderen Varianten keine formschlüssige Verbindung).

15. Nach welchen Regeln erfolgt die Zinkeneinteilung?

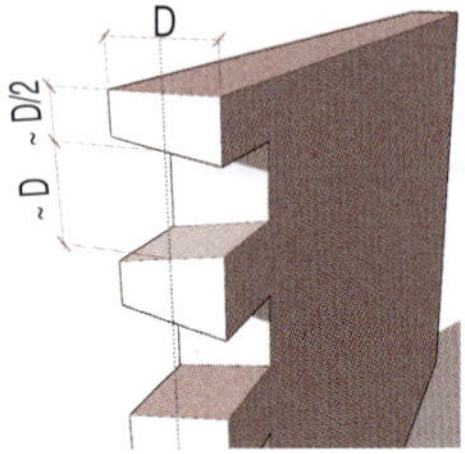

Die Einteilung richtet sich nach der Holzdicke (D). Daraus folgt:

- mittlere Schwalbenbreite ≅ D,
- mittlere Zinkenbreite ≅ D/2,

Bestimmung der Schwalbenanzahl:

- entweder mit Zinkenschablone und Augenmaß oder nach Formel:

$$\text{Schwalbenanzahl} = \frac{\text{Holzbreite}}{1{,}5 \cdot \text{Holzdicke}} \quad \text{(gerundet)}$$

- Zinkenanzahl = Anzahl der Schwalben + 1 Randzinken,
- Zinkenschräge: etwa 80°.

16. Verdeutlichen Sie anhand einer Skizze, wie Sie die Zinkeneinteilung für eine halb verdeckte Zinkung durchführen. (Maße der Hirnholzfläche: 100 x 18)

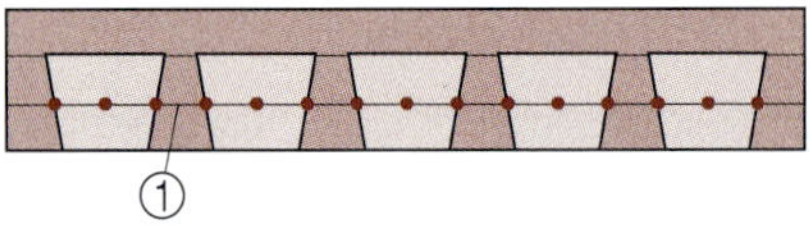

- Schwalbenanzahl: 5 (nach Augenmaß oder Formel bestimmt),
- Zinkenanzahl: 6,
- Einteilung der Schwalben-Mittellinie ① in 16 Teile (für jede Schwalbe zwei Teile und für jeden Zinken einen Teil),
- mit einer Schmiege oder einem ähnlichen Werkzeug werden die Zinkenschrägen angerissen.

17. Nennen Sie verschiedene Rahmeneckverbindungen und Möglichkeiten der Gestaltung.

Die Teile werden so verbunden, dass sich eine Gehrungsfuge oder eine gerade Fuge bildet. In der Regel gehen die aufrechten Rahmenhölzer durch.

Verbindungsmöglichkeiten: geschlitzt, gestemmt, gedübelt, gefedert (z. B. mit Formfeder), gefräste Keilzinken, Überblattung (bei geringen Festigkeitsanforderungen), Verbindung mit eingestanzten Spezialverbindern, Verbindung mit Schrauben oder Beschlägen.

18. Worauf ist bei der Holzauswahl für die Rahmenherstellung zu achten?

- Kein drehwüchsiges Holz,
- möglichst astfreies Holz,
- Holz mit geradem Faserverlauf,
- ausreichend trockenes Holz (Verwendungsfeuchte beachten!),
- das Holz ist so auszuwählen, dass daraus Rahmenhölzer mit stehenden Jahrringen ausgehobelt werden können.

19. Skizzieren Sie verschiedene Varianten der Schlitz-Zapfenverbindung (Draufsicht).

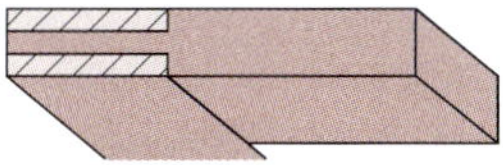

einfache Schlitz-Zapfenverbindung

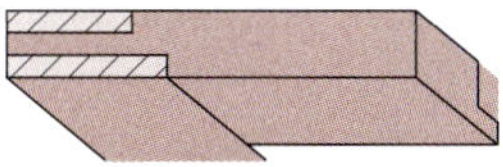

Schlitz-Zapfenverbindung mit großem Innenfalz

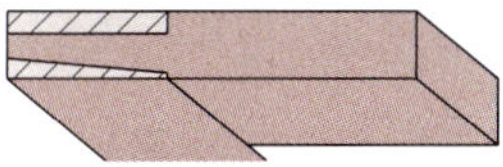

Keilschlitz-Zapfenverbindung

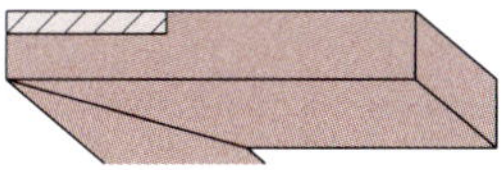

Schlitz-Zapfenverbindung – einseitig auf Gehrung

20. Begründen Sie, in welchen Fällen anstelle einer geschlitzten Rahmeneckverbindung eine gestemmte oder gedübelte anzufertigen ist.

Bei Rahmenholzbreiten über 60 mm, wie z. B. bei Innentürrahmen, ist die geschlitzte Rahmeneckverbindung nicht fachgerecht. Durch das Arbeiten des Holzes würden zu große Spannungen an der Verbindung auftreten, da viel Langholz auf Querholz trifft.

21. Skizzieren und benennen Sie verschiedene Möglichkeiten des Füllungseinbaus in Rahmen.

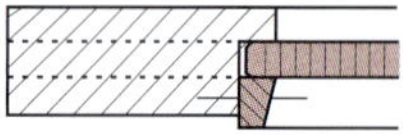

Füllung im Rahmenfalz eingelegt und einseitig verleistet

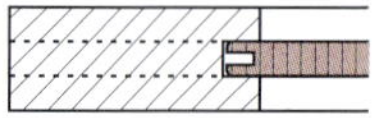

eingenutete Füllung

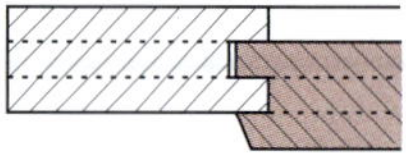

überschobene Füllung

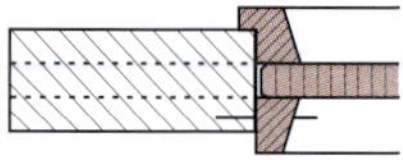

beidseitig verleistete Füllung (eine Leiste verleimt)

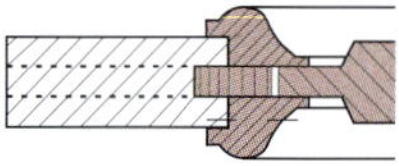

beidseitig verleistete Füllung in breiten Kehlstäben

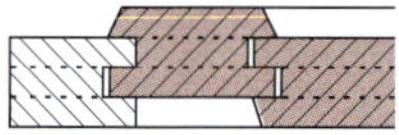

überschobene Füllung mit zusätzlichem Kehlstoßrahmen

22. Skizzieren Sie eine gestemmte Stollen-Zargenverbindung in der Vorderansicht und Draufsicht. Benennen Sie die Teile und geben Sie an, wovon die Festigkeit der Verbindung abhängt.

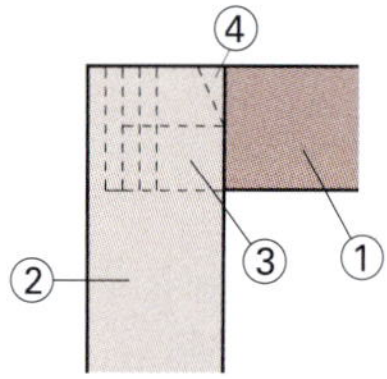

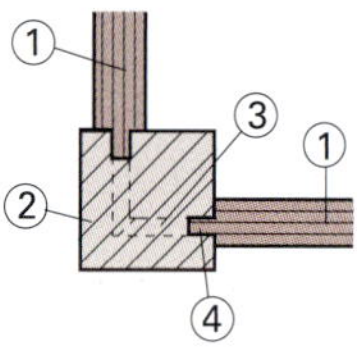

→

Fortsetzung der Antwort ⇒

Teile:

Zarge ①, Stollen ②, Zapfen ③, Nutzapfen (Zapfenfeder) ④

Die Festigkeit der Verbindung hängt ab von

- der Passgenauigkeit,
- der Zapfenlänge.

Eine möglichst große Zapfenlänge erziehlt man, indem

- die Zargen möglichst weit außen an den Stollen angeordnet werden,
- die Nutzapfen abgeschrägt werden,
- die Zapfen auf Gehrung geschnitten werden. (Zwischen den Zapfenenden muss ein Spielraum von etwa 3 mm berücksichtigt werden.)

23. Verbindungen werden in der Regel mit einem Spielraum („Luft") angefertigt. Warum ist bei den gezeigten Beispielen dieser Spielraum erforderlich?

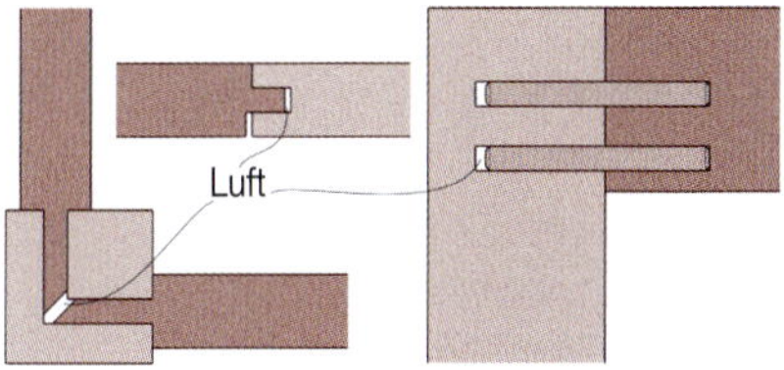

Ohne den Spielraum könnte man die Sichtfugen oft nicht dicht pressen.

Durch späteres Schwinden und Quellen der Teile würden sich dichte Sichtfugen wieder öffnen.

8 Möbelbau

8.1 Möbelbauarten und Möbelgestaltung

1. Welche Möbelbauarten unterscheidet man?

Man unterscheidet
- die Brettbauweise,
- die Rahmenbauweise,
- die Stollenbauweise,
- die Plattenbauweise.

2. Nennen Sie die wesentlichen Kennzeichen der Möbel in Brettbauweise.

Die einzelnen Möbelteile werden aus verleimten oder unverleimten Brettern gefertigt. Typisch sind formschlüssige Verbindungen wie die Zinkung, die Gratung und verkeilte Zapfen. Durch sie kann die Formänderung der Einzelteile – nicht aber ihre Maßänderung – verhindert werden.

Möbel in Brettbauweise wirken rustikal. Ihr optischer Reiz wird durch das Holzbild und die sichtbaren Holzverbindungen bestimmt.

3. Wann spricht man bei Möbelkonstruktionen von der Rahmenbauweise?

Bei der Rahmenbauweise bestehen die einzelnen Möbelteile wie Türen, Korpusseiten usw. aus Rahmen mit Füllungen. Die Rahmen werden geschlitzt, gedübelt oder gestemmt. Füllungen können aus Vollholz, Holzwerkstoffen oder anderen Materialien wie z. B. Glas sein.

4. Nennen Sie einige Vorteile der Rahmenbauweise gegenüber der Brettbauweise.

Die Rahmenbauweise ist im Vergleich zur Brettbauweise
- maß- und formstabiler, da sich das Arbeiten des Holzes kaum auswirkt,
- materialsparender und leichter, da Füllungen aus dünneren und leichteren Materialien hergestellt werden,
- sie bietet einen größeren Gestaltungsspielraum (z. B. durch die Wahl unterschiedlicher Füllungswerkstoffe).

5. Woran erkennt man die Stollenbauweise?

Kennzeichnend sind die durchgehenden Stollen an den Seiten, die zugleich als Möbelfüße dienen. Die Möbelfronten werden häufig durch Traversen unterteilt oder man verbindet die Stollen, wie z. B. im Fall von Tischen und Fußgestellen, durch Zargen und Stege.

Korpusteile werden direkt mit den Stollen verbunden oder die Stollen sind senkrechte Verlängerungen der als Rahmen gebauten Seitenwände.

6. Was versteht man bei Möbeln unter der Plattenbauweise?

Bei der Plattenbauweise werden die einzelnen Möbelteile aus Holzwerkstoffplatten hergestellt. Die Platten erhalten in der Regel einen Kantenschutz (Um- oder Anleimer) und werden beidseitig mit Kunststoff oder Furnier beschichtet. Sie arbeiten im Vergleich zu Vollholz nur geringfügig.

Als Korpusverbindungen sind neben lösbaren Verbindungsbeschlägen alle Varianten geeignet, die die Leimfläche vergrößern, eine Fixierungshilfe beim Zusammenbau darstellen und rationell herzustellen sind.

7. Welche Überlegungen stehen bei der Gestaltung von Möbeln im Vordergrund?

- Überlegungen zum Zweck des Möbels (Bsp.: Welche Grundform, welche Maße, Werkstoffe, Oberflächenbeschichtungen und Beschläge kommen infrage um den Zweck zu erfüllen?),
- Überlegungen zur Funktionalität (Bsp.: Welche Anforderungen oder Wünsche werden an die Lage und Führung von Schubkästen, die Standsicherheit, die Beweglichkeit des Möbels gestellt?),
- Überlegungen zur Formschönheit (Bsp.: Wie erzielt man schöne Flächenproportionen, eine gelungene Abstufung der Einzelteile, ansprechende Profilformen?).

8. Wie werden die Maße eines Möbels festgelegt?

Sie werden in erster Linie von den durchschnittlichen Körpermaßen des Menschen und den Bedarfsmaßen, d. h. der Größe und Menge der aufzubewahrenden Gegenstände abgeleitet. Durch harmonische Maßverhältnisse werden ansprechende Abstufungen und Flächengliederungen erzielt.

Eine Rolle spielen auch die Größe der Stellflächen am Aufstellungsort, Durchgangsbreiten bei Türen und Treppenhäusern sowie Transportmöglichkeiten.

9. Welche Mindestmaße sollte der Tisch in einer Ferienwohnung haben und welche Sitzhöhe ist für die Stühle üblich?

Tisch (Länge / Breite / Höhe): 1400 / 800 / 750 (mm)

Stuhl (Sitzhöhe): 420 – 460 mm

10. Wie können harmonische Flächenproportionen (Verhältnis der Breite zur Länge) bestimmt werden?

Ausgehend von dem neutralen Quadratmodul ① können so genannte goldene Rechtecke gebildet werden, wie z. B.

- das Rechteck ② mit dem Seitenverhältnis 1 : 1,5,
- der goldene Schnitt ③ (Breite : Länge = 1 : 1,618),
- das Doppelquadrat ④ (Breite : Länge = 1 : 2).

Auch die Vervielfachung des Quadratmoduls ergibt gute Proportionen. Beispiel Doppelquadrat mit dem Seitenverhältnis 1 : 2.

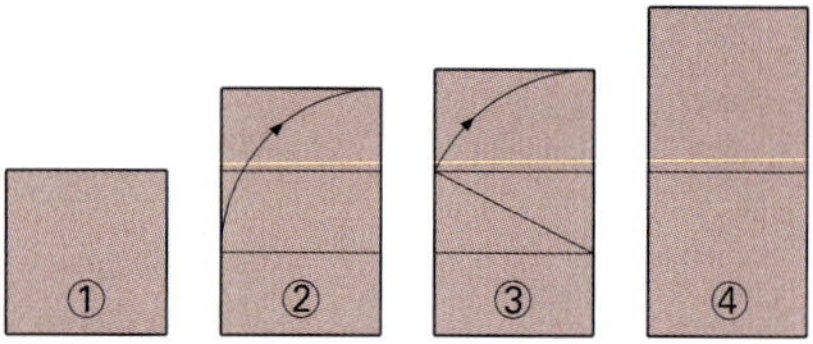

8.2 Möbelteile

8.2.1 Korpusbau

1. Nennen Sie die Einzelteile, aus denen sich ein typisches Korpusmöbel zusammensetzt.

Korpus besteht aus
- Seiten,
- Ober und Unterboden,
- Platte,
- Rückwand.

Inneneinteilung besteht aus
- Konstruktionsböden,
- Zwischenböden,
- Laufrahmen,
- Mittelseiten.

Den vorderen **Korpusabschluss** bilden
- Dreh- oder Schiebetüren,
- Klappen,
- Rollläden,
- Schubkastenvorderstücke.

Tragende Möbelteile sind
- Zargengestell,
- Sockelrahmen,
- Füße,
- Rollen.

2. Skizzieren und benennen Sie vier typische Korpusverbindungen bei der Brettbauweise.

Typisch sind formschlüssige Verbindungen wie z. B.:

die offene Zinkung

die halb verdeckte Zinkung

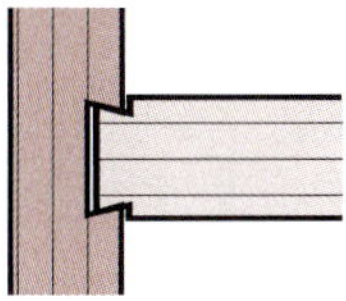
die Gratung

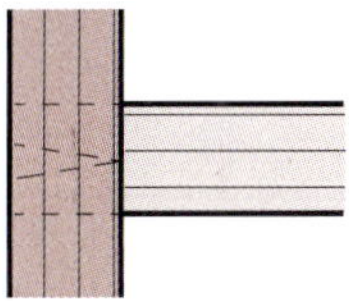
verkeilte Fingerzapfen

3. Im Innenraum von Korpusmöbeln werden oft Führungen für Schubkästen oder Trageleisten für Fachböden befestigt. Welche Besonderheit ist dabei im Falle der Brettbauweise zu beachten?

Schubkastenführen und Leisten sind so anzubringen, dass das Schwinden und Quellen der Korpusseiten nicht behindert wird. Diese Bedingung erfüllen zum Beispiel eingegratete Leisten.

Werden die Leisten angeschraubt, müssen am hinteren Ende die Schrauben durch Langlöcher geführt werden. Die Leisten anzuleimen, wäre falsch.

4. Skizzieren und benennen Sie vier typische Korpusverbindungen der Plattenbauweise.

Typisch sind rationelle Verbindungen wie z. B.:

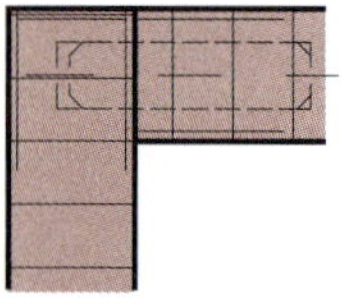

stumpf gedübelte Eckverbindung

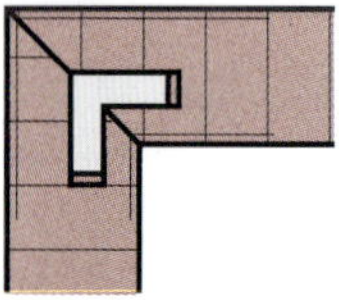

Eckverbindung auf Gehrung mit Winkelfeder

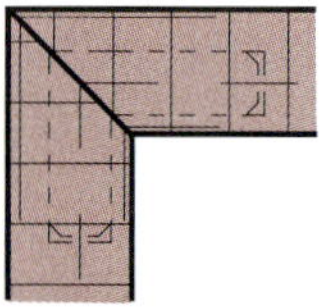

Eckverbindung auf Gehrung mit Winkeldübeln

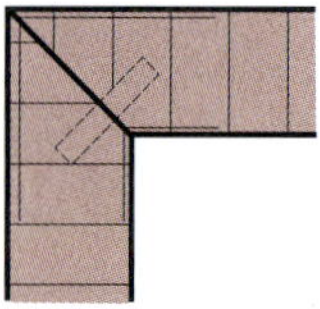

Eckverbindung auf Gehrung mit Formfedern (Flachdübel)

5. Nennen Sie Beispiele für Verbindungsbeschläge und geben Sie an, in welchen Fällen sie beim Möbelbau verwendet werden.

Hierzu zählen z. B.

- Verbindungswinkel,
- Verbindungsschrauben mit Quermutterbolzen,
- Exzenterverbinder,
- Trapezverbinder.

Man verwendet sie insbesondere bei der Herstellung von Systemmöbeln. Korpusse können in Einzelteile zerlegt transportiert und beim Kunden in kurzer Zeit montiert und später wieder demontiert werden. In der Regel unterstützen zusätzliche Dübel die mechanische Festigkeit der Verbindungen. Der Arbeitsschritt der Verleimung entfällt.

6. Feste Konstruktionsböden werden bei der Plattenbauweise auch mit Hilfe von Korpusverbindern befestigt. Die Abbildung zeigt zwei Beschlagvarianten. Wie wirkt sich die Wahl der Beschlagsvariante auf den Möbelzusammenbau aus?

Bei Variante A darf der Korpus noch nicht verbunden sein, da die Böden mit den seitlichen Schmalflächen auf die Verbindungsbolzen geschoben werden. Bei Variante B werden die Böden in den bereits zusammengebauten Korpus von oben auf die Bolzen gedrückt.

Bei beiden Varianten wird die Endfestigkeit durch Drehen des Exzenters erreicht.

Variante A

Variante B

7. Wie werden Einlegeböden im Möbelkorpus getragen?

- Sie werden lose auf Bodenträger aufgelegt, die eingeschraubt oder in Bohrungen oder Lochschienen eingesteckt werden.
- Reihenbohrungen in den Seiten oder eingelassene Lochschienen ermöglichen das Verstellen der Einlegeböden.
- Zeitaufwändiger ist die Herstellung der früher üblichen Lagerung auf Trag- und Zahnleisten.

8. Was ist bei der Werkstoffwahl für Einlegeböden zu beachten?

Einlegeböden können aus Vollholz, Holzwerkstoffplatten oder anderen Werkstoffen wie z. B. Glas hergestellt werden.

Für die Werkstoffwahl ist die zu erwartende Belastung bzw. Durchbiegung bei der späteren Nutzung entscheidend. Bei losen Einlegeböden ist die Durchbiegung fast fünfmal größer als bei festen Konstruktionsböden. Maximal darf sie nur 1/300stel der Stützweite sein. Diese Forderung ist z. B. bei Verwendung von STAE-Platten eher erfüllbar als bei Verwendung von Spanplatten.

9. Was versteht man unter Konstruktionsböden und an welchen Stellen eines Möbels sind sie erforderlich?

Konstruktionsböden sind fest mit den Seiten verbundene Fachböden. Sie sind für die Stabilität des Möbels erforderlich, um bei hoch gestreckten Möbeln eine seitliche Aufbiegung zu verhindern. Sie begrenzen Korpuszonen, die für Schubkästen vorgesehen sind oder durch Türen bzw. Klappen geschlossen werden. Auch Ober- und Unterböden können als Konstruktionsböden bezeichnet werden.

10. Welche Funktionen erfüllen Möbelrückwände?

Sie bilden den rückwärtigen Abschluss eines Möbels, steifen den Korpus aus und halten ihn im Winkel.

11. Skizzieren und benennen Sie drei Möglichkeiten für die Gestaltung und den Einbau von Rückwänden.

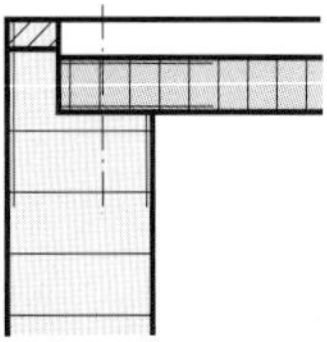

① in einen Falz der Seiten und Böden gelegt und festgeschraubt

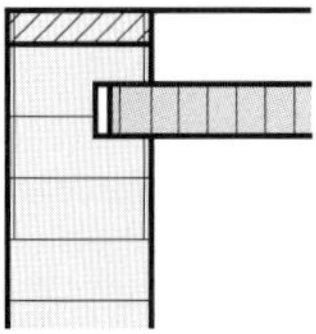

② in genutete Seiten eingeschoben oder beim Zusammenbau eingenutet

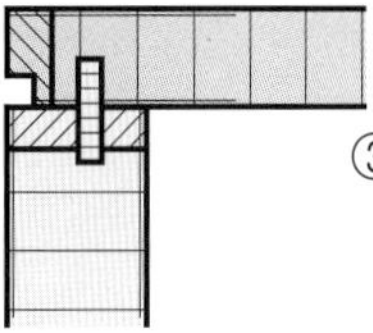

③ auf die Korpusseiten aufgesetzte Rückwand

12. Durch welche Möbelteile kann ein Korpus getragen werden? Nennen Sie sechs Möglichkeiten.

Möglich sind
- ein Sockelrahmen,
- Einzelfüße,
- Rollen,
- ein Fußgestell (Stollen, die durch Zargen und evtl. auch durch Stege verbunden sind),
- ein Traggestell (offener oder geschlossener Rahmen),
- durchgehende Stollen,
- Wangen (durchgehende Korpusseiten).

8.2.2 Schubkästen

1. Skizzieren Sie einen Schubkasten mit Aufdopplung im Frontal-, Horizontal- und Vertikalschnitt. Benennen und kennzeichnen Sie die Einzelteile.

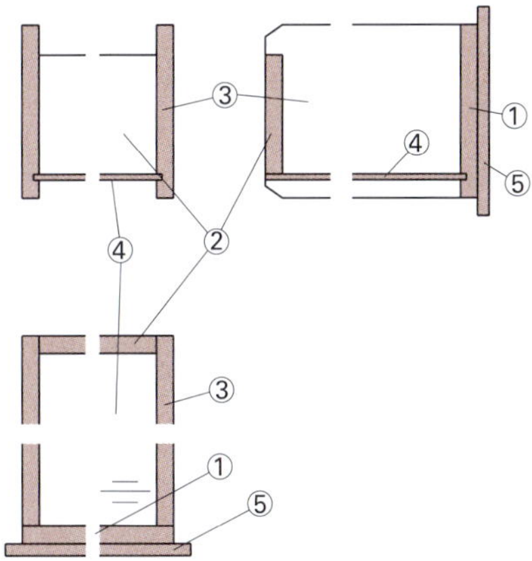

Der Schubkasten setzt sich zusammen aus:

① dem Vorderstück,

② dem Hinterstück,

③ den Seiten,

④ dem Boden

⑤ der Aufdopplung.

2. Welche Punkte sind bei der Anfertigung von Schubkastenseiten aus Vollholz zu beachten und wie können sie mit dem Vorderstück verbunden werden?

- Die Seiten sollten aus Hartholz gefertigt werden oder man leimt an der Seitenunterkante eine Hartholzleiste an.
- Die abriebfestere rechte Seite der Teile sollte nach außen zeigen.
- Nuten zur Aufnahme des Bodens sollten nicht tiefer als 4/10tel der Materialstärke sein. Sie liegen bei gezinkten Schubkästen in Höhe der unteren Schwalbe.

Die Verbindung mit dem Vorderstück erfolgt durch offene oder halb verdeckte Zinkung, Gratung, Dübelung, Nut und Feder.

3. Aus welchen Gründen sind Schubkastenhinterstücke in der Regel schmaler als die Seiten?

Einerseits kann dadurch der Schubkastenboden nach dem Verleimen des Kastens in die vorgesehene Nut eingeschoben werden und andererseits kann sich durch die 6 bis 8 mm niedrigere Oberkante des Hinterstücks beim Einschieben des Schubkastens kein Luftpolster bilden.

4. Welche Höhenmaße berücksichtigen Sie beim Entwurf eines Einbauschranks für die Lage der Schubkästen, damit diese leicht erreichbar sind?

Damit man in den Schubkasteninhalt noch hineinsehen kann, sollte die Oberkante nicht höher als 1,35 m liegen.

Unten angeordnete Schubkästen sollten bei Schränken aus der Hocke oder bei Schreibtischen aus der Sitzposition gut erreichbar sein. Der unterste Greifbereich im Sitzen liegt bei etwa 300 mm. Tiefer liegende Schubkästen sind unbequem.

5. Nennen Sie drei fachgerechte Schubkastenführungen.

Klassische Führung: bestehend aus Lauf-, Streich- und Kippleisten.

Hängende Führung: durch Führungsleisten, die an den Korpusseiten oder z. B. unter einer Platte befestigt werden (und in die genuteten Seiten fassen).

Mechanische Führung: aus Beschlagteilen, die eine Führung auf Laufrollen oder Kugellagern als Teil- oder Vollauszug ermöglichen.

6. Wie wird bei der klassischen Führung die Bewegungsmöglichkeit des Schubkastens in der Korpustiefe begrenzt?

Sie erfolgt durch Stoppklötze oder Stoppleisten, die so angebracht werden, dass die Schubkastenseiten mit ihren hinteren Kanten auf sie aufstoßen. Die dabei auftretenden Geräusche bleiben gering, wenn der Stoppklotz keinen Kontakt mit der Möbelrückwand hat und wenn Kork- oder Filzauflagen aufgeleimt werden.

7. Wie kann die Lage des Schubkastenvorderstücks zur Möbelfront auf die Anschlagart der Möbeltüren abgestimmt werden? Verdeutlichen Sie vier Möglichkeiten anhand von Vertikalschnittskizzen.

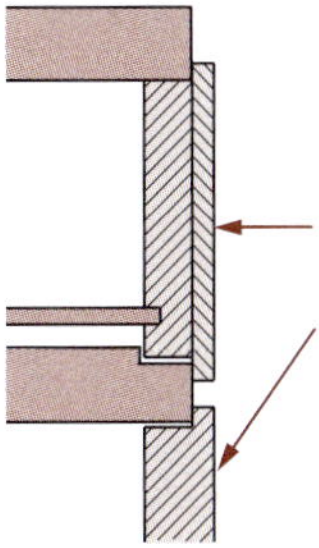

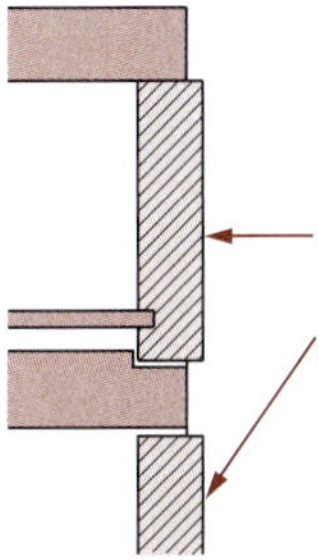

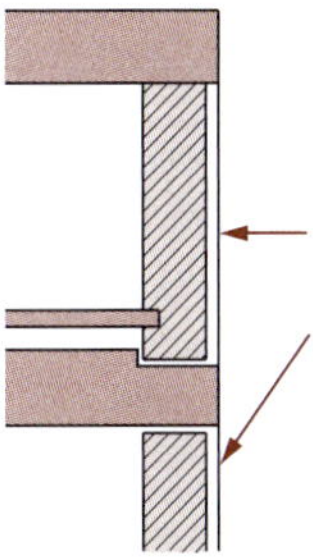

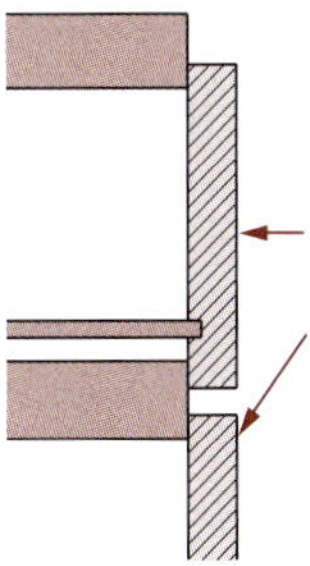

8. Verdeutlichen Sie anhand einer Vertikalschnittskizze die Einzelteile einer klassischen Schubkastenführung im Korpus und geben Sie die ungefähre Länge der Führungsteile an.

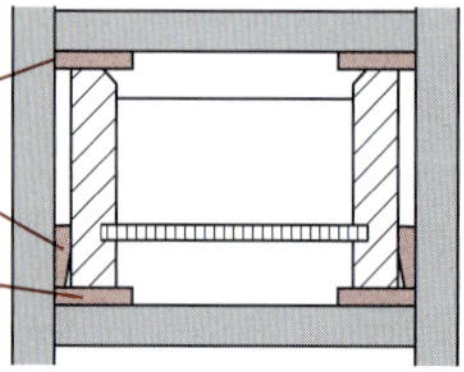

① Laufleiste / Leistenlänge = Kastentiefe
② Streichleiste / Leistenlänge = 2/3tel der Kastentiefe
③ Kippleiste / Leistenlänge = 2/3tel der Kastentiefe

9. Verdeutlichen Sie anhand einer Zeichnung, wie bei einem Schubkasten mit schrägem Vorderstück die Zinkeneinteilung einer halb verdeckten Zinkung vorzunehmen ist. Stellen Sie auch die Lage des Schubkastenbodens dar.

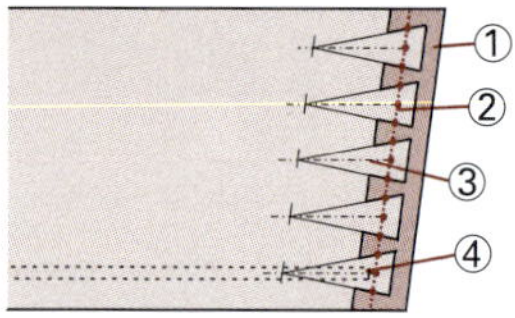

① Das „Verdeck" sollte $^1/_3$ der Holzdicke betragen.

② Die Schwalben-Mittellinie wird in gleich große Teile unterteilt, wobei für jede Schwalbe zwei und für jeden Zinken ein Teil umzusetzen sind.

③ Die Schwalbenachse muss parallel zur Holzfaser laufen.

④ Die Nut für den Schubkastenboden im Vorderstück wird durch die erste Schwalbe des Seitenteils abgedeckt.

10. Welche Vorteile haben mechanische Schubkastenführungen im Vergleich zur klassischen Führung?

- Sie haben langfristig eine hohe Funktionssicherheit, da die Führungsteile nicht aus Holz sondern aus Metall sind.
- Sie sind leichtläufiger durch besondere Führungssysteme wie z. B. Rollen- oder Kugelauszugsführungen.
- Sie eignen sich für Schubkästen, die schwere Belastungen aufnehmen sollen. Die Hersteller geben hierzu entsprechende Hinweise.
- Sie eignen sich für Schubkästen, die breiter als tief sind.
- Sie können als Vollauszüge ausgelegt sein.
- Sie können Zusatzfunktionen haben, wie z. B. für griffloses Öffnen, für geräuschloses und selbständiges Schließen.
- Die Montage ist schnell und zeitsparend.
- Sie können Justiermöglichkeiten haben (z. B. Höhenverstellung).

11. Auf welche Besonderheiten ist bei der Planung von Innenschubkästen hinter Möbeltüren zu achten?

- Innenschubkästen sind durch die Wahl und Anordnung der Führungselemente so einzupassen, dass sie bei 90°-Stellung der Tür ausziehbar sind.
- Um den Innenraum möglichst optimal zu nutzen, haben sie in der Regel keine vorstehenden Griffe, sondern Griffmuscheln, Hängegriffe oder Grifflöcher.
- Das Vorderstück kann niedriger gehalten werden als die Seiten, um es als Griff zum Öffnen zu benützen. Man spricht dann von einem englischen Zug.

12. Listen Sie die Informationen auf, die Sie der abgebildeten Schnittdarstellung entnehmen können.

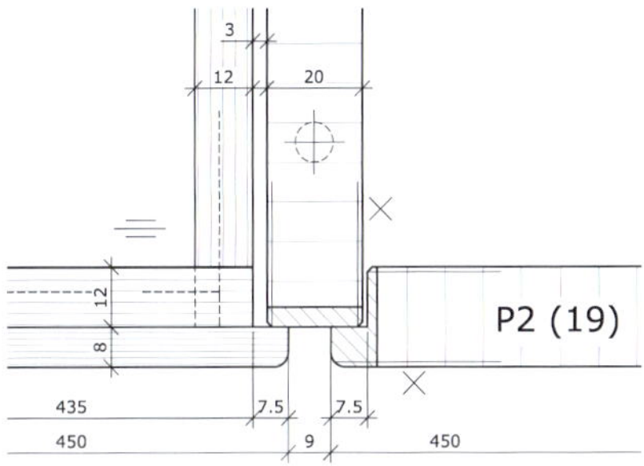

Teilhorizontalschnitt durch eine Möbelzwischenwand – links davon befindet sich ein Schubkasten, rechts davon eine Tür.

- Zwischenwand, beidseitig furniert mit vertikalem Faserverlauf und überfurniertem Anleimer, mit Korpusboden verdübelt;
- Vollholzschubkasten mit Seiten (12 mm dick), Vorderstück (12 mm dick, 435 mm lang), Aufdopplung (8 mm dick, 450 mm lang, Kanten gerundet), Seiten mit Vorderstück gezinkt, eingenuteter Boden mit Faserverlauf parallel zum Vorderstück, Spielraum für Streichleiste 3 mm;
- Türblatt aus Spanplatte (19 mm dick, 450 mm breit, Kanten gerundet), beidseitig furniert mit senkrechtem Faserverlauf, überfurnierte Vollholzanleimer, überfälzter Anschlag, Falzmaße wie am Schubkasten;
- 9 mm Fuge zwischen Türblatt und Schubkastenfront.

8.2.3 Möbeltüren

1. Welche Anschlagarten unterscheidet man bei Drehtüren nach ihrer Lage zur Korpusfront?

Man unterscheidet

- aufschlagende Türen,
- einschlagende Türen (z. B. frontbündig, zurückspringend, vorspringend),
- überfälzte Türen (z. B. an Korpusseite, an Beistoßleiste).
- hinterschlagende Türen (z. B. hinter einer Lisene),
- auf Gehrung angeschlagene Türen (z. B. an Korpusseite, an Beistoßleiste).

2. Veranschaulichen Sie durch Skizzen sechs verschiedene Anschlagmöglichkeiten für Drehflügeltüren. (Skizzen: Horizontalschnitte durch Seite und Tür.)

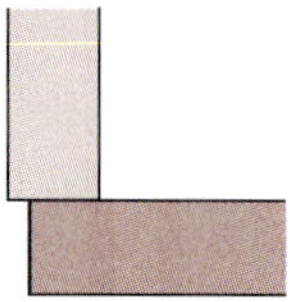

aufschlagende Tür

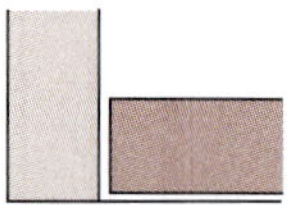

einschlagende Tür (zurückspringend)

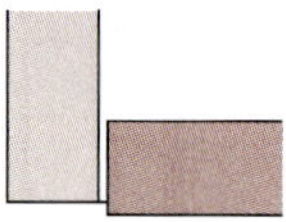

einschlagende Tür (vorspringend)

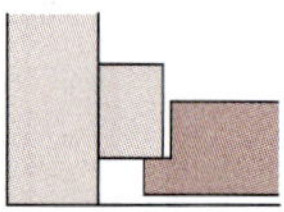

überfälzte Tür an Beistoßleiste

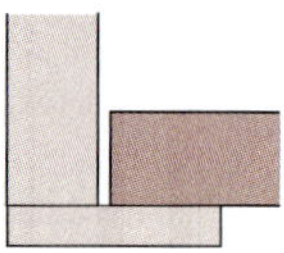

hinterschlagende Tür (z. B. hinter Lisene)

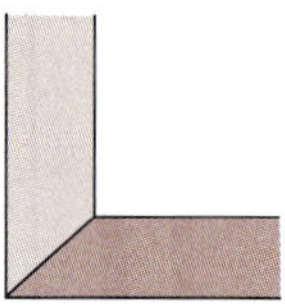

auf Gehrung aufschlagende Tür

3. Warum raten erfahrene Tischler davon ab, einschlagende Türen mit der Korpusfront bündig anzuordnen?

Bei dieser Anordnung treten geringste Ungenauigkeiten, die bei handwerklicher Fertigung kaum vermeidbar sind oder durch das Arbeiten des Holzes verursacht werden, sichtbar hervor. (Betont man aber die Fugenübergänge z. B. durch Schattennuten, fallen diese Ungenauigkeiten weniger auf.)

4. Drehbeschläge für Möbeltüren bezeichnet man als Bänder oder Scharniere. Erläutern Sie den Unterschied und führen Sie jeweils einige Beispiele auf.

Bänder sind aushängbare Drehbeschläge, die aus Stift- und Lochteil bestehen.

Hierzu zählen:

- Zylinderbänder mit Lappen (erhältlich mit unterschiedlichen Kröpfungen),
- Zylinderbänder mit Einbohrzapfen,
- Zapfenbänder,
- Einstemmbänder (Fitschen).

Scharniere sind nicht aushängbare Drehgelenke.

Hierzu zählen:

- Kurzscharniere,
- Stangenscharniere,
- Topfscharniere.

5. Aus welchen Einzelteilen bestehen Zylinderbänder? Wo werden die Teile befestigt und woran erkennt man ob es sich um ein Rechts- oder Linksband handelt?

Die Bänder bestehen aus dem Stiftteil, das am Möbelkorpus befestigt wird und aus dem Lochteil, das am Türblatt befestigt wird. Letzteres wird auch Türflügelteil oder Türlappen genannt.

Bei einigen Ausführungen kommt ein Laufring hinzu, der den Beschlag leichtgängiger macht und optisch aufwertet.

Zeigt das Türflügelteil wie abgebildet nach links, handelt es sich um ein Linksband.

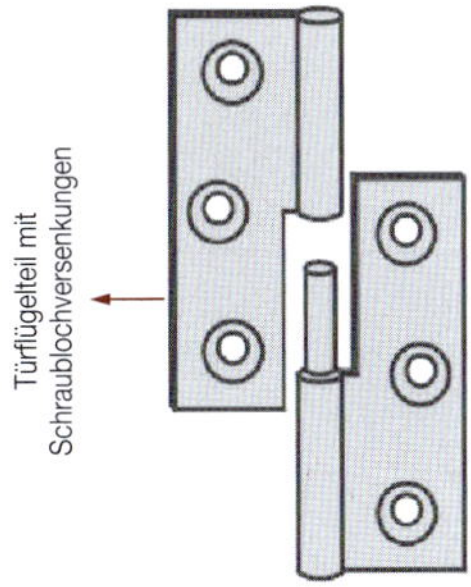

6. Führen Sie fünf unterschiedliche Zylinderbandtypen auf (handelsübliche Bezeichnungen der Form) und veranschaulichen Sie ihre Verwendung beim Anschlagen von Drehtüren durch Skizzen (Horizontalschnitte durch Seite und Tür).

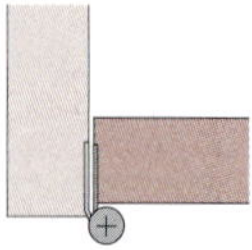

Form B
für einschlagende,
zurückspringende Türen

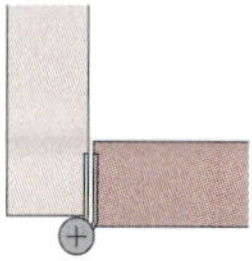

Form C
für einschlagende,
vorspringende Türen

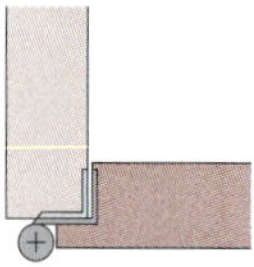

Form D
für überfälzte Türen

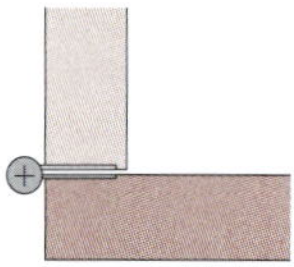

Form A
für stumpf aufschlagende
korpusbündige Türen oder für
frontbündig einschlagende Türen

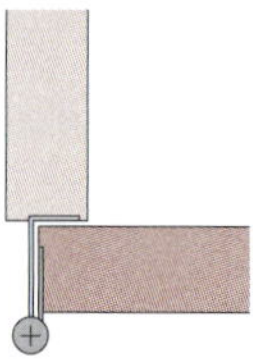

Form L
für stumpf aufschlagende Türen

7. Damit Möbeltüren langfristig problemlos schließen, ist eine hohe Form- und Maßstabilität gefordert. Wie erreichen Sie dies bei den verschiedenen Möbelbauarten?

- Plattenbauweise: Die meisten Plattenwerkstoffe sind geeignet, weil sie ausreichend form- und maßstabil sind. Eine Ausnahme ist z. B. Furniersperrholz (Multiplex), das sich verziehen kann.
- Rahmenbauweise: Die Rahmenhölzer müssen stehende Jahrringe und eine ausreichende Dicke haben.
- Brettbauweise: Das Türblatt besteht aus einzelnen Brettern, die unverleimt verbunden werden. Gratleisten oder Einfassleisten stabilisieren die Form. Punktweise Fixierungen der Bretter an diesen Leisten stabilisieren die Außenmaße der Tür und ermöglichen gleichzeitig das Schwinden und Quellen der einzelnen Bretter.

8. Bei einer Arbeitsbesprechung werden die beiden rechts dargestellten Varianten eines Möbeltüranschlags diskutiert. Vergleichen Sie beide Varianten und führen Sie die jeweiligen Vor- und Nachteile auf.

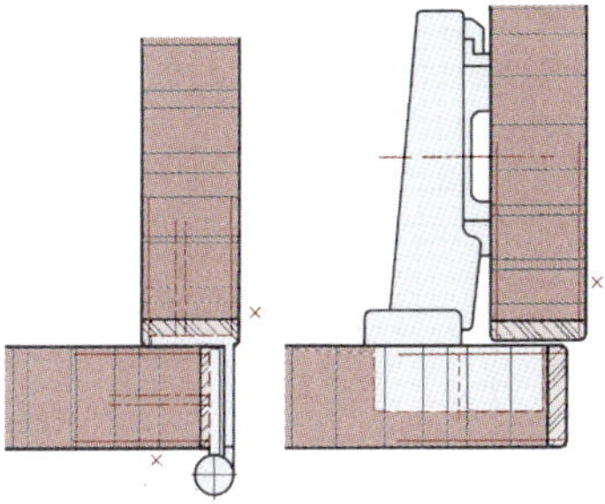

links: Zylinderband – Form L

Vorteil: sehr großer Öffnungswinkel (270°)

Nachteile: erfordert mehrere Handarbeitsschritte zur exakten Beschlagsmontage; keine Justiermöglichkeit; Türdicke und Beschlag müssen zusammenpassen

rechts: Topfscharnier mit geradem Montagearm

Vorteile: spezieller Maschineneinsatz (z. B. CNC) ermöglicht einfache und schnelle Beschlagsmontage, justierbar in drei Richtungen, von außen nicht sichtbar, selbstschließend durch Federmechanismus

Nachteil: begrenzter Öffnungswinkel (z. B. 110°)

9. Wie wird die Lage von einfachen Zapfenbändern bei hinterschlagenden Türen ermittelt und auf das Werkstück übertragen?

Die Tür wird in geschlossenem Zustand und in der maximal geöffneten Stellung gezeichnet (Horizontalschnitt im Maßstab 1 : 1). Der Schnittpunkt der beiden Diagonalen entspricht dem Drehpunkt des Zapfenbandes.

Mithilfe einer selbst gefertigten Schablone kann die Lage des Zapfenbandes von der Zeichnung auf das Werkstück übertragen werden.

Teile der Skizze:

① Korpusseite, ② Lisene, ③ geschlossene Tür,
④ maximale Öffnung der Tür, ⑤ Türstopper,
⑥ Drehpunkt des Zapfenbandes, ⑦ Schablone,
⑧ Markierung zum Anlegen an der Lisenenkante.

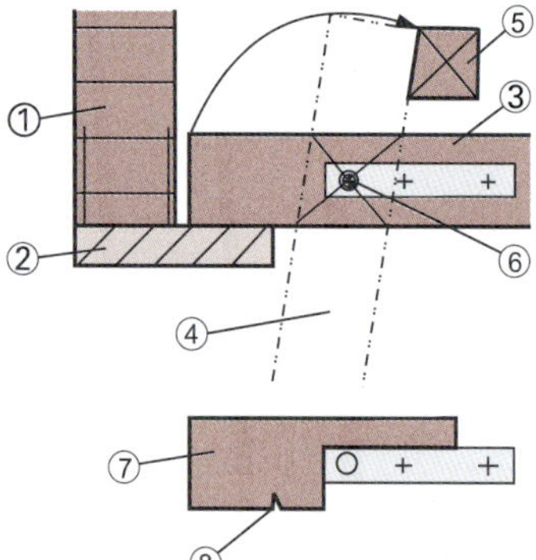

10. Skizzieren und beschreiben Sie vier verschiedene Mittelanschlüsse bei zweiflügeligen Möbeltüren.

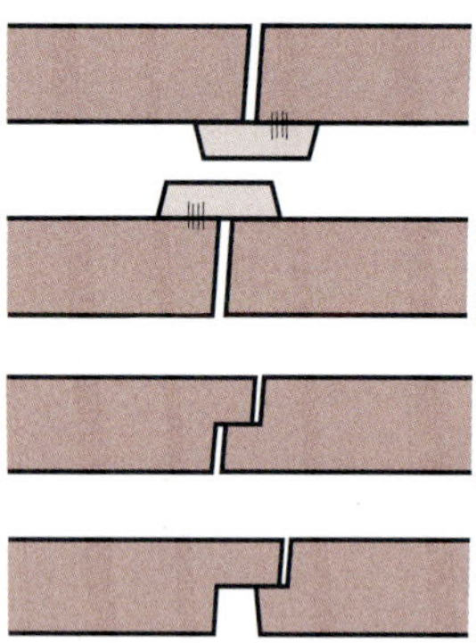

Schlageleiste an der rechten Tür außen befestigt

Schlageleiste an der linken Tür innen befestigt

überfälzte Türkante mit Haarfuge

überfälzte Türkante mit Schattennut

11. Welche Vor- und Nachteile haben Schiebetüren im Vergleich zu Drehtüren?

Vorteile:

- Vor dem Korpus wird kein Drehraum benötigt,
- sehr großformatige und breite Türblätter können gewählt werden.

Nachteile:

- Nur ein Teil des Korpusraums kann geöffnet werden (Ausnahmen: Faltschiebetüren, Drehschiebetüren),
- die Türinnenflächen können nicht genutzt werden (z. B. für Spiegel oder Krawattenhalter).

12. Wie unterscheidet man Schiebetüren (a) nach der Führung, (b) nach den Führungsbeschlägen und (c) nach der Lage zum Korpus?

Man unterscheidet

a) stehend oder hängend geführte Schiebetüren,

b) Schiebetüren mit gleitender oder rollender Führung,

c) zwischen den Seiten laufende oder vor der Möbelfront hängende Schiebetüren.

13. Veranschaulichen Sie die Einzelheiten der stehenden Schiebetürführung anhand einer Skizze (Vertikalschnitt durch einen kleinen Hängeschrank mit aushängbaren Schiebetüren).

① Führungsnuten mit ausreichendem Raum zum Aus- oder Einhängen der Tür,

② gefälzte Türblattkante,

③ Gleiter mit Hohlkehle, die sich an den Nutenden der Türunterkante befinden.

④ Laufschiene aus Kunststoff oder Hartholz.

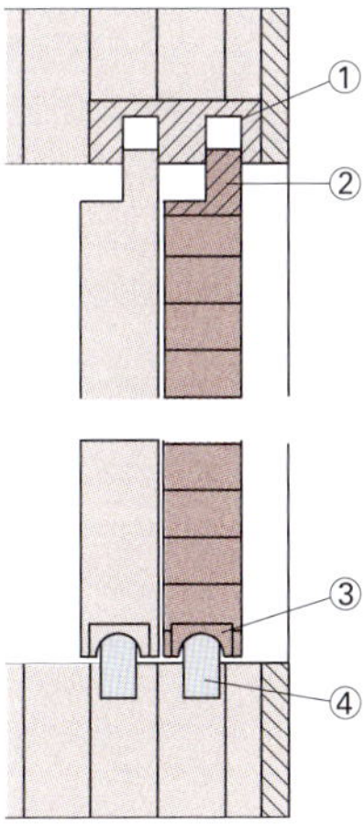

14. Wie kann bei Schiebetüren ein staubdichter Abschluss erreicht werden? Verdeutlichen Sie Ihre Lösung anhand einer Horizontalschnittskizze.

① Führungsschiene im Korpusboden,
② Türkanten fassen seitlich in Nuten (Staubschutz),
③ übereinanderfassende Keilleisten (Staubschutz).

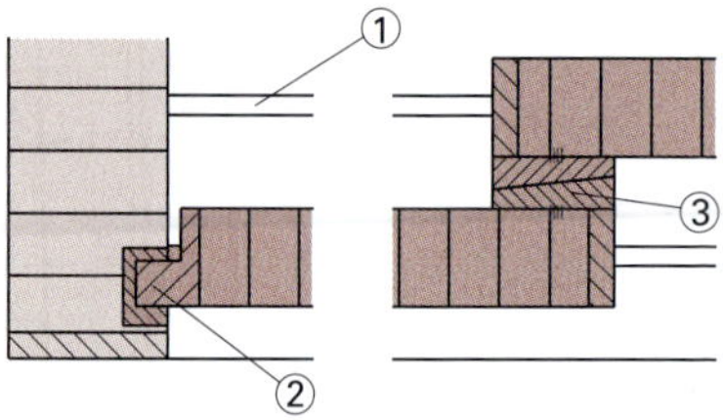

15. In welchen Fällen sollte einer hängenden Schiebetürführung Vorrang vor einer stehenden Führung gegeben werden?

- Bei Türen, die höher als breit sind,
- bei schweren Türen (z. B. an Kleiderschränken),
- wenn im Unterboden Führungsschienen stören.

16. Welche Beschläge verwendet man zum Bewegen von hängenden Möbelschiebetüren?

Hängende Schiebetüren hängt man mit Gleit- oder Rollenbeschlägen in Laufschienen ein, die am Oberboden angebracht oder eingelassen sind.

Unten müssen die Schiebetüren in ihrer Lage gehalten werden, z. B. durch Führungsnocken.

Mit Griffleisten oder Muschelgriffen lassen sich die Schiebetüren bewegen.

An der Korpuskante sollten Anschlagdämpfer angebracht werden.

8.2.4 Verschlussbeschläge für Möbel

1. Welche Beschläge eignen sich zum Verschließen von Möbeltüren?

Zum Zuhalten bzw. Verschließen von Drehtüren verwendet man Schnäpper, Magnetverschlüsse, Topfscharniere mit Schließmechanik, Riegel und Schlösser.

2. Beschreiben Sie Schnäpper zum Festhalten von Möbeldrehtüren.

Man unterscheidet Kugel- und Rollenschnäpper. Sie bestehen aus einer Stahlkugel bzw. Rolle, die beim Schließen der Tür in ein Lochblech, das gleichzeitig als Anschlag dient, einrastet.

3. Was versteht man unter Magnetverschlüssen?

Magnetverschlüsse bestehen aus dem Fangmagneten, der am Möbelkorpus sitzt, und der Haftplatte, welche an der Innenseite der Tür angebracht ist. Es gibt Magnetverschlüsse zum Aufschrauben und zum Einbohren. Überfurnierte Magnetverschlüsse sind unsichtbar.

4. Welche Riegel kommen für verschließbare Doppeltüren infrage und wo werden sie befestigt?

Bei verschließbaren Doppeltüren wird in der Regel die linke Tür innen mit einem Riegel festgestellt.

Infrage kommen
- Kantenriegel bei Türen mit Schlagleisten,
- gerade Schubriegel bei einschlagenden Türen,
- gekröpfte Schubriegel bei aufschlagenden Türen.

5. Welche Arten von Möbelschlössern unterscheidet man?

- Nach Art des Einbaus unterscheidet man
  - Aufschraubschlösser,
  - Einlassschlösser,
  - Einbohrschlösser,
  - Einsteckschlösser
- Schlösser mit zusätzlichen Verriegelungen sind
  - Drehstangenschlösser,
  - Schubstangenschlösser
- Schlösser für besondere Zwecke sind
  - z. B. Rollladenschlösser (Hakenriegelschlösser), Einlassklappenschlösser u. a.

6. Nennen Sie die Teile eines Möbelschlosses.

Hierzu zählen
- Schlosskasten mit Stulp,
- der Riegel mit oder ohne Zuhaltungen,
- die Schlüsselführung mit Dorn,
- das Schließblech,
- der Schlüssel.

7. Welche Art von Möbelschloss zeigt die Abbildung und wie werden die Maße A bis F bezeichnet?

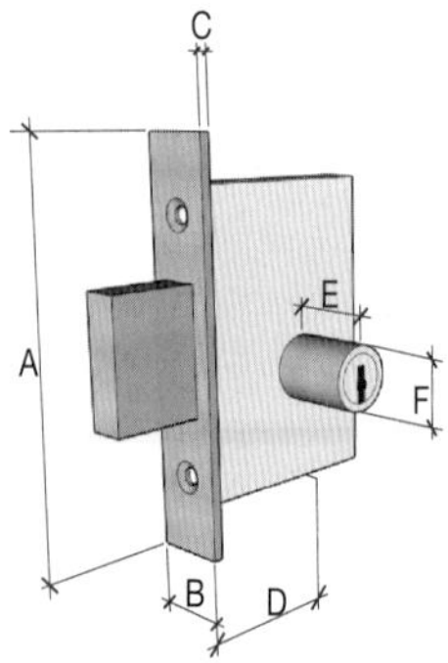

Die Abbildung zeigt ein Einsteckschloss.

A – Stulplänge
B – Stulpbreite
C – Stulpdicke
D – Dornmaß
E – Zylinderlänge
F – Zylinderdurchmesser

8. Was versteht man unter dem Dornmaß bei einem Möbelschloss und warum ist dieses Maß bei Rahmentüren von Bedeutung?

Man bezeichnet damit den Abstand von der Stulpvorderkante des Schlosses bis Mitte des Dorns (Schlüsselloch).

Nur bei richtiger Wahl des Dornmaßes bzw. bei darauf abgestimmter Rahmenbreite befindet sich das Schlüsselloch in der Rahmenmitte.

9. Welche Vorteile bieten Stangenschlösser im Vergleich zu anderen Möbelschlössern?

Die Vorteile von Stangenschlössern sind:

- drei Verriegelungspunkte anstelle von einem,
- dem Verziehen des Türblattes wird entgegengewirkt, hohe Türen werden dicht an den Möbelkörper herangezogen,
- Doppeltüren erfordern keinen zusätzlichen Riegel.

10. Welche Angaben müssen beim Kauf eines Möbelschlosses gemacht werden?

Beim Kauf des Schlosses sind Angaben zu machen

– zur Schlossart,
– zum Material,
– ob es sich um ein Links- oder Rechtsschloss handelt,
– zur Sicherungsart (z. B. mit Zylinderschloss),
– zum Dornmaß.

11. **Die Skizze zeigt eine leicht geöffnete Möbeltür im Horizontalschnitt. Bei der Bestellung der Bänder und des Schlosses muss angegeben werden, ob es sich um Rechts- oder Linksbeschläge handelt. Welche Angabe (links oder rechts) ist in diesem Fall richtig?**

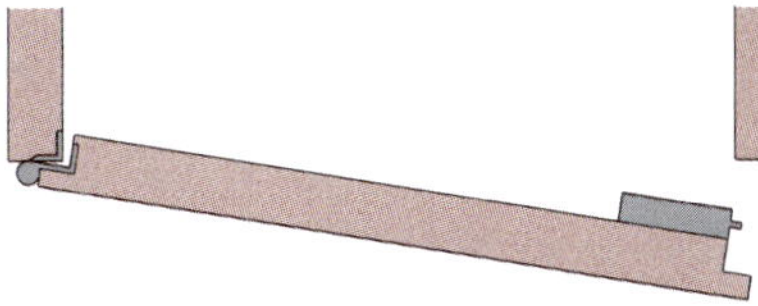

Sowohl die Bänder als auch das Schloss sind Linksbeschläge, weil sie an eine linke Tür kommen.

12. **Wie können Möbelschiebetüren verschlossen werden?**

Schiebetüren aus Holz verschließt man an der Kante mit einem Flügelriegelschloss oder bei Doppelschiebetüren im Überschlag mit einem Druckzylinderschloss. Glasschiebetüren werden ebenfalls mit einem Druckzylinderschloss, das in den Laufmechanismus eingebaut ist, verschlossen.

13. **Welche Schließbeschläge sind für stehende Klappen empfehlenswert?**

Hierfür sind Schnäpper, Magnetverschlüsse und so genannte Klappenschlösser geeignet, bei denen der Schlüssel nur in geschlossenem Zustand abgezogen werden kann und bei geöffneter Klappe nicht herausfallen kann.

14. **Der Teilhorizontalschnitt rechts geht durch ein Möbel mit Innenschubkasten. Den Frontabschluss bildet eine überfälzte Rahmentür mit Glasfüllung. Welche Fehler erkennen Sie in der Konstruktion und welche Verbesserungsvorschläge können Sie machen?**

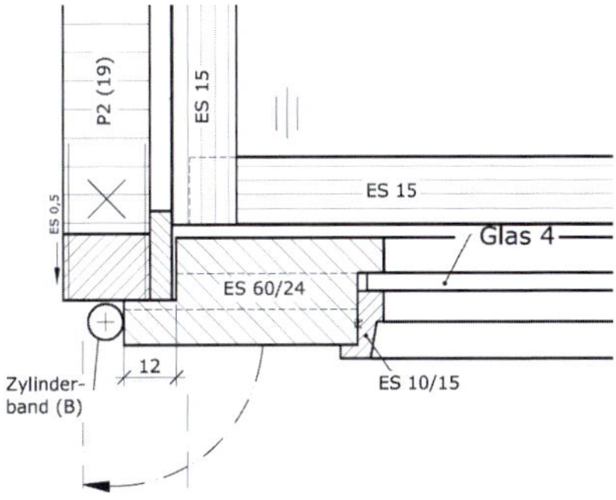

Das europäische Kurzzeichen für Esche ist FXEX.

→

Fortsetzung der Antwort ⇒

Korpusseite:

- Das Symbol in der Platte ist falsch. Spanplatten (P2) haben keine Mittellage wie z. B. Stäbchensperrholzplatten.
- Der Anleimer ist zu dick. Er wird unter dem Furnier erkennbar sein (Solldicke 4 mm).
- Die Faserrichtung des Eschefurniers verläuft waagerecht (Sollrichtung: senkrecht).

Türrahmen:

- Das Falzmaß sollte auf die Zapfeneinteilung abgestimmt sein, damit kein Hirnholz im Türüberschlag liegt.
- Die Falztiefe ist mit 12 mm zu groß. Standard ist 7,5 mm. Es wird kein Zylinderband (B), sondern ein Band mit Kröpfung D (7,5) benötigt.
- Die Glasleiste ist verleimt. Eine Glasreparatur ist kaum möglich. (Leiste anschrauben.)

Schubkasten:

- Beim Ausziehen stößt der Schubkasten gegen die geöffnete Tür (90°-Stellung). Darum muss seine Breite verringert werden und die Führungsleisten entsprechend verstärk oder versetzt werden.
- Nicht die Seiten, sondern die Schubkastenvorderstücke sollen durchgehen.
- Die Faserrichtung des Schubkastenbodens soll parallel zum Vorderstück verlaufen.

8.2.5 Klappen und Rollläden

1. Welche Klappenarten unterscheidet man im Möbelbau und welche Drehbeschläge eignen sich dafür?

Man unterscheidet

- hängende Klappen mit dem Drehpunkt oben, angeschlagen wie Möbeltüren mit Bändern bzw. Scharnieren oder mit speziellen Klappenscharnieren;
- stehende Klappen mit dem Drehpunkt unten, vorzugsweise angeschlagen mit Zapfenbändern oder Klappenscharnieren, damit bei geöffneter Klappe ein absatzfreier Übergang zum Zwischenboden entsteht;
- liegende Klappen, vorzugsweise angeschlagen mit sichtbaren oder nicht sichtbaren Scharnieren wie bei Möbeltüren.

2. Ein Schreibsekretär soll eine stehende Klappe erhalten, die bei geöffneter Stellung einen absatzfreien Übergang mit dem Zwischenboden bilden soll. Beschreiben Sie mithilfe einer Skizze, wie die Lage des Zapfenbandes ermittelt wird und wie bei geöffneter Klappe ein absatzfreier Übergang zum Zwischenboden erzielt wird.

- Man zeichnet die Klappe in geschlossenem Zustand und in der gewünschten geöffneten Lage (Vertikalschnitt im Maßstab 1 : 1). Der Schnittpunkt der beiden Diagonalen zeigt den Drehpunkt des Zapfenbandes. Mithilfe einer Schablone kann die Lage des Bandes auf das Werkstück übertragen werden.

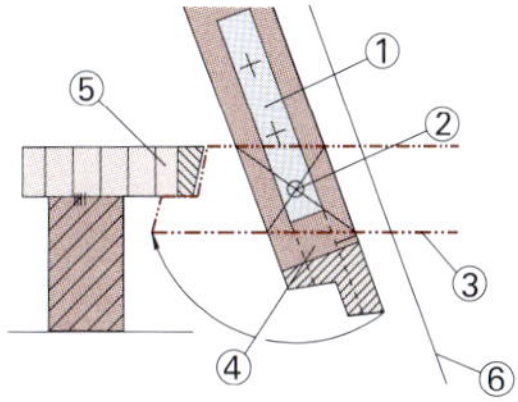

- Passend zu der geöffneten Stellung der Klappe kann die Form der Kante des Zwischenbodens bestimmt werden, um den gewünschten Übergang zu schaffen.

  Teile der Skizze:

  ① Lage des Zapfenbandes, ② ermittelter Drehpunkt, ③ geöffnete Klappe, ④ Nut zum Einschieben des Stiftteils, ⑤ Zwischenboden, ⑥ Korpusseite.

3. Welche Abstützungen kommen für Klappen infrage?

Für stehende Klappen: einfache Gelenk-Klappenhalter, Klappenhalter mit regulierbarer Bremswirkung und ausziehbaren Klappenauflagen. (Bei leichten Klappen genügen Klappenscharniere oder Zapfenbänder mit Arretierung.)

Für hängende und liegende Klappen: mechanische oder pneumatische Hochstellstützen mit Arretierung oder spezielle Hochklappscharniere mit Abstützung.

4. Nennen Sie Entscheidungsgründe, die für oder gegen Rollläden anstelle von Möbeltüren sprechen.

Für Rollläden:

- gestalterische Gründe,
- wenn beim Öffnen des Möbels der Verkehrsraum davor nicht behindert werden soll.

Gegen Rollläden:

- wenn der Korpusinnenraum vollständig genutzt werden soll,
- aufwändige Konstruktion.

5. Welche Laufrichtungen unterscheidet man bei Möbelrollläden und wie verringert sich dabei der nutzbare Möbelinnenraum?

Sie laufen

- senkrecht nach oben oder unten,
- oder waagerecht, (wobei in der Regel zwei Rollläden in der Möbelfrontmitte zusammentreffen).

Beim Öffnen fährt der Rollladen in den Korpus ein, wodurch sich bei waagerecht laufenden Rollläden die nutzbare Korpusbreite und -tiefe verringert. Senkrecht laufende Rollläden werden hinter die Rückwand geführt oder von einer Rollladenschnecke aufgenommen. Hierdurch verringert sich die nutzbare Korpustiefe und -höhe.

6. Wie werden Möbelrollläden beim Öffnen gestoppt?

Sie werden am Rollladenende durch Stoppklötze in der Laufnut gestoppt.

Die Stoppklötze werden so in den Rollladennuten angebracht, dass das Schlossstück bei geöffnetem Rollladen nicht gegen ein Korpusteil schlägt.

7. Wie kann bei senkrecht laufenden Rollladenführungen ein Herunterfallen des Rollladens verhindert werden?

Hierfür werden Gewichtsausgleichbeschläge eingebaut, die an der Möbelrückseite oder im Bereich der Rollladenschnecke befestigt werden und das Gewicht des Rollladens durch eine gefederte Seilspannung ausgleichen. Sie unterstützen das Öffnen und Schließen des Rollladens und erlauben einen Halt in jeder Position.

8. Schildern Sie stichpunktartig die Herstellung eines Möbelrollladens.

Der Rollladen besteht aus dem Schlossstück und schmalen Leisten, die mit den Rückseiten auf Markisenstoff oder Jutebahn geleimt sind.

- Die Rollladenleisten werden mit der Leimseite nach oben auf eine Montageplatte ausgelegt. (An einer kurzen und langen Plattenseite sind Begrenzungsleisten angebracht, eine mit Falz.)
- Die Leisten werden mit ihren Enden unter die Falzleiste und dicht gegen die andere Begrenzungsleiste geschoben und durch zwei weitere Hilfsleisten, die mit Zwingen befestigt werden, zusammengehalten bzw. gegen ein Hochspringen gesichert.
- Anschließend kann der zugeschnittene Stoff mit Überstand aufgeleimt werden. (Der Überstand kann zur späteren Verbindung mit dem Schlossstück verwendet werden.)
- Bevor der Leim völlig ausgehärtet ist, wird der Rollladen aufgebogen, um das Verkleben einzelner Rollladenleisten miteinander zu verhindern.

9. Verdeutlichen Sie anhand einer Vertikalschnitt-Skizze, wie das Schlossstück mit dem Möbelrollladen befestigt werden kann.

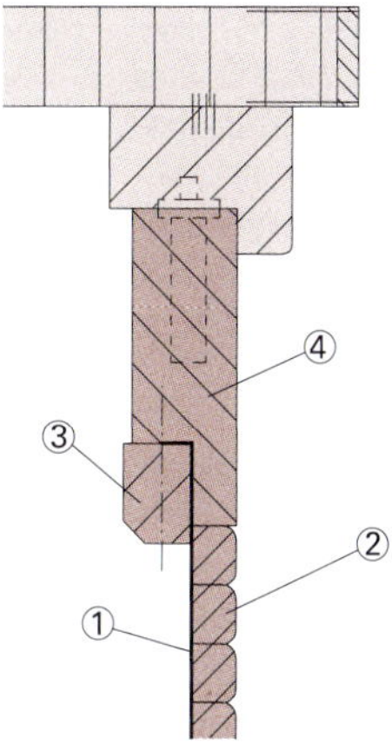

Hat man bei der Rollladenfestigung den Stoff (1), auf den die Leisten (2) geleimt wurden, etwas überstehen lassen, kann dieser Überstand zusammen mit einer Leiste (3) am Schlossstück (4) befestigt werden.

Damit eine spätere Reparatur des Rollladens möglich ist, muss diese Verbindung lösbar sein (Schraubenbefestigung).

8.3 Systemmöbel

1. Was versteht man unter dem Begriff Systemmöbel?

Man spricht von Systemmöbeln, wenn einzelne Elemente nach einem optimierten Konstruktions- und Fertigungsprinzip hergestellt werden. Die Elemente sind in der Regel mit Maßabstufungen in einem festgelegten Raster kombinier- und erweiterbar.

Kennzeichnend für Systemmöbel ist die Verwendung von systemtypischen Verbindungsformen und Beschlägen, die eine schnelle Montage der festen und beweglichen Teile ermöglichen.

Die Planung und Herstellung von Systemmöbeln erfolgt in der Regel computergestützt (z. B. CAD-Konstruktion mit automatischer Stücklistenerstellung und CNC-Fertigung).

2. Das System 32 bezeichnet ein Möbelkonstruktions- und Fertigungsprinzip, das beim Bau von Systemmöbeln und bei serieller Möbelfertigung weit verbreitet ist. Worauf bezieht sich die Bezeichnung System 32 und welche weiteren Konstruktionsmerkmale dieses Systems kennen Sie?

Die Bezeichnung bezieht sich auf die Reihenlochbohrungen in den Korpusseiten.

① Die Bohrungen haben einen konstanten Abstand von 32 mm.

② Der Bohrdurchmesser beträgt 5 mm.

③ Der Abstand der vorderen Bohrreihe zum Türblatt beträgt 37 mm.

④ Der Abstand der hinteren Bohrreihe zur Rückwand beträgt 37 mm.

⑤ Die Bohrreihen beginnen und enden mit einem Abstand von halber Plattenstärke.

⑥ Der Abstand zwischen den Bohrreihen sollte durch 32 teilbar sein.

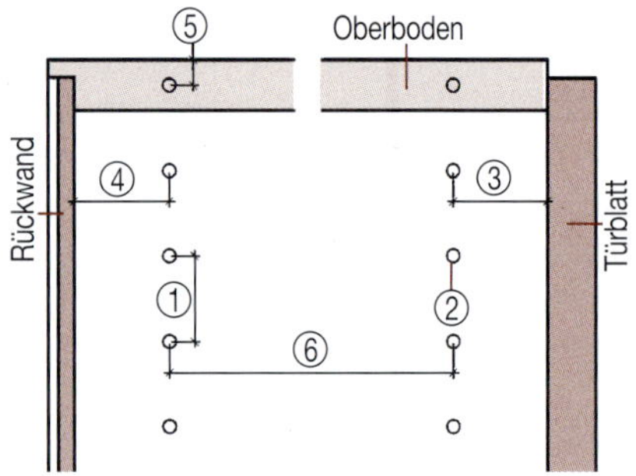

3. Welche Vorteile bietet das System 32?

Namhafte Beschlaghersteller bieten hierfür eine Vielzahl von Beschlägen (wie z. B. Verbindungsbeschläge, Bodenträger, Topfscharniere, Schubkastenführungen) und vorgefertigte Einzelteile (z. B. Schubkastenseiten) an. Die Möbelfertigung wird dadurch stark rationalisiert.

4. Wie unterstützen die Hersteller von Systembeschlägen die Tischler und Schreiner bei der Arbeitsplanung und Fertigung?

- Mit Katalogen, die ausführliche Anwendungsbeschreibungen und Erläuterungen beinhalten,
- mit Hilfsgeräten zum Anreißen, mit Bohrschablonen und speziellen Werkzeugen und Maschinen,
- mit EDV-Lösungen (Planungssoftware, Online-Kataloge, Online-Bestellverfahren).

5. Der abgebildete Korpus soll nach dem System 32 gefertigt werden. Es wird eine Korpushöhe von ca. 640 mm (maximal) gewünscht und für den Schubkasten soll zwischen den beiden Konstruktionsböden eine Höhe von ca. 100 mm (minimal) geplant werden. Geben Sie die genauen Höhen an, die bei Verwendung von 19 mm dicken Platten dem System 32 entsprechen.

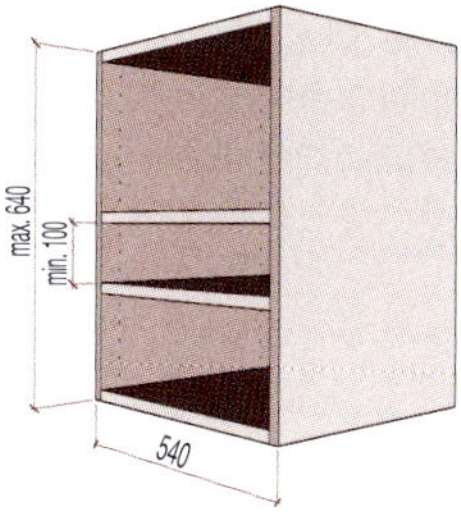

Alle Höhenmaße hängen von N (der Anzahl der Lochabstände) ab.

- Korpushöhe = N · 32 + 19 (mm) / Bei N = 19 ergibt sich eine Korpushöhe von 627 mm.
- Innenhöhe für Schubkasteneinbau = N · 32 – 19 (mm) / Bei N = 4 ergibt sich eine Innenhöhe von 109 mm.

6. Beschreiben Sie drei Topfscharnierarten, die häufig für das Anschlagen von Türen an Systemmöbeln verwendet werden.

Topfscharniere mit geradem Montagearm für Eckanschlag (Kröpfung 0),

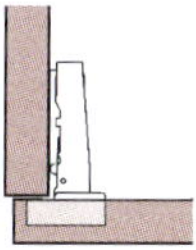

Topfscharniere mit leicht gekröpftem Montagearm für Mittelwand- bzw. Zwillingsanschlag (z. B. Kröpfung 9 mm),

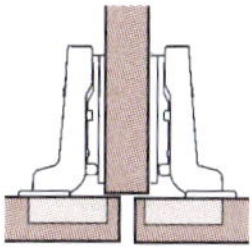

Topfscharniere mit stark gekröpftem Montagearm für einschlagende Türen (z. B. Kröpfung 16 mm).

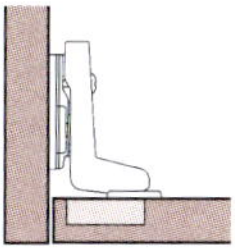

7. Nennen Sie die Einzelteile der Topfscharniere und geben Sie an, wo man sie befestigt.

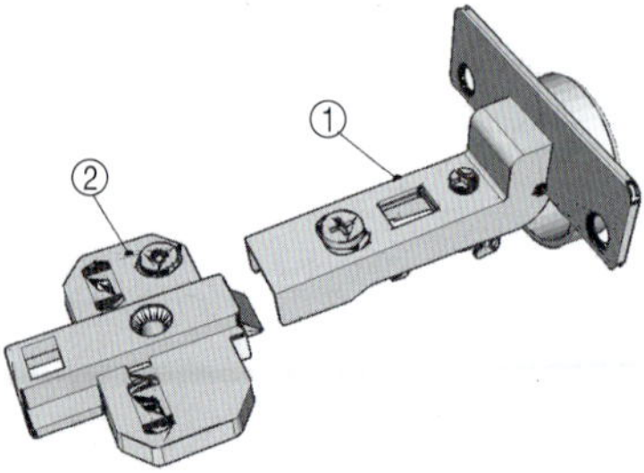

Topfscharniere bestehen aus dem Topf mit Gelenkarm (1) und der Montageplatte (2). Nach Bedarf können Distanzplatten und eine Abdeckkappe hinzu kommen.

Der Topf wird in eine entsprechende Topfbohrung an der Türinnenseite eingesetzt und die Montageplatte wird in der Bohrreihe der Korpusseite befestigt.

8. Beschreiben Sie den abgebildeten Türanschlag an einem Systemmöbel.

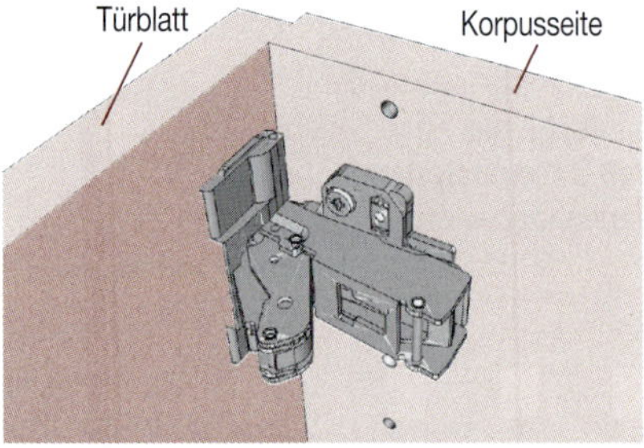

Es handelt sich um eine aufschlagende Tür für die Topfscharniere mit der Kröpfung 0 in Frage kommen. Hier ist ein Weitwinkel-Topfscharnier abgebildet.

9. Welche Vorteile bieten Topfscharniere?

- Sie sind in sehr unterschiedlichen Ausführungen erhältlich (z. B. für verschiedene Öffnungswinkel, Türdicken und Anschlagsituationen).
- Sie passen zum System 32.
- Sie sind justierbar (Höhen-, Seiten- und Tiefenverstellung).
- Sie ziehen die Tür beim Schließen durch eine Federautomatik an den Korpus heran, zum Teil auch mit integrierter und regulierbarer Schließdämpfung. →

Fortsetzung der Antwort ⇒

- Rationelle Arbeitsverfahren kommen zur Anwendung. Für die Beschlagsbohrungen können Bohrlehren und moderne Maschinen eingesetzt werden (z. B. CNC-Maschinen). Die Montage und Demontage sind einfach und schnell (z. B. werkzeuglos).
- Sie sind bei geschlossener Tür nicht sichtbar.

10. Die Montage der Topfscharniere erfolgt anhand der Bohrbilder der Beschlaghersteller. Erläutern Sie die Einzelheiten des abgebildeten Bohrbildes und geben Sie an, wie die noch fehlenden Maße bestimmt werden.

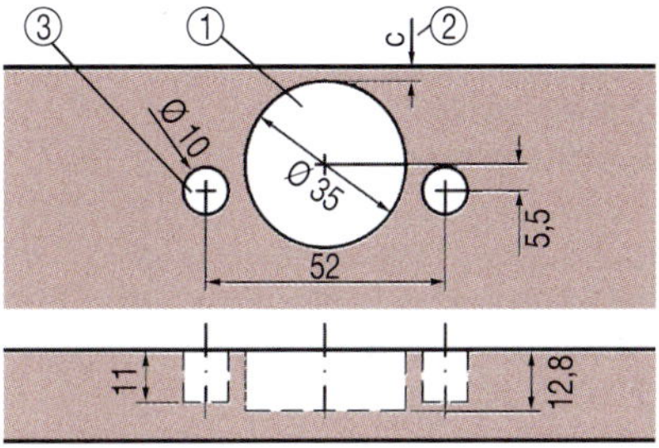

① Topfbohrung mit 35 mm Durchmesser und 12,8 mm Tiefe, Abstand von der Türblattkante = C + 17,5 mm

② C = Topfabstand (3 bis 6 mm), wird einer Herstellertabelle entnommen und ist abhängig von Türauflage sowie der Dicke der Montageplatte (Distanz)

③ Begleitbohrungen für zwei Führungszapfen (Spreizmuffen) mit 10 mm Durchmesser und 11 mm Tiefe im Bohrabstand von 52 mm, um 5,5 mm versetzt zum Mittelpunkt der Topfbohrung

Die Positionierung der Bohrungen am Türblatt ist konstruktionsabhängig (z. B. System 32).

11. Die Abbildung zeigt die Position des Topfscharniers bei einer aufschlagenden Tür.
Bestimmen Sie den Abstand (A) der Topfbohrung im Türblatt, wenn die Plattenstärke 19 mm beträgt und eine Fuge von 7 mm eingehalten werden soll.

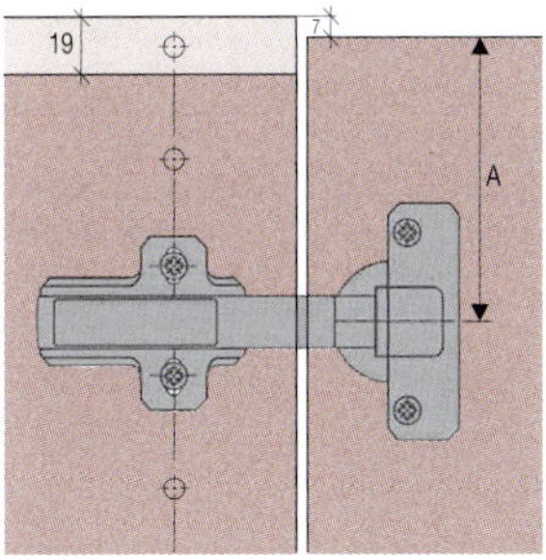

→

Fortsetzung der Antwort ⇒

Die Kreuzmontageplatte ist in der 3. und 4. Bohrung verschraubt. Da die erste Bohrung einen Abstand von halber Plattenstärke hat (= 9,5 mm) liegt die Mitte der Kreuzmontageplatte bei 89,5 mm (= 9,5 + 3 · 32 – 16). Der Abstand bis zum Mittelpunkt der Topfbohrung ist wegen der Fuge in diesem Beispiel um 7 mm geringer. A = 82,5 mm.

12. Für die Topfbohrung wird der Abstand B des Bohrmittelpunktes von der Türblattkante benötigt. Bestimmen Sie diesen Abstand für das gezeigte Beispiel (Plattenstärke 19 mm, Fuge 4 mm, Distanzplatte D = 2 mm, Topfabstand C siehe Tabelle).

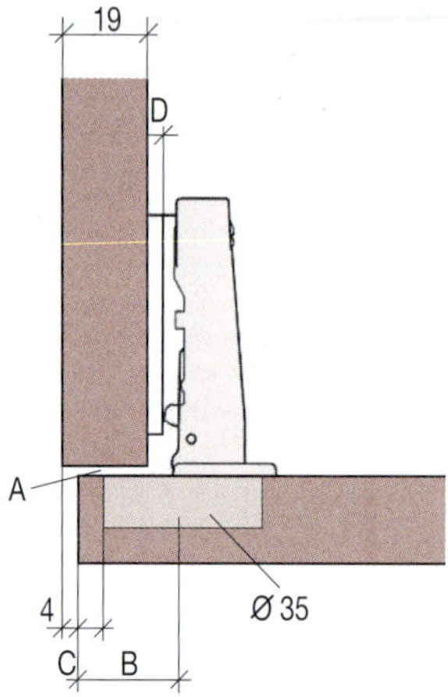

Topfabstand C in mm	Auflage A in mm				
	12	13	14	15	16
	Dicke der Distanzplatte				
3	4	3	2	1	0
4	5	4	3	2	1
4,5	5,5	4,5	3,5	2,5	1,5
5	6	5	4	3	2
6	7	6	5	4	3

Da die Auflage A 15 mm beträgt (= 19 – 4 mm), ergibt sich aus der Tabelle unter Berücksichtigung der vorgegebenen Dicke der Distanzplatte von 2 mm ein Topfabstand von C = 4 mm. Der Abstand B beträgt somit 21,5 mm (= C + halber Topfdurchmesser = 4 mm + 17,5 mm).

13. Die Beschlaghersteller geben Hinweise für die erforderliche Anzahl der Topfscharniere pro Türblatt. Geben Sie an, von welchen Belastungsfaktoren die Anzahl abhängig ist, und bestimmen Sie für folgendes Beispiel die Anzahl: Türblatt aus MDF (22 mm dick, Dichte = 0,75 kg/dm³) mit den Maßen 560 x 1500.

- Die Faktoren sind Breite, Höhe und Masse des Türblattes.
- Obwohl nach der Höhe nur 3 Bänder angezeigt sind, müssen 4 Bänder eingesetzt werden, weil die Masse über 12 kg liegt.

m = 13,9 kg = 56 dm x 150 dm x 0,22 dm x 0,75 kg/dm³)

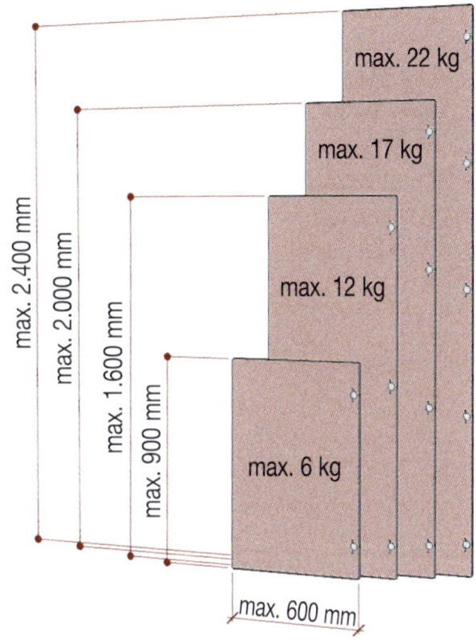

14. Beschreiben Sie die Funktionsweise von Exzenterverbindungsbeschlägen für das System 32.

Der Beschlag wird in entsprechende Bohrung am Konstruktionsboden eingesetzt. Durch Drehung wird ein Spezialdübel, der in der Lochreihe der Korpusseite fixiert ist, über eine Spannkurve mit Einraststufen angezogen. Eine sägezahnartige Außenrasterung verhindert ein selbstständiges Rückdrehen des Exzenterverbinders.

15. Welcher Beschlag ist rechts abgebildet und um welche Befehle muss ein CNC-Programm zur Plattenbearbeitung bei Einsatz des Beschlags ergänzt werden?

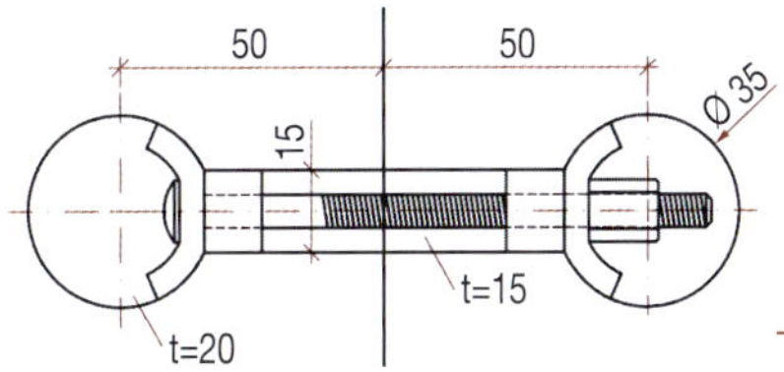

→

Fortsetzung der Antwort ⇒

Es handelt sich um einen Arbeitsplattenverbinder (z. B. für Küchenarbeitsplatten).

Das CNC-Programm muss pro Beschlag und Arbeitsplattenteil ergänzt werden um:

- 1 x Bohrbefehl mit 35 mm Topfbohrer, 20 mm Tiefe im Abstand von 50 mm zur Verbindungsfuge,
- 1 x Fräsbefehl mit 15er Nutfräser, 15 mm tief, von der Verbindungsfuge bis etwa Bohrlochmitte.

16. Beschreiben Sie den in der Horizontalschnittskizze abgebildeten Verbindungsbeschlag und geben Sie an, für welches System er verwendet werden kann.

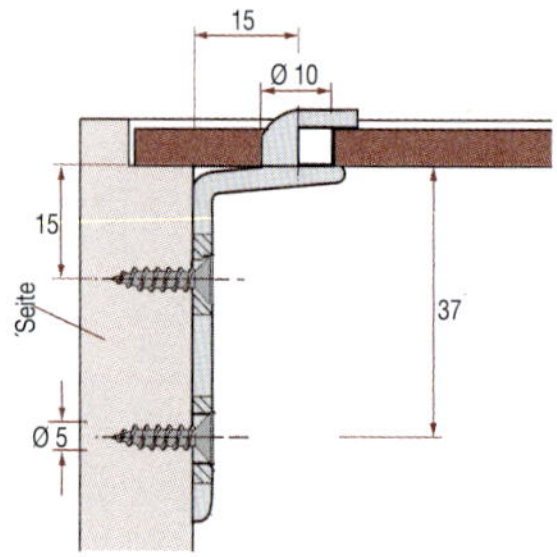

Es handelt sich um einen Rückwandverbinder, mit dem z. B. bei der Montage großer Wandschränke die Rückwand an den Korpus herangezogen und an der Lochreihe des 32er Systems befestigt werden kann. Der Beschlag erfordert Bohrungen in der Rückwand und eine zweite Verschraubung in der Korpusseite gibt ihm zusätzlichen Halt.

17. Es gibt verschiedene Möglichkeiten, um Schrankkörper an Raumwänden aufzuhängen. Für Küchenoberschränke wählt man z. B. in der Regel Aufhängebeschläge. Welche Vorteile bieten diese Beschläge?

- Die Verwendung von Aufhängebeschlägen ist zeitsparend, weil die Herstellung einer Aufhängung entfällt. Sie werden vor oder hinter der Korpusrückwand montiert und greifen in Wandhaken oder dazu passende Aufhängschienen, die an die Wand gedübelt werden.
- Aufhängebeschläge sind sicher, weil sie für eine definierte Belastung ausgelegt sind.
- Sie haben eine Tiefen- und Höhenverstellung. Mit der Tiefeneinstellung können die Oberschränke zur Wand hin angezogen werden. Mit der Höheneinstellung können sie waagerecht ausgerichtet bzw. mit den anschließenden Schrankkörpern ausgerichtet werden.

8.4 Stilepochen des Möbelbaus

1. Nennen Sie die wichtigsten Stilepochen des Möbelbaus in unserem Kulturraum in der zeitlichen Reihenfolge.

Romanik	etwa 900 bis 1250,
Gotik	etwa 1250 bis 1500,
Renaissance	etwa 1500 bis 1600,
Barock	etwa 1600 bis 1730,
Rokoko	etwa 1730 bis 1750,
Klassizismus	etwa 1750 bis 1850,
Historismus	etwa 1850 bis 1900,
Jugendstil	etwa 1890 bis 1910,
Neue Sachlichkeit (Bauhaus-Stil)	20. Jahrhundert

(Zum Klassizismus gehören auch Louis-seize, Empire und Biedermeier)

2. Zu welchen Stilepochen gehören die folgenden Möbel?

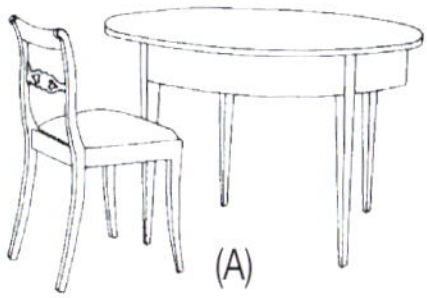

(A) A = Biedermeier

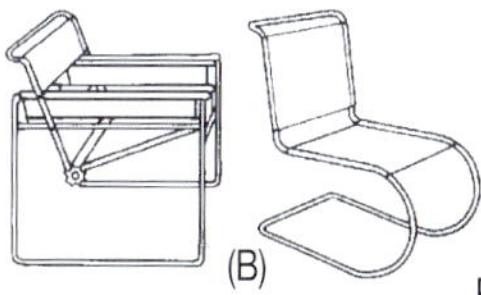

(B) B = Neue Sachlichkeit

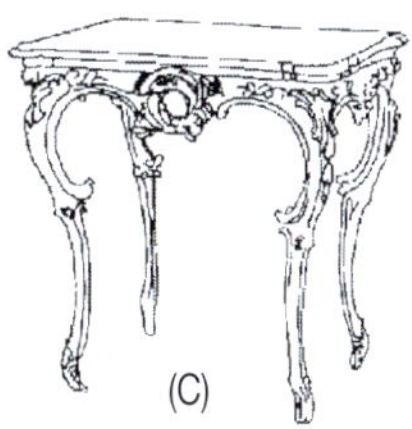

(C) C = Rokoko

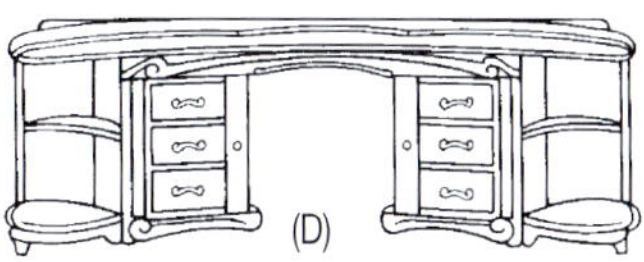

(D) D = Jugendstil

3. Zu welcher Stilepoche des Möbelbaus passt die folgende Beschreibung?

Die Beschreibung passt zur Stilepoche der Gotik.

„In der Zeit von etwa 1250 bis 1500 verfeinerten sich die Handwerkstechniken. Der Tischlerberuf entstand und die wichtigsten Handwerkzeuge der Holzbearbeitung wurden entwickelt. Mit zunehmender Kenntnis über den Werkstoff Holz und seine Bearbeitung wurden Vollholzverbindungen wie das Graten, Zinken und Schlitzen angewandt. Als Antwort auf das Problem des Arbeitens des Holzes konnten die typischen Möbelbauweisen (Brettbau-, Rahmenbau- und Stollenbauweise) entwickelt werden.
Möbel wurden durch Schnitzereien geschmückt. Ein typisches Stilmerkmal ist z. B. die Faltwerkornamentik, die zur Gestaltung von Füllungen angewandt wurde."

4. Zu welcher Stilepoche des Möbelbaus passt die folgende Beschreibung?

Die Beschreibung passt zur Stilepoche des Klassizismus.

„Nach der Französischen Revolution entstand ein Stil, der sich in Abkehr zu den ausschweifenden Formen des Rokoko wieder auf die klare Linienführung klassischer Vorbilder des alten Griechenlands und des alten Roms besann.
Im Möbelbau haben sich während dieser Stilepoche drei Richtungen entwickelt: Louis-seize-Stil, Empirestil und Biedermeierstil."

5. Zu welcher Stilepoche des Möbelbaus passt die folgende Beschreibung?

Die Beschreibung passt zum Jugendstil.

„Architekten und Maler entwarfen für den Möbelbau Formen und Linienführungen in bewusster Anlehnung an die Formenwelt der Natur. Künstler wie z. B. Van de Velde und Mackintosh prägten diesen Stil, der uns rückblickend mehr wie eine Modeerscheinung vorkommt (um 1895 bis 1910). Für die weitere Entwicklung des Möbelbaus war er aber entscheidend, da einerseits dem Zerfall künstlerischen Schaffens ein Ende gesetzt werden sollte und andererseits auf die Besonderheiten des Werkstoffs und die Ehrlichkeit in seiner Verarbeitung Wert gelegt wurde."

6. Zu welcher Stilepoche des Möbelbaus passt die folgende Beschreibung?

Die Beschreibung passt zum „Bauhausstil" bzw. zur „Neue Sachlichkeit".

„Der Anstoß für die Entwicklung dieses Stils in Architektur und Möbelbau ging von der Schule für Gestaltung, dem „Bauhaus" aus. Hier entstanden Möbelentwürfe, die sowohl auf eine klare Formgebung als auch auf materialgerechte Verarbeitung abzielten. Die Möbel sollten ästhetische, aber vor allem funktionale und kostengünstige Gebrauchsgegenstände sein. Als Ziel wurde die Versöhnung von Technik und Kunst angestrebt."

9 Wärme-, Schall- und Feuerschutz

(siehe auch 13.1 Physikalische Grundlagen)

1. Was versteht man unter Wärmeschutz?

Wärmeschutz umfasst alle Maßnahmen zur Verringerung der Wärmeübertragung zwischen Räumen mit verschiedenen Temperaturen und zwischen Räumen und der Außenluft.

2. Warum gibt es die Energieeinsparverordnung (EnEV) als Rechtsvorschrift?

Mit dieser Verordnung soll der Energieverbrauch im Gebäudebereich reduziert werden. Etwa 40 % des gesamten Energieverbrauchs werden dort durch Heizung, Warmwasserbereitung und elektrische Geräte verursacht. Weil das Einsparpotenzial durch verbesserten Wärmeschutz (z. B. Gebäudedämmung, dreifach isolierverglaste Fenster) und durch effizientere energietechnische Anlagen (moderne Heizungs- und Klimatechnik) sehr groß ist, stellt die EnEV eine Schwerpunktmaßnahme für die Einhaltung der staatlichen Klimaschutzziele (z. B. Verlangsamung der globalen Erwärmung) dar. Auch aus volkswirtschaftlicher Sicht ist die Energieeinsparung zur Aufrechterhaltung einer gesicherten Energieversorgung und zur Wohnkostenbegrenzung erforderlich.

Die EnEV gibt vor, welche energetischen Anforderungen Neubauten und zu sanierende Altbauten erfüllen müssen. Sie definiert verbindliche Grenzwerte und Berechnungsvorschriften für den Energiebedarf von Gebäuden. Der Energiebedarf eines Gebäudes ist in einem Gebäudeenergieausweis nachzuweisen.

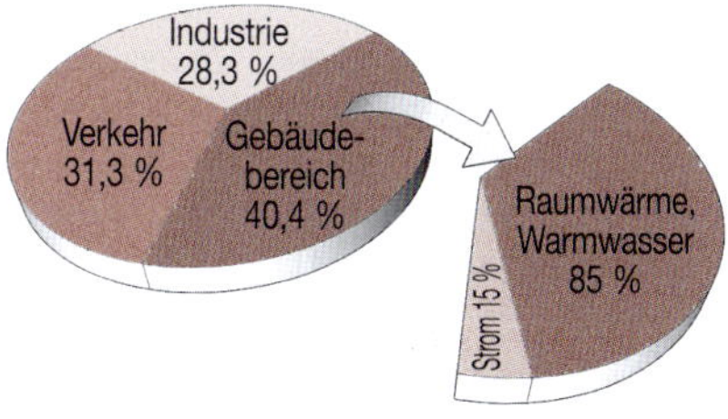

3. Die Energieeinsparverordnung wird regelmäßig novelliert (EnEV 2007, EnEV 2009, EnEV 2014). Aus welchen Gründen erfolgen diese Novellierungen?

Jede Novellierung der Energieeinsparverordnung ist ein weiterer Schritt in Richtung Niedrigenergiegebäude, bei dem im Jahresmittel die Bilanz zwischen verbrauchter und gewonnener Energie (z. B. durch thermische Solaranlagen) fast ausgeglichen sein soll. Ab 2021 sollen alle Neubauten diesem Standard entsprechen und bis zum Jahr 2050 soll auch der Bestand dahingehend saniert sein. Durch die einzelnen Novellierungen werden die Anforderungen an die Wärmedämmung von Wänden, Dächern und Fenstern sowie an die Klimatechnik unter Nutzung erneuerbarer Energien schrittweise erhöht.

4. Durch welche baulichen Maßnahmen kann der Energieverbrauch für die Wärmeerzeugung (Jahresprimärenergiebedarf) verringert werden?

- Durch die Verwendung von wärmedämmenden und wärmespeichernden Baustoffen,
- durch Innen- oder Außendämmung von Wänden,
- durch den Einbau moderner Fenster und Außentüren,
- durch größere Fensterflächen zur Südseite und kleinere zur Nordseite (hierdurch können Energiegewinne verzeichnet werden),
- durch gute Dämmung von Heizkörpernischen,
- durch zusätzliche Wärmedämmung von Böden und Decken,
- durch den Einbau von Fensterrollläden.

5. Welche Baustoffe haben gute Wärmedämmeigenschaften?

Alle porösen Baustoffe mit geringer Dichte und geringer Feuchte.

Beispiele: Holz, poröse Holzfaserplatten (Dämmplatten), Kunststoffschäume, Korkplatten.

6. Welche Gründe sprechen bei Außenwänden für die Außendämmung und welche für die Innendämmung?

Außendämmung bewirkt ein angenehmes Wohnklima (Speicherung der Wärme, gleichmäßigere Temperaturen im Winter und Sommer). Die Bauteile sind geringeren Temperaturschwankungen (Dehnungsschwankungen) ausgesetzt.

Die **Innendämmung** ist dann sinnvoll, wenn Räume kurzfristig genutzt werden und darum schnell aufgeheizt werden sollen (z. B. im Fall von Wochenendhäusern).

7. Wann bildet sich an Bauteilen Tau- oder Schwitzwasser?

Tauwasser bildet sich bei großen Temperaturunterschieden zwischen warmer Raumluft und kalten Bauteilen →

Fortsetzung der Antwort ⇒

Der Luft in unmittelbarer Nähe des Bauteils wird Wärme entzogen, wodurch ihre Aufnahmefähigkeit für Wasserdampf abnimmt. Durch die Abkühlung nimmt die relative Luftfeuchte bis zur Tröpfchenbildung zu. Die Tröpfchen sammeln sich auf oder unter der Bauteiloberfläche an.

8. Wie verhindert man die Tauwasserbildung an Bauteilen?

- Durch den Einbau von Wärmedämmschichten, damit die Oberflächentemperatur ansteigt,
- durch Hinterlüftung, um feuchte Luft wegzuführen,
- durch Dampfbremsen (z. B. aus PE-Folie), damit keine feuchtwarme Luft in Bauteile eindringt und im Inneren bei Abkühlung Tauwasser bildet.

9. Was versteht man unter Schallschutz?

Schallschutz ist der Oberbegriff für Maßnahmen zur Schalldämmung und zur Schallschluckung.

Schalldämmung: Die Luftschallübertragung durch Wände und Decken wird eingeschränkt.

Körperschalldämmung: Direkt an der Lärmquelle wird die Schallübertragung eingeschränkt.

Schallschluckung: Der Schallpegel innerhalb eines Raumes wird verringert.

10. Nennen Sie Möglichkeiten der Luftschalldämmung bei Wänden.

Möglichkeit 1: einschaliger Wandaufbau mit hohem Wandgewicht,
Möglichkeit 2: zwei- oder mehrschaliger Wandaufbau mit unterschiedlicher Biegesteifigkeit.

11. Wie erreicht man die erforderliche Trittschalldämmung bei Massivbaudecken?

- Durch den Einbau von schwimmendem Estrich oder schwimmend verlegter Trockenestrichplatten,
- durch einen weich federnden Bodenbelag.

12. Wie wirken Schallschluckplatten?

Man unterscheidet poröse Schallschluck- und Resonanz-Schallschluckplatten.

- Bei porösen Schallschluckplatten werden die Luftschallwellen durch die offenporige, raue, gelochte oder gerillte Oberfläche nur zum Teil zurückgeworfen (reflektiert). Der andere Teil wird an den Poren- bzw. Lochwandungen aufgeschluckt.
- Resonanz-Schallschluckplatten geraten bei Luftschall in Schwingung und verschlucken durch die Umwandlung von Schallenergie in Bewegungsenergie teilweise den Schall.

13. Beschreiben Sie Maßnahmen zur Körperschalldämmung.

Körperschalldämmung erreicht man durch den Einbau von geeigneten Trennschichten. So kann z. B. die Schallübertragung von lauten Maschinen oder Motoren auf Wände oder Decken durch Schwingungsisolatoren aus Hartgummi verringert werden.

14. Was versteht man unter Schallbrücken?

Schall überträgt sich nicht nur durch Schallschwingungen über Wände und Decken, sondern auch über Schallbrücken, d. h. über direkte starre Verbindungen von einem Raum zum anderen, z. B. durch Rohre, Nägel und Schrauben.

15. In welche Klassen teilt man Baustoffe in Bezug auf ihr Brandverhalten ein?

Sie werden in sieben Euroklassen (A1, A2 und B bis F) eingeteilt. Nichtbrennbare Baustoffe gehören zu den Klassen A1 und A2. Brennbare Bauprodukte werden den Euroklassen B bis F zugeordnet, wobei die Zeitspanne bis zum Vollbrand in einem festgelegten Prüfverfahren entscheidend ist.

In zusätzliche Unterklassen werden die Rauchentwicklung im Brandfall (s1, s2, s3) und das brennende Abtropfen (d0, d1, d2) eingeteilt.

Holz und Holzwerkstoffe gehören zu den Baustoffen der Euroklasse E.

16. Was wissen Sie über das Brandverhalten von Holz?

Holz verbrennt verhältnismäßig langsam, da die äußeren verkohlten Holzschichten eine gewisse Schutzschicht bilden. Durch die geringe Abbrandgeschwindigkeit von 3,5 cm pro Stunde bleibt die Festigkeit und Tragfähigkeit von Bauteilen relativ lange erhalten. Ihr Zusammenbruch kündigt sich im Gegensatz zu Stahlbauteilen, die bei 500 °C ihre statische Festigkeit verlieren und ohne Vorwarnung zusammenknicken, durch vorheriges starkes Knistern an. Beim Verbrennen von Holz ist die Rauchentwicklung relativ gering.

17. Wie können Holzbauteile vor Feuer geschützt werden?

Vorbeugende chemische und bauliche Brandschutzmaßnahmen tragen wesentlich zur Einschränkung der Holzentflammung und zur Ausbreitung von Flammen bei. Zu den chemischen Mitteln zählen schaumschichtbildende Feuerschutzmittel und -salze.

Baulich besteht die Möglichkeit, Holzteile durch Brandschutzplatten aus Glasfasern oder Drahtnetzen, die mit einer Feuer hemmenden Schutzschicht überzogen sind, zu verkleiden.

10 Innenausbau

10.1 Grundlagen des Innenausbaus und Maßnehmen am Bau

1. Welche Tischlerarbeiten gehören zum Innenausbau?

Hierzu gehören Arbeiten aus Holz, Holzwerkstoffen, Metall oder Kunststoffen, die fest in den Innenräumen eines Gebäudes eingebaut werden, also im Einzelnen raumbegrenzende Elemente wie zum Beispiel Wand- und Deckenverkleidungen, leichte Trennwände und Fußböden, aber auch Einbauschränke, Innentüren und Treppen.

2. Was versteht man unter der VOB (Vergabe- und Vertragsordnung für Bauleistungen)?

In ihr sind Richtlinien und Bestimmungen des deutschen Normenausschusses für eine einwandfreie Arbeit und für die Einhaltung von Mindestforderungen festgelegt. Sie liegt den meisten Ausschreibungen zugrunde. Meist wird sie bei der Ausgestaltung der Bauverträge als Vertragsteil genannt und ist dann für alle am Bau Beteiligten verbindlich. Im Falle von Vertragsstreitigkeiten zwischen dem Bauherrn und dem Auftragnehmer wird sie zur Klärung der Rechtslage herangezogen.

3. Welche Einzelgebiete umfasst die VOB?

Teil A: Allgemeine Bestimmungen über die Vergabe von Bauleistungen durch öffentliche Auftraggeber,

Teil B: Allgemeine Vertragsbedingungen wie z. B. Regelungen der Abrechnung, der Gewährleistung und des Schadenersatzes,

Teil C: Allgemeine technische Vorschriften für die einzelnen Gewerke am Bau. Hier findet man auch die Regeln für Bautischlerarbeiten (Aufmaß und Abrechnung – DIN 18355).

4. Welche Regeln gelten beim Aufmaß von Maueröffnungen für den Fensterbau?

Man misst die lichte Breite und Höhe jeweils an drei Stellen. Das kleinste Breiten- und Höhenmaß ist für die Fensterherstellung entscheidend. Die Anschlagsart an der Mauerleibung wird einschließlich der gesondert gemessenen Falzmaße vermerkt.

5. Nach der Maßordnung im Hochbau (DIN 4172) wird zwischen Baurichtmaßen und Rohbaumaßen (Nennmaßen) unterschieden. Erläutern Sie diese Maßbegriffe.

- Baurichtmaße bilden die Grundlage für alle Maße am Bau. Sie sind ein Vielfaches oder Teile eines Achtelmeters (1 am = 12,5 cm),
- Die in Bauplänen aufgeführten Rohbaumaße (Nennmaße) gehen von den Baurichtmaßen aus, berücksichtigen aber in der Regel eine 1 cm breite Mörtelfuge. Es gibt drei Arten von Rohmaßen: Außenmaße, Innen- bzw. Öffnungsmaße und Anbaumaße. Bei der Bauausführung sind die Rohbaumaße innerhalb festgelegter Toleranzen einzuhalten.

Beispiele für Rohbaumaße (X = Anzahl der Steine in der Skizze):

(a) Außenmaß eines Bauteils = X · am – 10 mm,
= 12 · 125 mm – 10 mm = 1490 mm,

(b) Innenmaß einer Maueröffnung = X · am + 10 mm
= 8 · 125 mm + 10 mm = 1010 mm,

(c) Anbaumaß = X · am
= 7 · 125 mm = 875 mm.

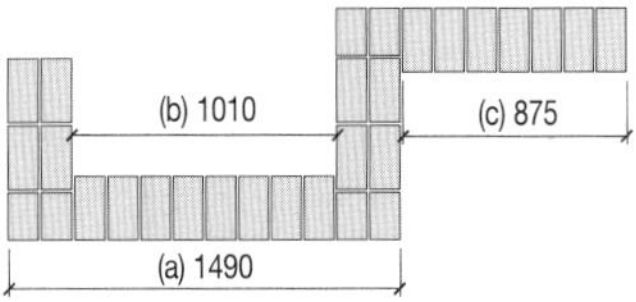

6. Die Bestellgrößen von vorgefertigten Bauelementen wie z. B. Fenster und Türen werden durch Kennziffern festgelegt. Welche Außenmaße hat z. B. ein Bauteil mit den Kennziffern 7 x 15?

Die Kennziffern geben die Anzahl der Achtelmeter und somit die Baurichtmaße an. Das Bauteil mit den Kennnummern 7 x 15 passt in eine Maueröffnung mit den Baurichtmaßen 875 x 1875.

Damit das Fenster oder die Tür eingesetzt werden kann, sind die tatsächlichen Außenmaße jeweils um 15 mm geringer als die Baurichtmaße (bzw. um 25 mm geringer als die Nennmaße). In diesem Fall betragen sie 860 x 1860.

7. Was versteht man unter der Bezeichnung Meterriss?

Der Meterriss ist eine Höhenmarkierung, die bei Baumaßnahmen innerhalb eines Gebäudes 1 m über OFF (**O**berkante des **f**ertigen **F**ußbodens) angebracht wird. Dadurch sind alle Arbeiten bereits durchführbar, bei denen die lotrechten Abstände zum fertigen Fußboden eine Rolle spielen, auch wenn dieser noch nicht fertig gestellt ist (Beispiel: Innentüreinbau).

8. Wie verfahren Sie in der Praxis, um Nennmaßhöhen auf den Meterriss zu beziehen?

Der Meterriss wird mithilfe der Wasserwaage, der Schlauchwaage oder mit einem Baulaser an die Stelle übertragen, wo die Messung des lotrechten Abstandes z. B. mit einem Gliedermaßstab erfolgen kann.

9. Wie wird die Höhe einer Türöffnung gemessen?

Man misst den lotrechten Abstand von der Oberkante des fertigen Fußbodens (OFF) bis zur Unterseite des Sturzes. Das Maß wird in dem Raum abgenommen, in den sich die Tür öffnen soll.

Ist in einem Neubau der Fußboden noch nicht fertig gestellt, geht man vom Meterriss aus.

10. Welche Maueröffnungen sind für Innentüren an Neubauten üblich? Geben Sie hierzu die Nennmaße (Breite und Höhe) an.

Die Nennmaße einer Maueröffnung sind ein Vielfaches des Achtelmeters, wobei im Falle von unverputzten Mauerleibungen für die Breite 10 mm und für die Höhe ab OFF 5 mm hinzuzurechnen sind. Üblich sind die Öffnungsmaße 885 x 2005 (mm) und 1010 x 2130 (mm). Kleinere Öffnungen wie z. B. 760 x 1880 sind möglich, erfüllen aber nicht die heutigen Anforderungen an das barrierefreie Bauen.

10.2 Innentüren

1. Welche Funktionen und Anforderungen sollen Innentüren erfüllen?

Sie ermöglichen den Zugang zu Räumen innerhalb eines Gebäudes und dienen zugleich als Abschluss. Sie sollen Sicherheit, Wärme- und Schallschutz bieten. Geräusche beim Schließen der Türen sollten abgedämpft werden.

Die Gestaltung, Größe und Bauart der Tür beeinflussen die architektonische Wirkung der Räume.

2. Aus welchen drei Hauptteilen setzt sich eine einfache Drehtür zusammen?

Die einfache Drehtür besteht aus dem Türblatt, der Türumrahmung und den Türbeschlägen.

3. Welche Bezeichnungen sind für Innentüren üblich? Nennen Sie Beispiele.

- Nach dem Material: Glas-, Metall-, Holztüren.
- Nach der Bauart des Blattes: Bretter-, Latten-, Rahmentüren und Sperrtürblätter.
- Nach der Form des oberen Abschlusses: Segmentbogen-, Rundbogen-, Korbbogentüren. →

Fortsetzung der Antwort ⇒

- Nach der Verwendung: Zimmer-, Bad-, Küchentüren.
- Nach der Sonderfunktion: Strahlenschutz-, Schallschutz-, Feuerschutztüren.
- Nach der Bewegungsrichtung und Form: Dreh-, Falt-, Harmonika-, Hebe-, Hebeschiebe-, Pendel-, Schiebe- und Drehkreuztüren.
- Nach der Anzahl der Flügel: ein-, zwei-, mehrflügelige Türen.
- Nach dem Sitz der Bänder: Rechts- oder Linkstüren.

4. Welche Werkzeuge benötigen Sie, um beim Kunden eine neue Futterrahmentür einzubauen?

Benötigt werden:

- Gliedermaßstab und Wasserwaage,
- Türfutterspanner bzw. Spreizen mit Holzzulagen,
- Befestigungsmittel (z. B. Spreizdübel oder Futterklammern),
- Handsäge,
- Montageschaum (PUR) und Kartuschenpistole.

10.2.1 Innentürblätter

1. Wie sind Brettertüren aufgebaut und für welche Räume sind sie geeignet?

Die Türblätter bestehen aus gespundeten, gefälzten oder gefederten Brettern, die in der Regel unverleimt verbunden sind. Das Blatt wird mit aufgenagelten, aufgeschraubten oder eingegrateten Querleisten (bzw. Querriegeln) zusammengehalten. Zur Versteifung dient eine Diagonalstrebe zwischen der oberen und der unteren Querleiste, die mit Versatz in die Querriegel eingearbeitet wird.

Brettertüren sind für Lager- und Kellerräume sowie für die Räume in historischen Gebäuden geeignet.

2. Welche Form kann die Türblattkante haben?

Die Kante ist entweder stumpf (= stumpf einschlagende Tür) oder an drei Seiten gefälzt (= überfälzte Tür).

Bei der stumpf einschlagenden Tür ist der Spielraum zwischen Türblatt und Umrahmung (= Luft) sichtbar. Bei der überfälzten Tür wird dieser Spielraum abgedeckt.

3. Ist die abgebildete Brettertür richtig konstruiert? Begründen Sie Ihre Antwort.

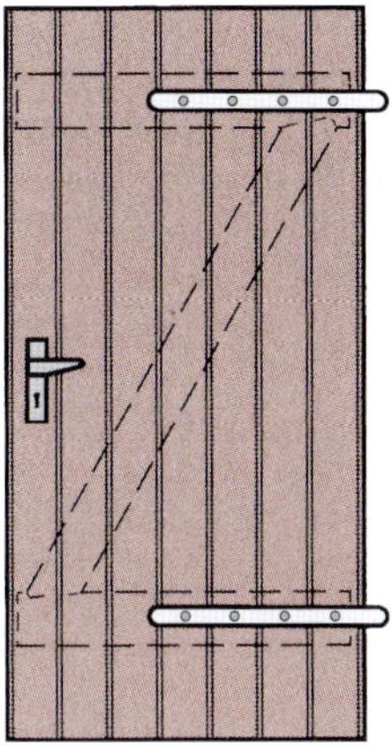

Nein! Die Diagonalstrebe ist falsch angeordnet. Sie müsste in der Abbildung von links oben nach rechts unten verlaufen, da sie u. a. die Aufgabe hat, die Gewichtskraft des Türblattes auf das untere Band bzw. auf den unteren Anschlagspunkt zu verlagern. Der abgebildete Fehler führt zum Durchhängen des Türblattes.

4. Was versteht man unter Sperrtürblättern und wie sind sie aufgebaut?

Sperrtürblätter kommen als glatte Türen mit leichten Hohlraummittellagen in den Handel. Das tragende Rahmengestell mit Verstärkungen für Schloss und Bänder ist so beplankt, dass ein symmetrischer Aufbau entsteht.

Man erhält sie mit endbehandelter Oberfläche, mit Edelhölzern furniert oder mit HPL-Platten bzw. Folien beschichtet.

Die Mittellage besteht z. B. aus Pappwaben, Hartschaum, Röhrenspan und ähnlich leichtem, aber ausreichend aussteifendem Material.

Sperrtürblätter mit Sonderfunktion (z. B. Strahlenschutztür) haben einen speziellen Aufbau.

5. Industriell gefertigte Türblätter haben genormte Abmessungen, damit rationelles Arbeiten möglich wird. Welche Maße haben diese Türblätter nach DIN 18101?

Breite des gefälzten Türblattes = Baurichtmaß – 15 mm,
Höhe des gefälzten Türblattes = Baurichtmaß – 15 mm.

Übliche Maße sind:

- Türblattbreiten: 610 mm, 735 mm, 860 mm oder 985 mm,
- Türblatthöhen: 1985 mm, 2110 mm oder 2235 mm.
- Die Falztiefe beträgt 25,5 mm und die Falzbreite 13 mm.

(Die Außenmaße von ungefälzten Türblättern sind in der Breite um 26 mm und in der Höhe um 13 mm geringer als die Maße von Türblättern mit Falz.)

6. Damit sich Rahmentürblätter mit der Zeit nicht verziehen oder windschief werden, sind bei der Materialauswahl einige Punkte zu beachten. Führen Sie diese Punkte auf.

- Falls man nicht im Handel erhältliche, vorgefertigte Rahmenfriese mit mehrschichtig verleimtem Aufbau verwendet, wählt man Holz mit stehenden Jahrringen (Mittel- und Kernbohlen), damit Form- und Maßänderungen gering bleiben.
- Die Holzfeuchte sollte zwischen 8–12 % liegen.
- Das Holz muss astfrei und darf nicht drehwüchsig sein.
- Geeignete Holzarten sind z. B. Kiefer, Fichte, Lärche, Eiche, Esche u.a.

7. Welche Regeln sind bei der Anfertigung der Verbindungen gestemmter Rahmentüren zu beachten?

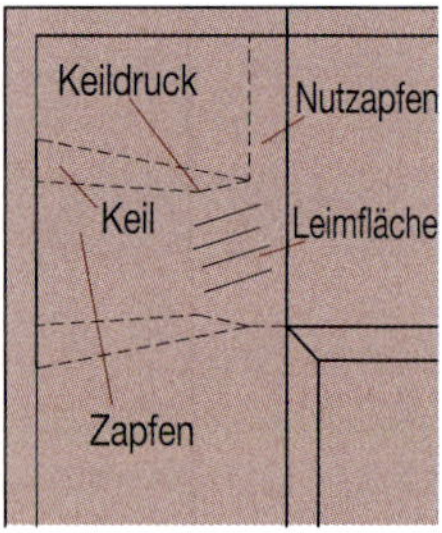

- Die Rahmenfriese sollen nicht über 150 mm breit sein.
- Die durchgestemmten Zapfen sollten etwa 2/3 der Rahmenbreite, aber nicht breiter als 60 mm sein, ihre Dicke ein Drittel der Rahmenfriesdicke.
- Der Keildruck soll nur in der Nähe der Brüstungsfuge wirken. Ansonsten sollen Zapfen und aufrechtes Rahmenfries ungehindert von außen nach innen schwinden können.
- Leim wird aus dem gleichen Grund nur in Brüstungsnähe angegeben.
- Waagerechte Mittelfriese dürfen nicht auf Schlosshöhe liegen, da durch die Schlosskastenausfräsung die Verbindung geschwächt würde.

8. Welche Vorteile hat die gedübelte Rahmentür gegenüber der gestemmten bei der Herstellung?

Gedübelte Rahmentüren können rationeller hergestellt werden. Durch die Verwendung von Bohrlehren, Mehrspindelbohrmaschinen oder den Einsatz von CNC-Maschinen ist eine zügige Herstellung möglich (Zeitersparnis). →

Fortsetzung der Antwort ⇒

Alle Querfriese sind im Falle der gedübelten Eckverbindung um die doppelte Rahmenbreite kürzer als bei der gestemmten Verbindung (Holzersparnis).

9. Welche Regeln sind bei der Herstellung einer gedübelten Rahmentür zu beachten?

- Die Anzahl der Dübel hängt von der Rahmenbreite ab. (Bis 150 mm Breite werden zwei und darüber drei Dübel eingesetzt.)
- Dübelmaße: Länge ≈ 4/3 der Friesbreite; ∅ ≈ 2/5 der Friesdicke.
- Bei Vollholzrahmentüren sind die Dübel so anzuordnen, dass der Breitenschwund der Querfriese nicht zu sehr behindert wird. Ihre Lage sollte dem des Zapfens bei der gestemmten Verbindung entsprechen.
- Die Bohrungen sind so vorzusehen, dass in den aufrechten Rahmenfriesen ein Spielraum von 10 mm entsteht. Die aufrechten Friese können dann ohne Gefahr der Rissbildung von außen nach innen schwinden.
- Um die Brüstungsfugen flächenbündig zu halten, ist eine Zapfenfeder (Nutzapfen) oder ein Konterprofil an den Stirnseiten der Querfriese erforderlich.
- Nur die Dübel werden verleimt, und zwar in den Querfriesen und in Brüstungsnähe der aufrechten Friese.

10. Geben Sie die Reihenfolge der Arbeitsschritte beim Zusammensetzen und Verleimen der Teile einer Rahmentür an.

1. Die Dübel werden in die Löcher der Querfriese eingeleimt.
2. Die Querfriese werden mit den Füllungen zusammengesteckt.
3. Eine Spannvorrichtung wird so angesetzt, dass sich die Dübel bzw. die Zapfen nur bis etwa zur Hälfte in die Löcher der aufrechten Friese einschieben.
4. Leim wird in Brüstungsnähe an den noch zugänglichen Dübel- bzw. Zapfenteilen angegeben. Die Zapfenfeder bzw. der Nutzapfen erhält keinen Leim.
5. Anschließend werden die Verbindungen zusammengepresst. (Hierbei ist darauf zu achten, dass der Rahmen im Winkel bleibt und nicht windschief wird. Falls Keile einzuschlagen sind, ist darauf zu achten, dass die Profilgehrungen an den Rahmeninnenecken dicht bleiben.)

10.2.2 Türanschlüsse zur Wand und Öffnungsvarianten

1. Führen Sie verschiedene Möglichkeiten für den Türanschluss zur Wand auf (mit Horizontalschnittskizzen).

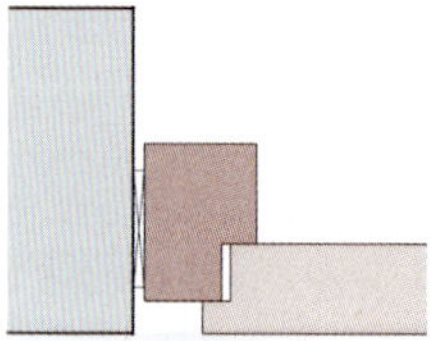

Blockrahmen

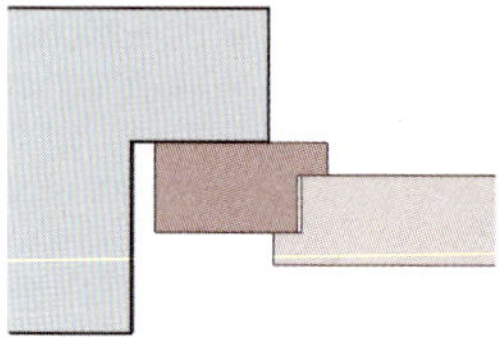

Blendrahmen

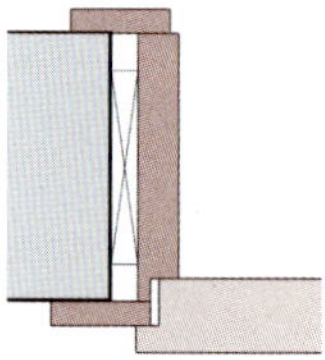

Futterrahmen mit Bekleidung

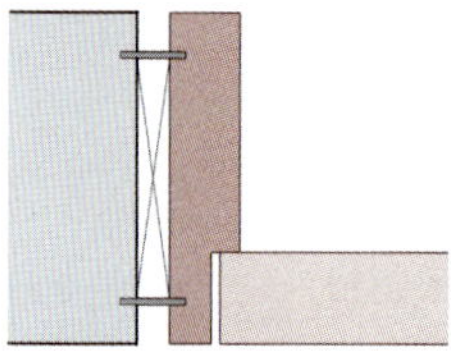

Zargenrahmen

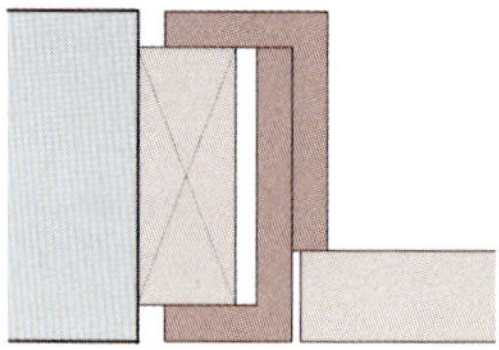

Holzblockzarge als Montagerahmen für Umfangzarge

2. Welche Art des Türanschlusses zur Wand wird bei Innentüren häufig gewählt?

Man wählt im Wohnungsbau vorwiegend den Futterrahmen mit Bekleidung oder den Zargenrahmen, im Objektbau häufig die Holzblockzarge mit Umfangzarge.

3. Verdeutlichen Sie anhand einer Skizze den Aufbau einer Futterrahmentür mit Bekleidung (Horizontalschnitt durch linken Teil).

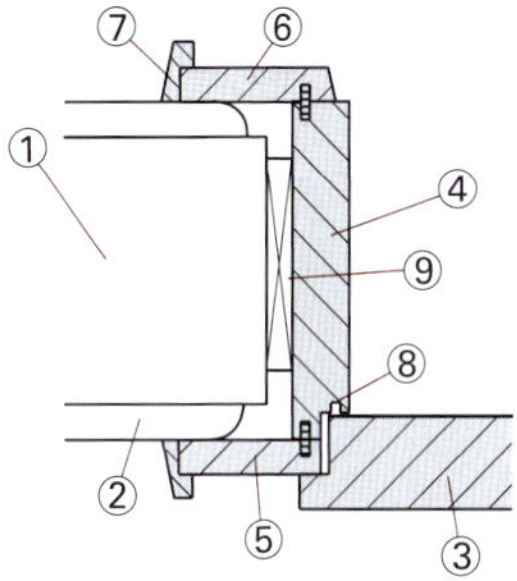

① Mauerwerk,
② Putz,
③ Türblatt,
④ Futter,
⑤ Falzbekleidung,
⑥ Zierbekleidung,
⑦ Zierleiste / Kragenleiste
⑧ Nut zur Aufnahme des Dämpfungsprofils,
⑨ Keile zwischen Futter und Mauerwerk.

4. Ab welcher Wandstärke sollte das Türfutter nicht aus Vollholz gefertigt werden?
Begründen Sie Ihre Antwort.

Bei Wanddicken über 150 mm sind Türfutter aus Vollholz nicht geeignet, da zu große Schwindspannungen auftreten. Geeigneter sind Futter aus Holzwerkstoffplatten (z. B. Tischlerplatte) oder man fertigt das Futter als Rahmen mit Füllung.

5. Wie wird die Futterrahmentür mit Bekleidung am Mauerwerk befestigt?

Der Futterrahmen wird mit der befestigten Falzbekleidung in der Maueröffnung lot- und fluchtgerecht ausgerichtet und die aufrechten Futterstücke werden verkeilt.

Vor der Befestigung mit Montageschaum wird der Rahmen durch Spreizen gegen eine Verformung geschützt.

Anstelle von Montageschaum kann der Rahmen z. B. auch durch Wanddübel, Leimanker oder Stahlwinkel am Mauerwerk befestigt werden.

Abschließend wird die Zierbekleidung befestigt.

6. Beschreiben Sie, was unter einer Zargenrahmentür zu verstehen ist.

Zargenrahmentüren haben Zargen aus Vollholz, beschichteten Holzwerkstoffplatten oder Metall mit rechteckigem Querschnitt. Je nach Zargenbreite wird die Mauerleibung ganz oder teilweise abgedeckt.
Der Putzanschluss erfolgt durch eingenutete Profilschienen aus verzinktem Stahlblech oder wird durch Leisten abgedeckt.

7. Bei Innentüren unterscheidet man verschiedene Öffnungsvarianten. Führen Sie die Möglichkeiten auf und skizzieren Sie das jeweilige Symbol.

Man unterscheidet:

Drehflügeltür
(z. B. DIN rechts)

zweiflügelige Tür

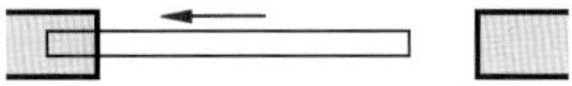

Schiebetür

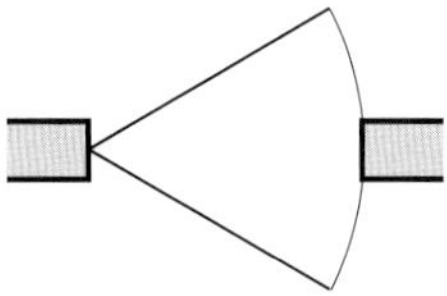

Pendeltür

Falttür

Harmonikatür

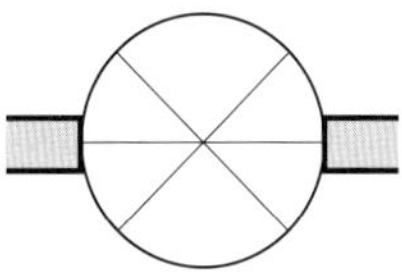

Drehkreuztür

10.2.3 Innentürbeschläge

1. Was ist bei der Wahl der Türbänder zu beachten?

Zu beachten ist

- das Gewicht des Türblattes,
- die Art der Türblattkante (stumpf oder überfälzt),
- die Anschlagseite (DIN-links oder DIN-rechts),
- Form, Farbe und Material der Bänder (passend zum Gesamtbild der Tür),
- vorteilhaft für den Türeinbau sind justierbare Bänder,
- schwere Türen können leichter ein- und ausgehängt werden, wenn die Bänder einen losen Stift haben.

2. Wann bezeichnet man eine Drehtür als DIN-Links-Tür?

Wenn von der Öffnungsseite betrachtet die Bänder links zu sehen sind.

3. Skizzieren Sie ein DIN-Rechts-Innentürblatt (überfälzte Standardinnentür mit 1985 mm Türblatthöhe) in der Ansicht und der Draufsicht. Veranschaulichen Sie den üblichen Sitz der Bänder sowie den Sitz des Drückers (mit Maßangaben).

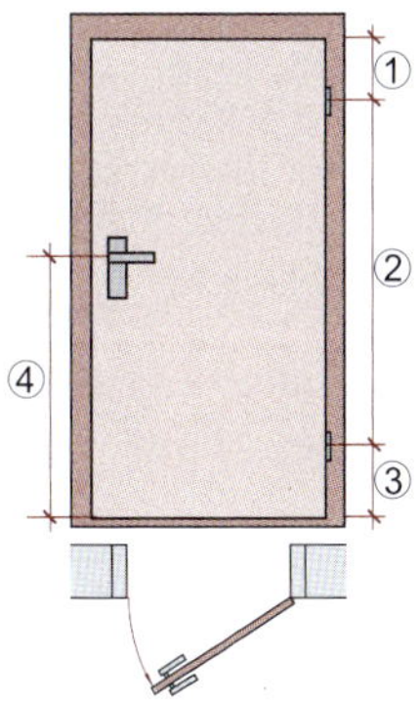

① Der Abstand der oberen Bandbezugslinie ist bezogen auf die Falzbekleidung festgelegt (DIN 18101) und beträgt von der oberen Falzkante 241 mm. Daraus ergibt sich bei einer überfälzten Tür mit 4 mm Falzluft ein Abstand von 250 mm von der Türblattoberkante bis zur Bandmitte.

(Im Falle von Sonderbändern können die Beschlagshersteller auch davon abweichende Maße vorgeben.)

② Von dort bis zur unteren Bandmitte beträgt der Abstand 1435 mm.

③ Bei überfälzten Standardtürblättern dieser Höhe befindet sich demnach die untere Bandmitte 300 mm oberhalb der Blattunterkante.

④ Die Drückerhöhe liegt bei 1050 mm oder bei 850 mm über OFF (Oberkante des fertigen Fußbodens).

4. Welche Bandarten werden für überfälzte Türen verwendet?

Man verwendet zwei- oder dreiteilige Einbohrbänder, Lappenbänder (Aufsatzbänder) und Kombibänder.

Die Bänderlappen müssen gekröpft sein, wobei auf die Unterscheidung in DIN links und DIN rechts zu achten ist. Die übliche Kröpfungsbezeichnung lautet D 13.

5. Was versteht man unter Kombibändern?

Hierbei handelt es sich um eine Beschlagskombination aus Lappen- und Einbohrband. Der gekröpfte Bänderlappen wird am Türblatt befestigt und das Einbohrelement an der Türblattumrahmung.

6. Beschreiben Sie das abgebildete Innentürband und geben Sie an, wo die Klemmplatte zur Aufnahme des Bandes befestigt wird und wie das Band justiert werden kann.

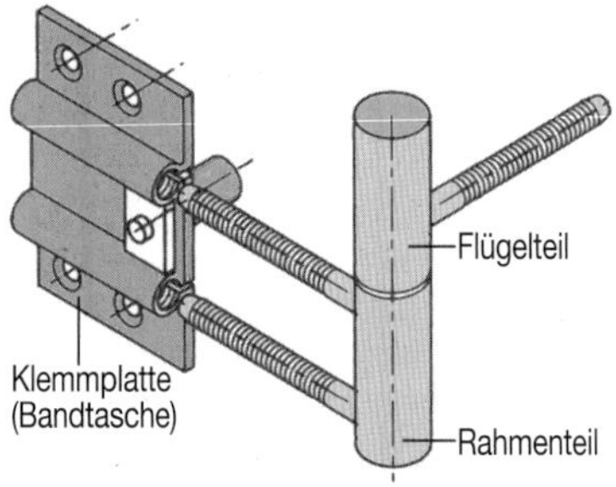

Bei diesen Bändern hat der Teil, der an der Umrahmung befestigt ist, zwei Zapfen, die in eine Bandtasche gesteckt und dort geklemmt werden. Die Bandtasche wird an der Futterrückseite angeschraubt und die Falzbekleidung muss entsprechende Bohrungen haben, um die Bandzapfen bis zur Bandtasche einstecken zu können.

Über ein Falzloch kann mithilfe eines Inbusschlüssels die Klemmschraube der Bandtasche gespannt werden. Die Bandjustierung und damit die Korrektur der Türblattstellung erfolgt durch Lösen der Klemmschraube und Verschieben der Bandzapfen sowie durch Drehen des oberen Bandteils am Türblatt.

7. Durch welche einfachen Maßnahmen können die folgenden Probleme an Innentüren häufig schnell beseitigt werden?
a) Türblatt klemmt, schlägt nicht in den Falz, sondern gegen den Falz.
b) Türblatt liegt nicht gleichmäßig an der Dichtung an.
c) Türblatt schleift beim Öffnen und Schließen.

a) Türblatt aushängen, oberes und eventuell auch unteres Band weiter eindrehen. Türblatt wieder einhängen.

b) Über das Falzloch im Futterrahmen wird mithilfe eines Inbusschlüssels die Bandtaschenklemmung gelöst, um die Bänderzapfen tiefer einzuschieben. Danach liegt das Türblatt dichter an.

c) Türblatt aushängen, oberes Band weiter eindrehen und eventuell unteres Band weiter herausdrehen. Eventuell auch passende Unterlegscheiben oben und unten in das Band einlegen.

8. Nennen Sie Türverschlüsse für Innentüren.

Innentüren erhalten im allgemeinen Einsteckschlösser, die mit einem Schlüssel oder im Falle von Bad- oder Toilettentürschlössern von innen mit einem Knebel verriegelt werden.

Man unterscheidet Schlösser für stumpfe und gefälzte Türblattkanten. Falls die Falle des Türschlosses nicht nach Bedarf umgesteckt werden kann, unterscheidet man auch DIN-Rechts- und DIN-Links-Schlösser. DIN-Rechts-Schlösser sind z. B. nur für DIN-Rechts-Türen verwendbar.

9. Welche Teile gehören zu einem Zimmertürschloss?

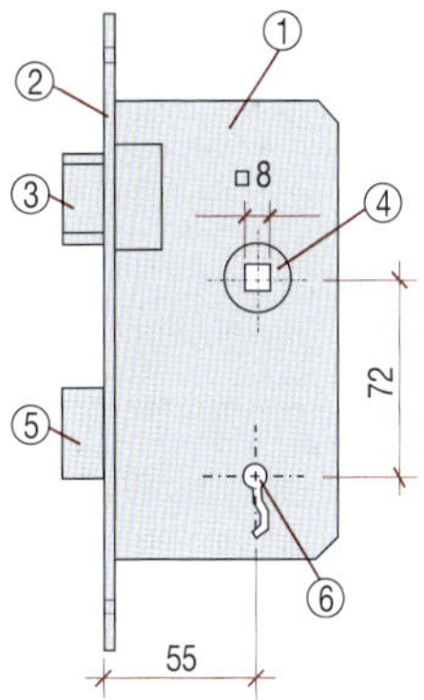

Sie setzen sich zusammen aus

- dem Schlosskasten (1) mit Stulp (2),
- der Falle (3) mit Fallenfeder,
- der Nuss (4) mit quadratischem Vierkantloch und Nussfeder,
- dem Riegel (5),
- dem Schlüsselloch (6) oder der Einsatzöffnung für einen Schließzylinder.

10. Erklären Sie die Begriffe Dornmaß und Entfernung an Innentürschlössern.

Dornmaß = Abstand von Stulpvorderkante bis Schlüssellochmitte (Dorn). Das gebräuchlichste Dornmaß ist 55 mm.

Entfernung = Abstand von Mitte Nuss bis Schlüssellochmitte. Sie beträgt bei Innentürschlössern 72 mm.

11. Welche Sicherungsarten (Schlossarten) kommen für Innentürschlösser in Frage?

- Schlösser, die mit einem Buntbartschlüssel (BB) betätigt werden,
- Schlösser, die mit einem Zuhaltungsbartschlüssel betätigt werden,
- Schlösser, die mit einem Besatzungsbartschlüssel betätigt werden,
- Profil- oder Rundzylinderschlösser (PZ oder RZ),
- Elektronikschlösser, die z. B. mit einer Magnetstreifenkarte betätigt werden.

12. Was versteht man bei Innentüren unter dem Schlosszubehör?

Hierzu zählen die so genannte Drückergarnitur (Türdrücker, Türschilder, Schlüsselrosetten) und das an der Umrahmung anzubringende Schließblech. (Für stumpf einschlagende Türen benötigt man Lappenschließbleche und für überfälzte Türen Winkelschließbleche.)

13. Türschilder und Schlüsselrosetten sind oft mit verschiedenen Lochungen erhältlich, die z. B. mit BB, RZ oder PZ abgekürzt werden. Was ist darunter zu verstehen?

Entsprechend der Ausführung der Zimmertürschlösser als Buntbartschloss (BB) oder vorgerichtet für den Einsatz von Profilzylindern (PZ) bzw. Rundzylindern (RZ) gibt es Rosetten und Türschilder mit Lochungen, die zu der Schlüsselform (Buntbart) oder der Zylinderart passen.

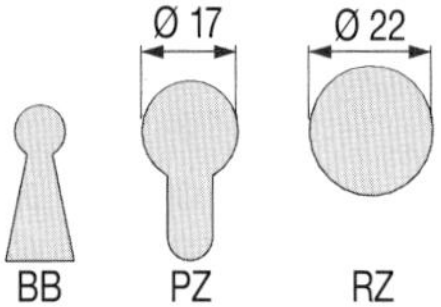

14. Durch welche Maßnahmen und Beschläge kann die Schall- und Wärmedämmung von Innentüren verbessert werden?

Man erreicht eine Verbesserung durch

- umlaufende Falzdichtungen aus Weich-PVC oder Gummi,
- Bodendichtungsbeschläge, die in die Türblattunterkante eingelassen werden (z. B. Auflaufdichtung, Absenkdichtung).

10.2.4 Sondertüren

1. Durch welche Möglichkeiten können beim Bau von Innentüren die Schalldämmwerte verbessert werden?

- Durch Erhöhung der Masse (Einlagen aus Röhrenspanplatten können z. B. mit Bleikügelchen gefüllt werden),
- durch mehrschaligen Aufbau mit speziellen Dämmeinlagen,
- durch Doppelfälze mit Dichtungen,
- durch Bodendichtungsbeschläge.

Schalldämmwerte von 40 bis 50 dB (A) sind so erreichbar (einfache Tür: ca. 20 dB (A)).

2. Welche Beschläge werden beim Bau und bei der Montage einer zweiflügeligen Zimmer-Schiebetür benötigt und wo werden diese befestigt?

- Für die hängende Führung wird unter dem Türsturz oder an der Wand eine Laufschiene oder ein Laufrohr befestigt. An der Türblattoberkante wird das Laufwerk (Rollen- oder Kugellagerbeschlag) angebracht.
- An den Führungsschienen werden Auflaufbremsen bzw. Stopper befestigt.
- Spezialbeschläge mit Seil ermöglichen eine Synchronöffnung (gleichzeitiges Öffnen beider Flügel).
- Zur unteren Türführung werden an den Türblattunterkanten U-förmige Kunststoffschienen eingelassen. Führungsnocken, die im Fußboden seitlich vom Durchgangsbereich angebracht werden, greifen in diese Schiene ein.
- Zum geräuscharmen Abstoppen der Türblattseiten werden Türpuffer bzw. Wandpuffer aus Gummi angebracht.
- Zum Bewegen von Schiebetüren verwendet man Griffmuscheln.
- Als Schließbeschläge werden Schiebetürschlösser mit Zirkel- oder Flügelriegel eingesetzt, die mit einem klappbaren Gelenkschlüssel geschlossen werden.

3. Welche Vorteile haben Pendeltüren und was ist bei Ihrer Planung zu beachten?

Sie erlauben einen raschen Durchgangsverkehr, da sie sich nach zwei Seiten bewegen und selbstständig schließen.

Man sollte eine Glasfüllung einplanen, um eine übersichtliche und problemlose Nutzung der Tür zu gewährleisten.

4. Welche Sonderbeschläge sind für Pendeltüren erforderlich?

Der Türanschlag erfolgt mit Pendeltürbändern (Bommerbänder). Sie ermöglichen einen beidseitigen Öffnungswinkel von ca. 110° und schließen die Flügel selbstständig. Ihre Spannkraft kann nachgestellt werden.

Zum Verschließen von Pendeltüren dienen besondere Pendeltürschlösser mit Rollenfalle.

10.3 Leichte Trennwände, Wand- und Deckenverkleidungen

1. Welche Arten von leichten Trennwänden unterscheidet man?

Man unterscheidet

- Gerippewände: Gerüst aus Kanthölzern oder Metallprofilen mit Außenflächen aus Holzwerkstoff- oder Gipskartonplatten; die Hohlräume der Unterkonstruktion nehmen schall- und wärmedämmende Materialien auf,
- Elementwände: bestehend aus versetzbaren, raumhohen Fertigelementen, die zum Einspannen zwischen Boden und Decke flexible Anpassungsmöglichkeiten aufweisen,
- als Trennwand ausgebildete Schrankwände.

2. Wie sind schalldämmende leichte Trennwände aufgebaut?

- Die Hohlräume der Gerippewand werden mit mindestens 40 mm dicken Mineralfaserdämmmatten gefüllt.
- Die Beplankung erfolgt durch biegeweiche Platten hoher Dichte.
- An den Decken- und Bodenanschlüssen werden Dämmfilzstreifen unterlegt.

Beim einschaligen Aufbau wird die Beplankung der Gerippewand frei schwingend befestigt.

Der zweischalige Aufbau besteht aus zwei einseitig beplankten Gerippewänden unterschiedlicher Dicke, die zur Vermeidung von Schallbrücken nicht miteinander verbunden sind (Doppelständerwand).

3. Aus welchen Gründen werden Wand- und Deckenverkleidungen hergestellt?

Optische Gründe: Verschönerung, Steigerung der Behaglichkeit, repräsentative Raumgestaltung,

Technische Gründe: verdeckte Unterbringung von Leitungen, Rohren, Lüftungsanlagen usw.; Verbesserung der Raumakustik, der Schall- und Wärmedämmung.

4. Erläutern Sie anhand von Beispielen, wie durch die Wandverkleidung die Raumwirkung verändert werden kann.

Hierbei spielen die Bauart, die verwendeten Materialien sowie deren Anordnung, Gliederung, Fugenübergänge und Oberflächenbehandlung eine Rolle.

- Bei senkrecht gegliederten Verkleidungen wirkt eine Wand höher und schmaler.
- Bei waagerechter Gliederung wirkt eine Wand niedriger und breiter.
- Große Räume mit raumhohen Verkleidungen und großflächiger Aufteilung wirken repräsentativer.
- Kleine Räume mit nur einzeln verkleideten Wänden oder Nischen wirken gemütlicher.

5. Wie unterscheidet man Verkleidungsschalen nach dem konstruktiven Aufbau?

Man unterscheidet

- die Bretttäfelung (bzw. Verbretterung),
- die Verstäbung,
- die Rahmentäfelung,
- die Plattentäfelung.

6. Welche Höhen sind bei Wandverkleidungen üblich?

Infrage kommen

- die wandhohe Verkleidung,
- die Verkleidung bis zu einer Höhe, die deutlich über oder unter der halben Raumhöhe liegt. Dabei greift man vorhandene Linien im Raum auf (z. B. bis zur Höhe der Fensterbrüstung, der Fensterkämpfer oder des Türsturzes.)

7. Welche Aufgaben hat die Unterkonstruktion von Wandverkleidungen

Sie

- trägt die Verkleidungsschale,
- gleicht Wandunebenheiten aus,
- kann in den Zwischenräumen Platz für Installationsleitungen und Dämmstoffe bieten,
- dient zur Hinterlüftung der Verkleidungsschale.

8. Warum ist bei Wandverkleidungen die Hinterlüftung erforderlich?

Ohne eine funktionierende Hinterlüftung kann sich an der Rückseite der Verkleidungsschale und an der Unterkonstruktion Feuchtigkeit durch Kondenswasserbildung ansammeln, die schließlich zu Bauschäden führt. Dies geschieht insbesondere dann, wenn bei Außenwänden die Oberflächentemperatur oft deutlich unter der Raumtemperatur liegt.

9. In einem Wohnzimmer beträgt im Winter die Raumtemperatur 21 °C und die relative Luftfeuchtigkeit 60 %. Ermitteln Sie aus der Tabelle, bei welcher Oberflächentemperatur sich an der Wand Feuchtigkeit bildet. Geben Sie an, wie dies verhindert werden kann.

Der Taupunkt liegt bei 12,9 °C. Wenn die Oberflächentemperatur der Wand so weit abkühlt, bildet sich dort Feuchtigkeit. Abhilfe: Verbesserung der Wanddämmung und Hinterlüftung bei Einbauschränken und Wandverkleidungen. (Eine Erhöhung der Raumtemperatur führt zwar zu einer Verringerung der relativen Luftfeuchtigkeit, würde aber auch die Taupunkttemperatur erhöhen. Außerdem ist diese „Lösung" unökonomisch und ungesund.)

Luft-	Taupunkttemp. bei relativer Luftfeuchte in %					
temp.	50%	55%	60%	65%	70%	75%
16 °C	**5,6 °C**	**7,0 °C**	**8,2 °C**	**9,4 °C**	**10,5 °C**	**11,6 °C**
17 °C	**6,5 °C**	**7,9 °C**	**9,2 °C**	**10,4 °C**	**11,5 °C**	**12,5 °C**
18 °C	**7,4 °C**	**8,8 °C**	**10,1 °C**	**11,3 °C**	**12,5 °C**	**13,5 °C**
19 °C	**8,3 °C**	**9,8 °C**	**11,1 °C**	**12,3 °C**	**13,4 °C**	**14,5 °C**
20 °C	**9,3 °C**	**10,7 °C**	**12,0 °C**	**13,2 °C**	**14,4 °C**	**15,4 °C**
21 °C	**10,2 °C**	**11,6 °C**	**12,9 °C**	**14,2 °C**	**15,3 °C**	**16,4 °C**
22 °C	**11,1 °C**	**12,5 °C**	**13,9 °C**	**15,1 °C**	**16,3 °C**	**17,4 °C**

10. Was ist bei der Herstellung der Unterkonstruktion von Wandverkleidungen zu beachten?

- Sie sollte aus 20 bis 30 mm dicken Latten bestehen (vierseitig gehobelt und imprägniert).
- Bei senkrechter Lattenanordnung (eventuell mit waagerechter Konterlattung) ist die notwendige Hinterlüftung mit dem geringsten Aufwand gewährleistet. Bei waagerechter Anordnung der Grundlattung sind versetzt angeordnete Lüftungsschlitze erforderlich.
- Die Lattenabstände sollten etwa 50 bis 80 cm betragen (abhängig vom Gewicht, der Unterteilung oder der Fugenanordnung der Verkleidungsschale).
- Die Ausrichtung erfolgt mithilfe der Wasserwaage vom höchsten Punkt der Wandfläche aus. Zum Ausgleich von Wandunebenheiten werden unmittelbar an den Befestigungspunkten Distanzstücke unterlegt. Die Befestigung erfolgt mit Spreizdübeln im Abstand von 50 bis 60 cm.

11. Beschreiben Sie den Aufbau einer wärmedämmenden Wandverkleidung.

Die Unterkonstruktion besteht aus Grund- und Konterlattung.

Die **Grundlattung** ist mit Mineralwollefilz hinterlegt und die Lattenzwischenräume mit wärmedämmenden Materialien (z. B. Mineralwollematten) gefüllt. Über der Grundlattung wird eine Dampfbremsfolie angebracht, die eine Durchfeuchtung der Dämmstoffe verhindert. →

Fortsetzung der Antwort ⇒

Die **Konterlattung**, die die Verkleidungsschale trägt, ist so anzubringen, dass eine Hinterlüftung gewährleistet ist. Sie kann auch Lüftungsschlitze enthalten.

12. Wie wird die Hinterlüftung einer Wandverkleidung im Decken- und Bodenanschlussbereich gewährleistet?

Am Decken- und Bodenanschluss der Verkleidungsschale müssen Lüftungsschlitze eingeplant werden. Sie sollen einen Querschnitt von ca. 20 cm^2 pro 1 m^2 Verkleidung haben.

13. Wie erfolgt die unsichtbare Befestigung einer Wandverkleidungsschale aus Brettern?

Man befestigt sie

- mit Stiften in der Nutwange. (Die Federn der Folgebretter decken die Verbindungsmittel ab.)
- mit passenden Profilbrettklammern und -krallen, die in unterschiedlichen Ausführungen zur Verfügung stehen. (Diese greifen in die Nuten der Bretter und werden beim Ansetzten des nächsten Brettes durch dessen Feder oder durch eine Fremdfeder verdeckt.)

14. Nennen Sie Möglichkeiten der Befestigung von Rahmen- und Plattentäfelungen auf der Unterkonstruktion.

Für die unsichtbare Befestigung von großformatigen Rahmen- und Plattentäfelungen sind Einhängebeschläge oder selbst gefertigte Einhängevorrichtungen (wie z. B. konische Trageleisten, Falzleisten, Nutklötze an der Rückseite der Täfelung) möglich.

15. Welche Arten von Deckenverkleidungen unterscheidet man nach der Art der Anbringung, nach der Bauart (Konstruktion) und nach der technischen Funktion?

- Nach der Art der Anbringung:
  - direkte Deckenverkleidungen,
  - abgehängte Decken.
- Nach der Konstruktion:
  - Balkendecken,
  - Bretterdecken,
  - Kassettendecken,
  - Plattendecken.
- Nach der technischen Funktion:
  - Akustikdecken,
  - Lüftungs- und Lichtdecken,
  - wärmedämmende Decken.

16. Was ist bei der Montage der Unterkonstruktion von Deckenverkleidungen zu beachten?

- Bei direkter Befestigung der Unterkonstruktion werden Unebenheiten durch Distanzklötze ausgeglichen. Man befestigt die Metallprofile, Latten oder Holzrahmen mit Schrauben in Spreizdübeln oder bei Hohlkörperdecken mit Kippdübeln aus Metall.
- Die Befestigung abgehängter Unterkonstruktionen erfolgt mithilfe von verstellbaren Abhängern.
- Die Unterkonstruktion wird sorgfältig ausgerichtet (mit der Wasserwaage, dem Baulaser, der Schlauchwaage oder der Spannschnur).

17. Beschreiben Sie, was man unter einer Bretterdecke versteht, und nennen Sie Möglichkeiten der Gestaltung.

Hierbei handelt es sich um eine Verkleidungsschale aus Brettern, die direkt an einer Unterkonstruktion befestigt wird.

Bei der Gestaltung der Bretterdecke spielen die Holzart, die Oberflächenbehandlung, die Brettbreite und das Brettprofil, die Anordnung der Bretter (parallel zur Wand oder diagonal) eine Rolle. Durch die Form des Übergangs von Brett zu Brett (gespundet, gefedert, überschoben, überluckt) ergeben sich sehr unterschiedliche Schattenwirkungen.

18. Was versteht man unter einer Kassettendecke?

Bei Kassettendecken liegen die einzelnen quadratischen oder rechteckigen Felder (Kassetten) vertieft und wirken dadurch betont plastisch.

10.4 Eingebaute Schränke

1. Welche Arten von eingebauten Schränken unterscheidet man?

Eingebaute Schränke sind fest mit dem Mauerwerk verbunden.

Man unterscheidet

- Wandschränke, die nur einen Teil der Wand ausfüllen,
- Schrankwände, die vom Boden bis zur Decke und über die gesamte Wand reichen und z. T. auch Zimmertüren einbeziehen,
- Raumteiler (evtl. mit Durchreiche oder Tür).

2. Was versteht man unter Raumteilern?

Unter Raumteilern versteht man eingebaute Schränke, die gleichzeitig eine Wand ersetzen, z. B. zwischen Küche und Esszimmer oder zwischen Schlafzimmer und Ankleideraum. Sie trennen einen Raumbereich teilweise oder ganz ab und haben dann Durchreichen oder Durchgangstüren.

3. Bezeichnen Sie die dargestellten Einbauschränke genauer.

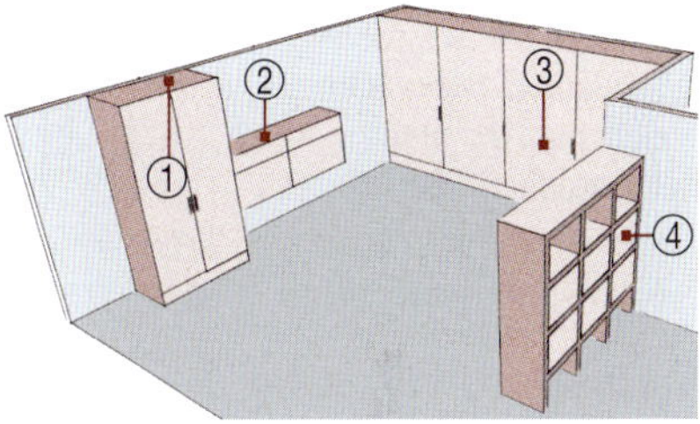

Der Wandschrank (1) füllt die Wand teilweise aus, ebenso das Sideboard als eingebauter Hängeschrank (2).

Die Schrankwand (3) füllt die Wand vollständig.

Die Regal-Korpus-Kombination hat die Funktion eines Raumteilers (4) .

4. Welche zusätzlichen Arbeiten fallen bei der Herstellung von Wandschränken im Vergleich zum normalen Schrankbau an?

Es müssen Lösungen gefunden werden

- zum Transport und zur zügigen Montage der Schränke beim Kunden,
- zur Standsicherheit (auch bei geöffneten Türen und Schubkästen),
- zu den Wand-, Decken- und Bodenanschlüssen,
- zur Hinterlüftung.

5. Die Abbildung zeigt einen Beschlag zur Aufhängung von Einbauschränken an der Wand. Die beiden Stellschrauben 1 und 2 dienen zur Justierung. Für welche Einbauschränke eignet sich dieser Beschlag und welche Einstellungen erreicht man durch die Stellschrauben 1 und 2?

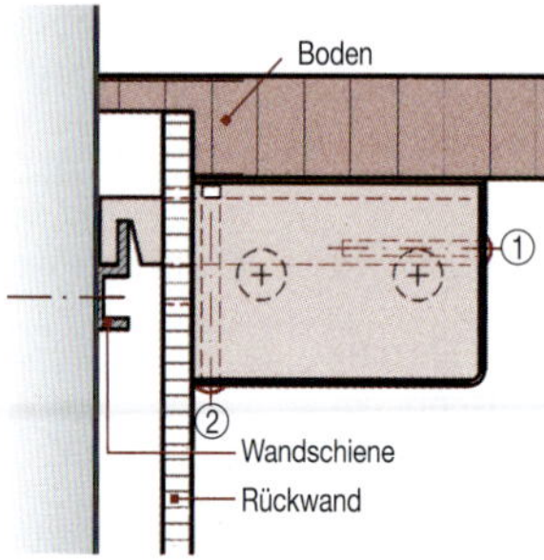

Schrankaufhänger werden für Küchenoberschränke und andere Hängeschränke verwendet.

Mit der Stellschraube ① kann der Hängeschrank an die Wand herangezogen werden.

Mit der Stellschraube ② kann er in der Höhe verstellt werden, um ihn z. B. exakt an einem anschließenden Schrank in der Höhe auszurichten.

6. Zum Aufhängen von Hängeschränken werden Wandschienen aus Metall oder Trageleisten aus Holz durch geeignete Dübel an der Wand befestigt. Führen Sie verschiedene Dübelsysteme auf, mit ihrer Eignung nach dem Verankerungsgrund.

- Spreizdübel aus Kunststoff. Die Verankerung in Beton- und Ziegelmauerwerk erfolgt durch Haftreibung. Dies ist eine kraftschlüssige Verbindung,
- Hohlraumdübel aus Metall, die sich beim Andrehen der Schrauben weit spreizen – die Verankerung erfolgt bei einer mehrschaligen Wand z. B. hinter Gipskartonplatten und bildet eine formschlüssige Verbindung,
- Spezialdübel wie z. B. Injektionsdübel, bei denen das Bohrloch mit Kunstharz gefüllt wird. Durch die Aushärtung des Kunstharzes erfolgt eine stoffschlüssige Verankerung der Dübel z. B. in porösem Mauerwerk.

7. Um große Einbauschränke beim Kunden zügig montieren zu können, wählt man lösbare Verbindungsbeschläge. Warum bringt man trotz dieser Beschläge noch Dübel an und wie werden diese verleimt?

Die Dübel erleichtern das Zusammenstecken der losen Teile, die dann durch die Verbindungsbeschläge fest zusammengezogen werden. Außerdem verstärken Sie die Verbindung und entlasten die Beschläge.

Die Dübel werden schon in der Werkstatt in die Bodenkanten eingeleimt, nicht aber in die aufrechten Seiten, damit eine spätere Demontage des Einbauschranks möglich ist.

8. **Skizzieren Sie den vorderen Bereich des Teilhorizontalschnittes durch einen Einbauschrank.**

a) Verdeutlichen Sie in der Skizze eine Möglichkeit für den seitlichen Wandanschluss.

b) Stellen sie außerdem in vereinfachter Form den Sitz eines Topfscharniers mit der Kröpfung 0 dar und kennzeichnen Sie dazu die folgenden Details:

- **Distanzplatte,**
- **Topf,**
- **Gelenkarm**
- **Topfabstand C.**

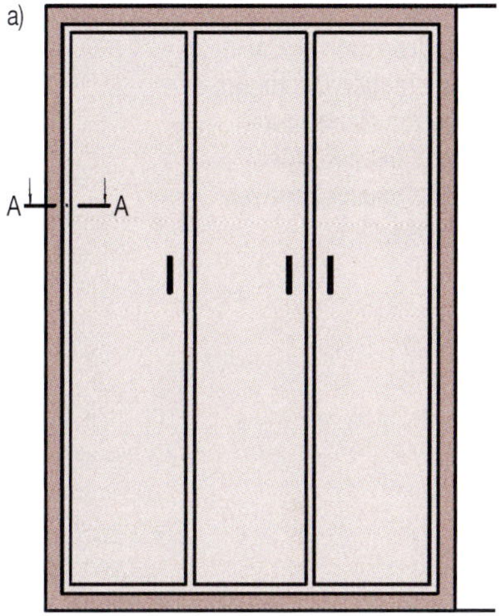

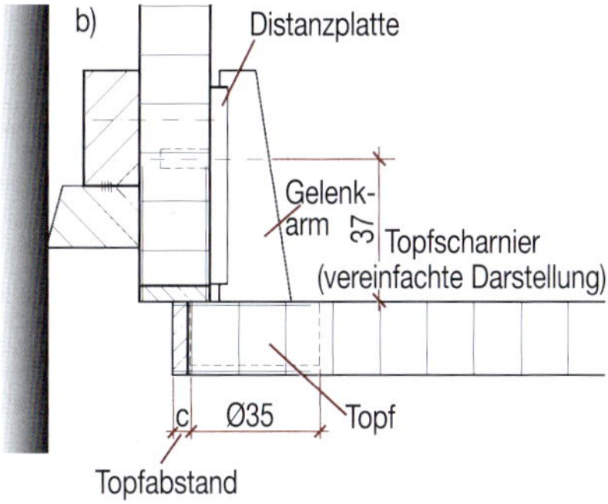

9. Aufbausysteme verringern das Transportproblem und vereinfachen die zügige Montage von eingebauten Schränken beim Kunden. Welche Aufbausysteme haben sich bewährt?

- *Einzelteile-System:* einzelne, raumhohe Seiten, Böden und Rückwände werden unter Verwendung von Systemverbindern (System 32) zur Schrankwand zusammengesetzt. Mit Decken- und Sockelblenden sowie seitlichen Passleisten werden die Abstände zur Decke, zum Boden und zur Wand abgedeckt.
- *Frontrahmensystem:* ein gesondert aufgestellter Schrankkörper, bestehend aus Seiten und Fachböden, wird durch einen Frontrahmen abgeschlossen, in den die Türen eingehängt werden (eine Rückwand ist nicht unbedingt erforderlich).
- *Gestell- oder Stollensystem:* zwischen Fußboden und Decke werden Gestelle bzw. Tragseiten eingespannt, in denen Fachböden und kleinere Kastenelemente eingehängt werden.
- *Wandträgersystem:* vertikal oder horizontal an der Wand befestigte Metallschienen nehmen mit entsprechenden Einhängebeschlägen Böden, kleinere Schrankelemente und Rückwandpanellen auf.

10. Welche Vor- und Nachteile ergeben sich, wenn für einen Einbauschrank an Stelle eines Aufbausystems das Anbauverfahren gewählt wird?

Beim Anbauverfahren werden vorgefertigte Schrankelemente zusammengestellt und miteinander verschraubt. Raumhohe Fertigelemente werden dicht oder mit Zwischenräumen aneinander gestellt. Die Zwischenräume erhalten z. B. durch zusätzliche Fachbodenanordnung Regalfunktion. Kleinere Fertigelemente werden auch in der Höhe gekoppelt.

Vorteile:

- Zügige Montage,
- geringer Arbeitsaufwand in der Werkstatt bei Verwendung von industriell vorgefertigten Elementen.

Nachteile:

- Transportprobleme bei großen Fertigelementen,
- hohe Materialkosten (z. B. wegen doppelter Seiten und Böden).

11. **Werden im Anbauverfahren Einbauschrank-Fertigelemente miteinander gekoppelt, entstehen unschöne Fugen zwischen den Doppelseiten. Skizzieren Sie eine gestalterische Lösung, die dieses Problem beseitigt (Horizontalschnittskizze).**

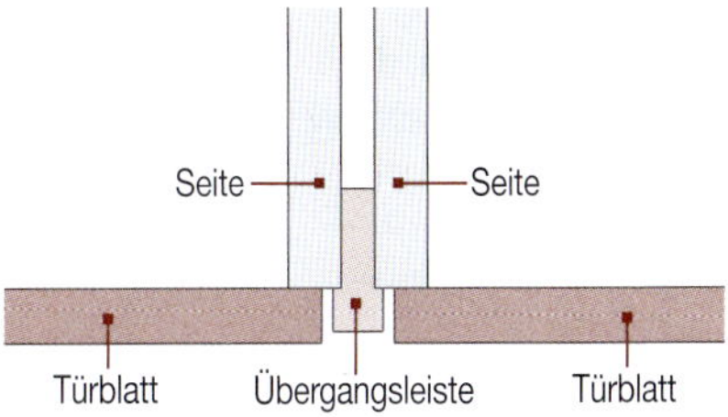

12. **Wie ist bei der Montage von Einbauschränken eine einwandfreie Ausrichtung und Lastenverteilung zu erreichen?**

Die Ausrichtung erfolgt entweder durch Sockelhöhenversteller oder der Einbauschrank wird – insbesondere im Falle von Bodenunebenheiten – auf einem ausgerichteten, durchlaufenden Sockel oder Sockelrahmen aufgebaut. Zum Ausrichten muss ein seitlicher und hinterer Spielraum eingeplant werden. Nach dem Ausrichten dürfen durchgehende Frontfugen keinen Versatz aufweisen.

Aufgrund der zu erwartenden hohen Lasten ist darauf zu achten, dass die Gewichtskräfte gleichmäßig verteilt werden. Im Falle von Sockenhöhenverstellern sind zusätzliche Unterfütterungen zur Lastenaufnahme erforderlich.

13. **Im Altbau haben Außenwände häufig eine unzureichende Wärmedämmung, sodass sie im Winter fühlbar abkühlen. Worauf ist zu achten, wenn dort Einbauschränke montiert werden sollen?**

In diesem Fall muss eine gut funktionierende Hinterlüftung eingeplant werden, da sonst durch Kondenswasserbildung Feuchtigkeitsansammlungen an der kalten Außenwand und im wandnahen Teil des Schranks auftreten. (Diese Feuchtigkeit führt zu gesundheits- und werkstückgefährdender Pilzbildung.)

Durch ausreichend große Lufteintritts- und -austrittsöffnungen im Bereich des Boden- und Deckenanschlusses wird für eine Luftzirkulation zwischen Schrankrückwand und Raumwand gesorgt. Durch die unten einströmende Warmluft wird die Feuchtigkeit hinter der Schrankrückwand rechtzeitig aufgenommen und nach oben abgeführt. Oft ist auch eine Verbesserung der Wanddämmung erforderlich.

14. Welche Abstände (Spielräume) sind bei der Planung von Einbauschränken zu beachten?

Da an der Einbaustelle nicht mit genau senkrechten Raumwänden und genau waagerechten Fußböden und Decken zu rechnen ist, werden Schrankwände mit einem Mindestabstand von 25 mm zu den Raumwänden geplant. Dieser Abstand ermöglicht auch eine Hinterlüftung.

Im Falle von Anschlüssen an einen Schornstein sind größere Abstände einzuhalten (> 70 mm, örtliche Vorschriften sind zu beachten).

10.5 Holzfußböden

1. Welche Arten von Holzfußböden unterscheidet man nach den Ausgangsmaterialien?

Nach dem Ausgangsmaterial unterscheidet man

- Dielenfußböden, die als Hobeldielen (bzw. als Lang- oder Kurzdielen) erhältlich sind,
- Parkettfußböden, die als Stabparkett, Fertigparkett, Mosaikparkett angeboten werden und
- Holzpflasterböden.

2. Warum gehören Laminatfußböden nicht zu den Holzfußböden?

Laminatfußböden bestehen aus Holzwerkstoffen (Span- oder MDF-Platten), die mit einer abriebfesten Laufschicht aus Kunststoff (z. B. HPL) überzogen sind. Der Fachhandel bietet Laminatfußböden an, die auf den ersten Blick Holzfußböden verblüffend gut imitieren. Die positiven Eigenschaften von Fußböden aus Vollholz können allerdings nicht imitiert werden.

3. Ein Kunde steht vor der Entscheidung, im Wohnbereich seines Einfamilienhauses den Fußboden zu erneuern. Nennen Sie einige Argumente, die für Holzfußböden sprechen.

Holzfußböden

- sind wegen der geringen Wärmeleitfähigkeit bzw. wegen der angenehmen Oberflächentemperatur behaglich,
- sind wegen der natürlichen, warmen Farben optisch einzigartig,
- sind frei von elektrostatischer Aufladung,
- sind elastisch und deshalb trittsympathisch,
- sind langlebig und einfach zu pflegen,
- können durch Abschleifen wieder erneuert werden,
- sind ökologisch,
- verbessern das Raumklima und sind bestens geeignet für Allergiker.

4. Der Härtegrad des Holzes für Fußböden wird nach Brinell (Brinellhärte) in vier Klassen eingeteilt. Nennen Sie für jede Klasse ein Holzbeispiel.

- Klasse 1 (sehr weiches Holz): Fichte
- Klasse 2 (weiches Holz): Lärche
- Klasse 3 (hartes Holz): Ahorn
- Klasse 4 (sehr hartes Holz): Esche

5. Erläutern Sie die im Fachhandel üblichen Begriffe „Langdielen", „Kurzdielen", „1-Stab-Dielen" und „Mehrstab-Dielen".

- Langdielen werden für raumlange Verlegungen in verschiedenen Längen angeboten. Sie sind an den Längsseiten mit Nut und Feder versehen. Reststücke, die bei der Längenanpassung anfallen, sind Verschnitt.
- Kurzdielen werden in handlichen Längen angeboten. Sie haben auch an den Stirnseiten Nut und Feder, um eine sichere Stoßverbindung (Endenspundung) zu ermöglichen. Sie werden im so genannten Schiffsverband in der Länge versetzt verlegt. Da dabei nur wenige Dielen angepasst werden müssen, ist der Verschnitt gering.
- 1-Stab-Dielen bestehen aus einem gewachsenen Stück.
- Man spricht von Mehrstab-Dielen, wenn die Dielen nicht aus einem Stück sondern aus verleimten Holzstäben hergestellt wurden.

6. Bei der Bestellung von Fußbodendielen muss die unterschiedliche Bedeutung von Profilmaß und Deckbreite beachtet werden. Erklären Sie diesen Unterschied.

- Das Profilmaß ist die Breite der Diele einschließlich der Feder.
- Die Deckbreite ist die sichtbare Breite der verlegten Diele.

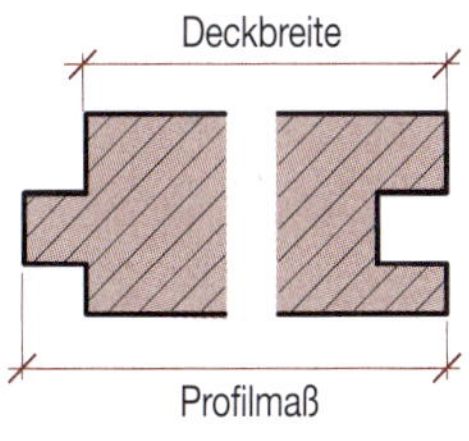

7. Hobeldielen haben in der Regel Nuten auf der Unterseite. Welchen Zweck erfüllen diese Nuten?

Die Nuten unterbrechen die Jahrringe und verhindern so, dass bei Holzfeuchteänderungen starke Verformungsspannungen auftreten (diese Entlastungsnuten sind nur dann sinnvoll, wenn die linke Holzseite nach unten zeigt).

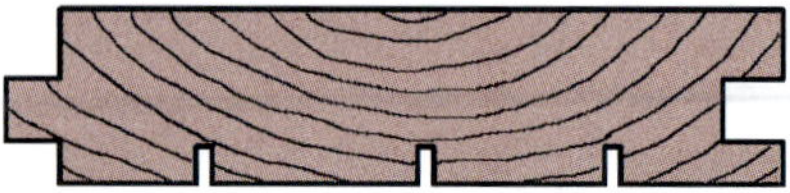

8. Nennen Sie die heute üblichen Verlegeverfahren für Dielenfußböden.

- Verlegung auf ausgerichteter Balkenlage mit schalldämmender Zwischenlage (z. B. Dämmstreifen aus Kork), sichtbar oder unsichtbar genagelt oder verschraubt.
- Verlegung auf Lagerhölzern oder Glattbrettern mit schalldämmender Zwischenlage (z. B. Dämmstreifen aus Kork) und verdeckter Verschraubung.
- Verlegung auf Trockenunterböden (z. B. OSB-Platten oder V100-Spanplatten) mit schalldämmender Zwischenlage (z. B. Rollenkork) und verdeckter Verschraubung.
- Schwimmende Verlegung auf trockenen, ebenen und festen Untergründen. (Voraussetzung: Dielen, die durch spezielle Trocknungs- und Herstellungsverfahren fast spannungsfrei und formstabil sind.)

9. Unter dem Oberbegriff Parkett werden verschiedene Arten zusammengefasst. Führen Sie die verschiedenen Arten von Parkett auf.

- Stabparkett: Die einzelnen Stäbe haben an allen Schmalflächen Nuten zur Aufnahme von Fremdfedern. Sie werden in unterschiedlichen Längen und Breiten angeboten.
- Parkettriemen: Die einzelnen Riemen haben an einer Längs- und Hirnkante eine angehobelte Feder und an den anderen Kanten eine Nut.
- Parkettdielen: Sie sind zwei oder dreischichtig, ähnlich wie Sperrholz, aufgebaut. Im Handel werden sie z. B. als Fertigparkett oder als Landhausdielen mit fertiger Oberfläche angeboten.
- Parkettplatten: Dies sind vorgefertigte Parkettelemente aus Hartholz. Sie sind mehrschichtig aufgebaut. →

Fortsetzung der Antwort ⇒

- Mosaikparkett: Dieses Parkett besteht aus kurzen und schmalen Holzlamellen, die zu Verlegeeinheiten zusammengesetzt sind und auf der Rückseite durch ein Klebenetz zusammengehalten werden. Die am häufigsten verlegte Form ist das Würfelmuster.
- Tafelparkett: Einzelelemente sind dekorativ zu einer quadratischen Tafel zusammengefügt und ergeben bei der Verlegung ein Flächenmuster.

10. Welche Vorteile haben Holzpflasterböden und für welche Anwendungsbereiche sind sie empfehlenswert.

- Durch die Verwendung der Hirnholzfläche als Lauffläche sind sie besonders belastungsfähig und abriebfest.
- Sie erreichen deutlich höhere Schall- und Wärmedämmwerte als andere Holzfußböden.
- Sie eignen sich besonders für Räume, in denen der Boden höchsten Belastungen ausgesetzt ist, wie z. B. Werkräume und Eingangsbereiche.

11. Welche Aufgaben haben Unterböden zwischen dem Verlegeuntergrund und einem neuen Holzfußboden? Nennen Sie auch die Materialien, die man dafür verwendet.

Unterböden reduzieren den Trittschall, gleichen geringe Bodenunebenheiten aus und sorgen im Falle von mineralischen Untergründen für den erforderlichen Feuchtigkeitsschutz.

Als Materialien verwendet man

- PE-Folie als Feuchtesperre,
- OSB- oder V100-Spanplatten als Trockenunterboden,
- Schaumfolie als Trittschalldämmung,
- Rippenpappe, Rollenkork oder Kombi-Vlies als Trittschalldämmung und zum Ausgleich kleiner Unebenheiten.

12. Welche Möglichkeiten für die Verlegung von Trockenunterböden kennen Sie?

Trockenunterböden werden

- direkt auf Lagerhölzer verlegt und verschraubt. Die mit untergelegten Dämmstreifen versehenen Lagerhölzer sind dabei so anzuordnen, dass auch die quer verlaufenden Plattenstöße dort zusammentreffen.
- schwimmend verlegt. Dabei sind die Platten durch eine Nut-Feder-Verleimung und unter Einhaltung eines Längenversatzes und eines Dehnungsabstands zu den Wänden (= 15 mm) miteinander verbunden. Sie liegen ohne weitere Fixierung auf einer geeigneten Trittschall- bzw. Wärmedämmung.

13. Führen Sie die Arbeitsschritte bei der schwimmenden Verlegung von Fertigparkett auf einem Estrichfußboden auf.

1. Auslegen einer PE-Folie mit ausreichender Überlappung als Schutz vor Feuchtigkeit aus dem Estrich,
2. Ausrollen einer Unterlage zur Trittschalldämmung und zum Ausgleich kleiner Unebenheiten (z. B. Rollenkork),
3. Ausrichten der ersten Parkettreihe mit der Nutseite zur Wand und einem durch Keile fixierten Wandabstand von 10 bis 15 mm,
4. Verlegung der weiteren Reihen unter Beachtung eines Längenversatzes von mindestens 50 cm. Verleimung der Nut und Feder und fugenfreies Zusammenfügen mit Schlagholz und Hammer.

14. Welche Rolle spielt der Jahrringverlauf bei der Herstellung und Anbringung von Holzfußleisten?

Die Fußleisten sind so herzustellen und anzubringen, dass die linke Holzseite an der Wand anliegt. So bleibt die obere Fuge dicht, auch wenn durch Nachtrocknen die linke Seite etwas hohl wird.

10.6 Treppenbau

1. Welche Bauarten unterscheidet man bei Holztreppen hinsichtlich der Stufenaufnahme?

Man unterscheidet

- Wangentreppen (Die Trittstufen sind in Wangen eingenutet),
- aufgesattelte Treppen (Die Trittstufen liegen auf Tragholmen auf),
- abgehängte Treppen (Die Trittstufen werden durch senkrechte Zugstäbe gehalten),
- Sondertreppen wie z. B. Spindeltreppen (Die Trittstufen werden an einer Säule befestigt) oder Faltwerktreppen (Die Stufenkonstruktion wird direkt an der Wand befestigt).

2. Skizzieren und benennen Sie verschiedene Varianten der Wangentreppe.

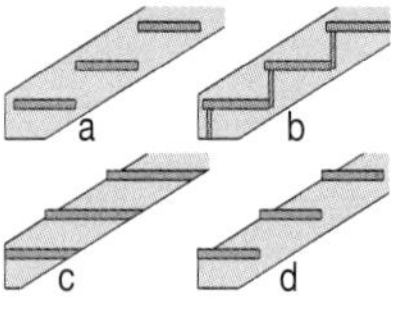

a halbgestemmte Wange
b gestemmte Wange
c eingeschnittene Wange
d eingeschobene Wange

3. Welchen Vorteil bietet die Bauart der aufgesattelten Treppe und welche Varianten gibt es?

Bei aufgesattelten Treppen liegen die Trittstufen auf Tragholmen auf, die entweder seitlich oder in der Mitte angeordnet sind. Da die Holme nur an der Decke und am Boden befestigt sind, findet keine direkte Trittschallübertragung auf Raumwände statt. Auch für den Außenbereich ist diese Bauart besser geeignet, da sich keine Feuchtigkeit in Nuten sammelt.

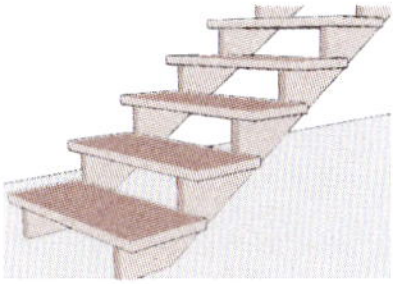

seitliche Tragholme

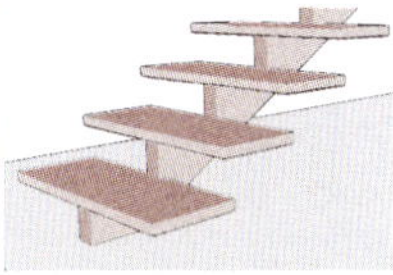

Mittelholmtreppe

4. In Grundrissen von Treppen wird die Lauflinie dargestellt. Welche Bedeutung haben dabei der Anfangskreis und der Endpfeil?

Unabhängig davon, wohin eine Treppe führt, z. B. zum Dachboden oder zum Keller, kennzeichnet der Anfangskreis immer die tiefste Stufe, die sogenannte Antrittsstufe. Der Pfeil zeigt auf die höchste Stufe, die sogenannte Austrittsstufe. Die Krümmung einer Lauflinie sowie ihr Anfang und Ende kennzeichnen eine Treppe als rechts- oder linksläufige Treppe.

5. Treppen werden nach der Form und der Richtung der Läufe bezeichnet. Wie lautet die Bezeichnung für die fünf gezeigten Beispiele?

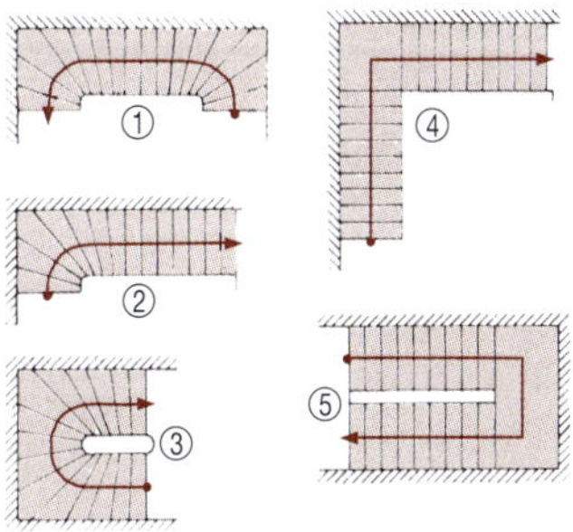

① im An- und Austritt viertelgewendelte Linkstreppe

② Im Antritt viertelgewendelte Rechtstreppe

③ halbgewendelte Rechtstreppe

④ zweiläufige, gewinkelte Rechtstreppe mit Zwischenpodest

⑤ zweiläufige, gegenläufige Rechtstreppe mit Zwischenpodest

6. Bei viertel- und halbgewendelten Treppen werden die Stufen verzogen. Was versteht man unter der Stufenverziehung?

Damit bei diesen Treppen der Übergang der geraden und gebogenen Laufabschnitte möglichst gleichmäßig erfolgt, werden etwa 3 bis 4 Stufen vor und nach der Laufkrümmung die Stufenformen trapezartig verzogen, ohne aber die Auftrittbreite auf der Lauflinie zu verändern. Die Anzahl der verzogenen Stufen ist einschließlich des Spickeltritts ungerade. Für das Verziehen gibt es unterschiedliche Verfahren (zeichnerische und rechnerische). Im Ergebnis werden die Stufenbreiten an der Innenwange regelmäßig kleiner – bis zum Spickelbrett – und danach wieder regelmäßig größer.

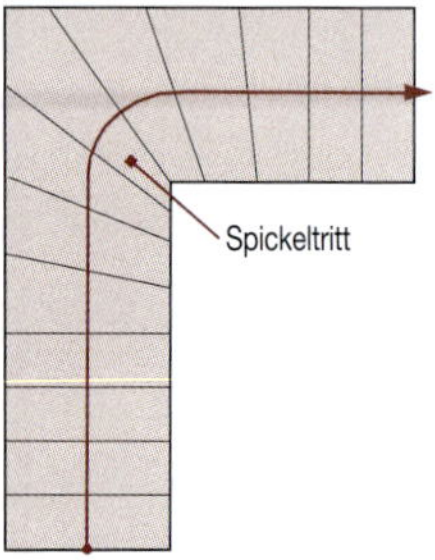

7. Welche Holzarten werden für den Treppenbau verwendet?

Man verwendet Holzarten mit ausreichender Biegefestigkeit wie z. B. die einheimischen Nadelhölzer (Kiefer, Lärche) und viele europäische Laubhölzer (Ahorn, Esche). Für die Trittstufen verwendet man vorwiegend harte Hölzer wie z. B. Eiche oder Rotbuche, aber auch Sperrholzplatten wie z. B. Multiplex.

8. Benennen Sie die dargestellten Teile und Maßbegriffe der Treppe.

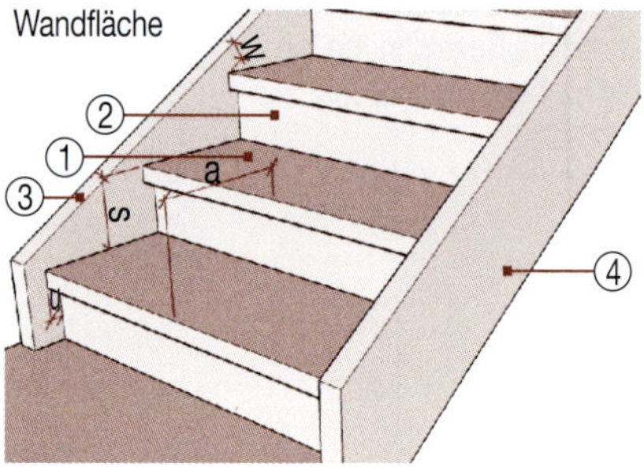

Trittstufe ①	Steigung (*s*)
Setzstufe ②	Auftritt (*a*)
Wandwange ③	oberes Wangenbesteck (*w*)
Freiwange oder Lichtwange ④	Unterschneidung (*u*)

9. Bei der Herstellung von Trittstufen für gewendelte Treppen aus Massivholz muss auf den Verlauf der Holzfaser geachtet werden. Wie muss die Holzfaser bei allen Trittstufen verlaufen?

Sie muss immer parallel zur Trittstufenvorderkante verlaufen.

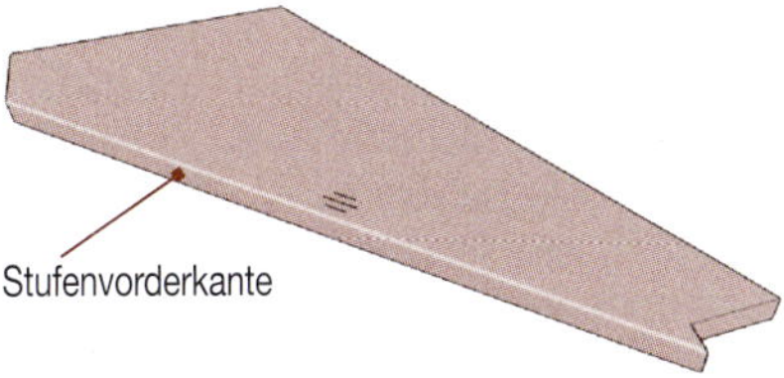

10. Bei der Festlegung des Verhältnisses von Steigung zu Auftritt (s : a) spielen die Schrittmaßregel, die Bequemlichkeitsregel und die Sicherheitsregel eine Rolle. Erläutern Sie diese drei Regeln.

- Die Schrittmaßregel lautet: $2\,s + a = 63$ cm (59 cm bis 65 cm nach DIN).
- Die Bequemlichkeitsregel lautet: $a - s = 12$ cm.
- Die Sicherheitsregel lautet: $a + s = 46$ cm.

Bei einer Steigung von 17 cm und einem Auftritt von 29 cm werden alle drei Regeln eingehalten. Diese Maßkombination bezeichnet man auch als ideales Steigungsverhältnis.

11. Wann werden die Schrittmaßregel, die Bequemlichkeitsregel und die Sicherheitsregel beim Entwurf einer Treppe herangezogen?

Mit der Schrittmaßregel kann eine vorhandene Treppe überprüft werden. Sie ist in Ordnung, wenn 2 s + a = 59 bis 65 cm ist.
Bei der Neuplanung wird damit die Auftrittbreite (a) berechnet: a = 63 cm - 2 s. (Die Steigung s ist durch den Gesamthöhenunterschied und die Anzahl der Steigungen gegeben).

Mit Hilfe der Bequemlichkeits- und Sicherheitsregel können steile oder flache Treppen beurteilt werden. Geringe Abweichungen vom Sollwert sind hinnehmbar. Beispiel: Das Steigungsverhältnis 19 cm / 26 cm entspricht der Schrittmaßregel (= 64 cm) und in etwa der Sicherheitsregel (= 45 cm), nicht aber der Bequemlichkeitsregel (= 7 cm).

12. Welche Abstandsmaße von Treppen zu Türöffnungen sind einzuhalten?

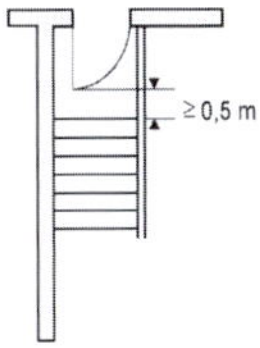

Wenn die Tür zur Treppe hin öffnet, beträgt der Mindestabstand 1 m plus 0,5 m und im anderen Fall 1 m.

Es spielt keine Rolle, ob die Treppe nach oben oder unten führt.

13. Für ein Einfamilienhaus soll eine gerade Treppe zu dem darüber liegenden Dachgeschoss geplant werden. Die Geschosshöhe beträgt 2,75 m. Machen Sie zu folgenden Details Angaben beziehungsweise Vorschläge:

a) Treppenlaufbreite und Mindestdurchgangshöhe,
b) Anzahl der Steigungen und genaue Steigung,
c) Auftritt und Treppenlauflänge.

a) Die Laufbreite sollte 90 cm (mindestens 80 cm) sein und die Durchgangshöhe mindestens 2 m.

b) Geht man von der üblichen Steigung von ca. 17 cm aus, ergeben sich in diesem Fall 16 Steigungen. Die genaue Steigung beträgt dann 17,2 cm (= Geschosshöhe durch Anzahl der Steigungen).

c) Der Auftritt beträgt nach der Schrittmaßregel 28,6 cm (a = 63 - 2s). Da eine Treppe mit 16 Steigungen 15 Auftritte hat, ergibt sich eine Lauflänge von 4,29 m.

14. Wann ist an einer geraden Treppe ein Zwischenpodest erforderlich und wie bestimmen Sie die Maße der Podestfläche?

Ein Zwischenpodest ist wegen der körperlichen Belastung beim Treppensteigen ab 18 Steigungen vorgeschrieben, also bei Treppen, die einen Höhenunterschied von mehr als 3 m überwinden. Die Podestbreite richtet sich nach den anschließenden Trittstufen. Damit der Bewegungsrhythmus nicht unterbrochen wird, sollte in Laufrichtung das Maß mindestens eine Auftrittbreite plus ein Schrittmaß sein (z. B.: = a + 1 · 63 cm oder = a + 1 · (2s + a)).

15. Wie kann an gestemmten Wangentreppen störenden Knarrgeräuschen vorgebeugt werden?

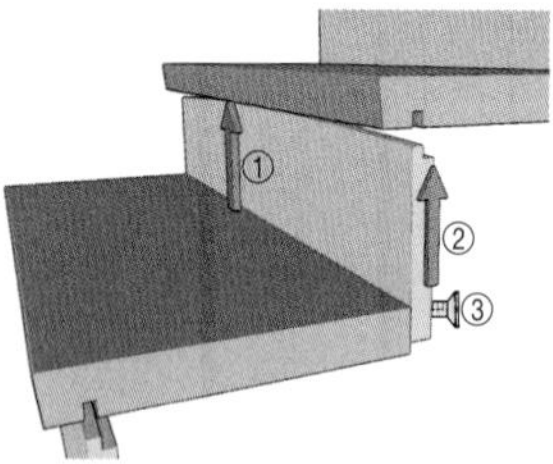

Die Geräusche entstehen beim Begehen der Treppen, wenn sich die Federn der Setzstufen in den Nuten der Trittstufen bewegen.

Die Bewegung kann durch Vorspannen der Trittstufen verhindert werden. Die Trittstufen werden leicht nach oben gehebelt ① und die Setzstufen fest in die Trittstufennut geschoben ② und dann verschraubt ③. Eine leichte Wölbung der Setzstufenfeder ist vorteilhaft. Nach der Hebelentnahme bleibt die Spannung erhalten, auch wenn das Holz noch trocknet. Zur Geräuschbeseitigung ist auch ein späteres Nachspannen der Trittstufen möglich.

11 Außentüren und Fenster

11.1 Haustüren

11.1.1 Grundlagen zum Bau von Haustüren

1. Nennen Sie die Anforderungen, die moderne Haustüren erfüllen sollen.

Sie sollen:

- dem architektonischen Gesamtbild des Gebäudes entsprechen,
- schall- und wärmedämmend sein,
- schlagregendicht sein,
- ausreichende Sicherheit gegen Einbruch bieten,
- eine lange Lebensdauer mit hoher Verformungsstabilität und guter Fugendichtheit haben,
- Beschläge haben, die langfristig eine leichte Bedienbarkeit und Funktionssicherheit gewährleisten.

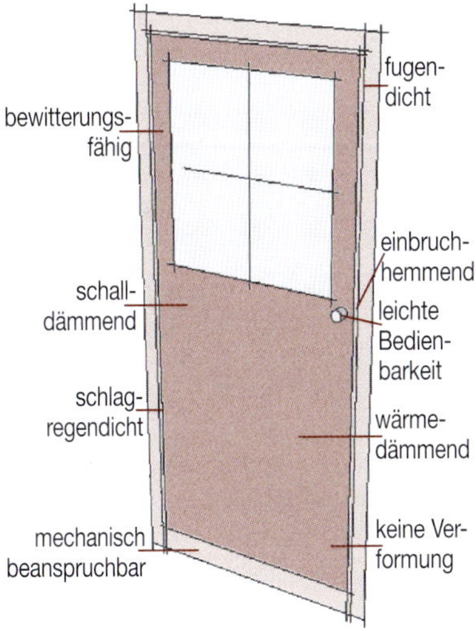

2. Welche Werkstoffe werden für den Bau von Haustüren verwendet?

Man verwendet
- feste, resistente Hölzer mit gutem Stehvermögen,
- für den Übergangsbereich geeignete Holzwerkstoffe,
- Metall (z. B. Aluminium),
- Kunststoff,
- Glas.

3. Wie können Haustürblätter konstruiert sein (Grundformen) und welche Mindestmaße sind zu beachten?

Grundformen sind
- glatte Türen,
- Rahmentüren mit Füllungen,
- aufgedoppelte Türen,
- schwere Brettertüren (z. B. bei denkmalgeschützten Gebäuden).

Mindestdurchgangsbreite: 950 mm; Mindestdurchgangshöhe: 2000 mm.

4. Beschreiben Sie den Aufbau von glatten Haustürblättern.

Sie bestehen aus einem tragenden Teil und beidseitiger Beplankung.
- Als tragendes Teil kommen Rahmen oder kompakte Platten infrage. Rahmenzwischenräume sind zur Verbesserung der Schall- und Wärmedämmung mit Dämmstoffen gefüllt. Einige Dämmstoffe erfordern eine Dampfbremse, die zur Warmseite hin anzubringen ist. Die Dampfbremse kann z. B. aus einer Aluminiumplatte bestehen, die gleichzeitig den Einbruchschutz verbessert.
- Die Beplankung besteht aus Sperrholzplatten (STAE oder FU), die an den Kanten Anleimer erhalten.

5. Wie werden bei Haustürblättern in Rahmenbauweise die Rahmenecken verbunden und worauf ist dabei zu achten?

Als Rahmeneckverbindungen kommen gedübelte und gestemmte Verbindungen infrage. Die geschlitzte Verbindung ist selten, da sie nur für Friesbreiten bis 60 mm zulässig ist. Da die Rahmenholzdicke über 45 mm liegt, sind Doppelzapfen bzw. zwei Dübelreihen anzuordnen. Um die Brüstungsfugen dauerhaft dicht zu halten und um eine Verformung der Querfriese zu verhindern, ist außerdem eine Zapfenfeder (Nutzzapfen) erforderlich. Alle Verleimungen müssen D4-Qualität haben.

Ansonsten gelten die gleichen Regeln wie bei Innentüren in Rahmenbauweise.

6. Welche Querschnittsmaße sollen die Rahmenhölzer bei Außentürblättern in Rahmenbauweise haben?

Die Rahmenhölzer können eine Breite von 130 bis 190 mm und eine Dicke von 68 bis 80 mm haben.

Da der Sockelfries (unteres Rahmenholz) häufig eine größere Breite haben soll, wird er durch zwei Rahmenhölzer, die unverleimt miteinander verbunden sind, gebildet.

7. Wie sollten die Füllungen bei Außentürblättern in Rahmenbauweise aufgebaut sein?

Für die Herstellung von Füllungen kommen unterschiedliche Werkstoffe infrage. Allerdings sind großflächige Vollholzfüllungen aufgrund ihres Schwind- und Quellverhaltens problematisch.

Die erforderliche Wärmedämmung erzielt man durch Mehrscheibenisoliergläser und Füllungen in Sandwichbauweise, bei denen innen eine Wärmedämmschicht (Hartschaumplatte) angeordnet ist.

8. Wie erfolgt der Anschluss der Füllungen am Rahmenholz?

Die Füllungen werden in der Regel in den Rahmeninnenfalz eingelegt und durch Leisten gehalten. Oder sie werden eingenutet, an der Rahmeninnenkante überschoben oder von einem eigenen Rahmen oder Kehlstoß eingefasst, der wiederum an der Türrahmeninnenkante überschoben wird. Sie dürfen mit dem Rahmen nicht verleimt werden.

Um Feuchtenester im Anschlussbereich der Füllungen zu verhindern, ist eine Versiegelung an der Außenseite erforderlich. Glasfüllungen sind nach den Regeln der Fensterverglasung einzusetzen. So ist z. B. bei dichtstofffreiem Glasfalz ein Dampfdruckausgleich zur Kaltseite zu ermöglichen.

9. Erläutern Sie den Aufbau des Türblattes bei einer aufgedoppelten Außentür.

Hierbei besteht das Türblatt aus einem tragenden Teil, einer Außenschale und einer Innenschale.

- Der tragende Teil kann eine Rahmenkonstruktion oder ein Sperrtürblatt sein.
- Die Außenschale aus Profilbrettern stellt die eigentliche Aufdopplung dar.
- Durch die Innenschale entsteht ein symmetrischer Aufbau des Türblattes in der Dicke, der für die Formstabilität entscheidend ist.

Der mehrschichtige Blattaufbau gewährleistet gute bis sehr gute Schall- und Wärmedämmwerte, insbesondere wenn die Innenhohlräume mit Dämmmaterial ausgefüllt und durch eine Dampfbremse vor Durchfeuchtung geschützt sind.

10. Wie können aufgedoppelte Außentüren gestaltet werden?

Das Aussehen einer aufgedoppelten Haustür wird bestimmt durch die Gestaltung der Außen- und Innenschale.

Als Außenschale (Aufdopplung) wird in der Regel die Verbretterung gewählt, die unterschiedlich angeordnet werden kann (z. B. horizontale, vertikale, diagonale oder strahlenförmige Anordnung.) Die Form der Bretterfugenübergänge, die Art der Bretterbefestigung (z. B. mit Ziernägeln oder unsichtbar) und die Wahl des Oberflächenüberzugs sind für den Gesamteindruck entscheidend.

Bei jeder Entscheidung zur Gestaltung ist zu beachten, in welchem Maß die Haustür Witterungseinflüssen ausgesetzt sein wird. (Eine strahlenförmige Anordnung der Verbretterungen mit langen Stoßfugen ist z. B. nicht empfehlenswert, wenn die Tür an einem Gebäude mit geringem Dachüberstand eingebaut werden soll.)

11. Welche Türumrahmung unterscheidet man bei Haustüren?

- Wenn ein Mauerwerksanschlag vorhanden ist, wählt man vorzugsweise den Blendrahmen mit Doppelfalz;
- Wenn kein Mauerwerksanschlag vorhanden ist, kommt eher der Blockrahmen mit Doppelfalz infrage, der einen nahezu quadratischen Querschnitt hat.

  Die Bodenschiene, die in die Türumrahmung eingelassen ist, bildet in allen Fällen den unteren Abschluss des Rahmens. Sie dient als unterer Anschlag für das Dichtungsprofil des Türblatts und fixiert im Bodenbereich die Rahmenbreite.

12. Wie werden Bodenschienen befestigt?

Sie werden von unten in die Türumrahmung eingesetzt und fest verschraubt. Die Rahmen müssen entsprechende Nuten oder Konterprofilierungen am Hirnende haben. Bei der Befestigung muss sichergestellt sein, dass die Türdichtung richtig aufdrückt.

Im mittleren Bereich haben die Schienen Anker zur Bodenbefestigung, die nach dem Einbau ein Verschieben am Fußboden verhindern.

13. Was versteht man unter thermisch getrennten Bodenschienen?

Diese Bodenschienen haben ein breites Profil, das mehrere Hohlräume aufweist und mehrteilig zusammengesetzt ist (z. B. Teile aus Aluminium und Kunststoff). Dadurch wird eine starke Abkühlung bzw. Tauwasser- oder Frostbildung im Bereich der Dichtungsauflage verhindert. Sie erfüllen ihren Zweck nur in Kombination mit thermischer Trennung im Fußbodenbereich der Türschwelle.

14. Skizzieren und beschreiben Sie den Falzbereich bei Haustüren.

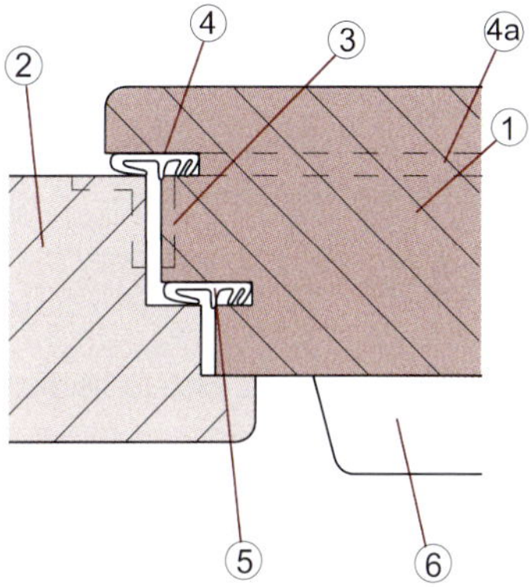

① Türblatt
② Umrahmung
③ Schlossstulp
④ Innendichtung / Aufschlagdichtung
(4a) umlaufende Dichtungsnut
⑤ Mitteldichtung
⑥ Draufsicht auf Wetterschenkel

- Umrahmung und Türblattkanten erhalten einen Doppelfalz,
- der erste Falz muss groß genug für die Aufnahme des Schlossstulps (3) sein (min. 25 mm),
- Nuten nehmen Dichtungsprofile (4) + (5) auf,
- die Maße für den Falzüberschlag und für das Spiel zwischen Umrahmung und Türblatt sind ähnlich wie beim Fensterbau zu wählen.

15. Welche Aufgaben haben die Dichtungen an Außentüren?

Sie bewirken eine geringere Fugendurchlässigkeit, erhöhen die Schall- und Wärmedämmung; verringern Schließgeräusche und schützen vor Staub und Ungeziefer.

16. Wie wird die Türumrahmung am Mauerwerk befestigt und wie wird diese Anschlussfuge abgedichtet?

Der Blendrahmen wird an jeder Seite an mindestens drei Stellen (in Band- und Schlossnähe) mit Spreizdübeln oder Laschen befestigt. Die Hohlräume zwischen Holz und Mauerwerk werden mit Dämmstoff ausgefüllt. Die Fuge wird nach dem Grundsatz innen dichter als außen raumseitig mit einem dampfdichten Dichtungsband geschlossen. Dies verhindert die Durchfeuchtung des Dämmstoffs. Außen wird die Fuge z. B. durch ein vorkomprimiertes Dichtungsband oder durch diffussionsoffene Dichtungsbänder abgeschlossen. Deckleisten können innen und außen den optischen Abschluss bilden.

11.1.2 Konstruktiver Holzschutz bei Haustüren

1. Welche Faktoren sind für die Langlebigkeit von Außentüren aus Holz entscheidend?

Entscheidend sind

- die richtige Holzauswahl (z. B. gesundes, widerstandsfähiges Holz, Soll-Holzfeuchte 10–15 %),
- die Einhaltung der Regeln des konstruktiven Holzschutzes (z. B. Wasserablaufschrägen, Dampfbremsen),
- die Anwendung geeigneter Holzschutzmittel und Oberflächenbeschichtungen.

Auch bauliche Gegebenheiten wie z. B. die Lage der Tür zur Wetterseite oder das Vorhandensein einer Haustürüberdachung spielen eine Rolle.

2. Welche Punkte sind bei der Holzauswahl für den Bau von Haustüren zu beachten und welche Holzarten sind geeignet?

Das Holz soll

- ohne Schädlingsbefall sein,
- stehende Jahrringe und einen geraden Faserverlauf haben,
- astfrei und nicht drehwüchsig sein,
- eine Holzfeuchte von 10–15 % haben.

  Geeignet sind Hölzer mit geringem Schwind- und Quellverhalten und einer hohen Resistenz gegen Schädlingsbefall (Pilze und Insekten) und Witterungseinflüsse: z. B. Teak (aber schwierige →

Fortsetzung der Antwort ⇒

Verleimung), Eiche (aber Verfärbung bei Eisenkontakt), Lärche (aber harzhaltig), Kiefer (aber harzhaltig und relativ astreich),Tanne oder Fichte (bläuegefährdet) und verschiedene außereuropäische Hölzer (z. B. Mahagoni, Afzelia, Meranti, Oregon Pinie).

3. Skizzieren Sie den Vertikalschnitt durch die untere Partie einer aufgedoppelten Haustür. Kennzeichnen und erläutern Sie die für den konstruktiven Holzschutz bedeutenden Einzelteile.

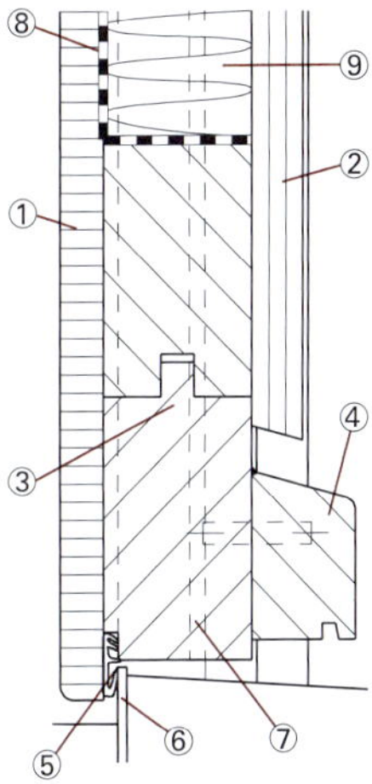

① Innenschale (z. B. aus Sperrholzplatte in AW 100-Verleimqualität),

② vertikale Aufdopplung, von innen aufgeschraubt, unten mit Wasserabrisskante, die ausreichenden Abstand zum Wetterschenkel hat (ca. 10 mm),

③ geteilter Sockelrahmen, bei dem jedes Rahmenteil ungehindert „arbeiten" kann (unverleimte Nut-Feder-Verbindung, Nut liegt oben),

④ Wetterschenkel (Verleimung mit D4-Verleimqualität und Verleimhilfen wie z. B. Dübel), oben mit Silikonfase, unten mit Wasserabrissnut als Regensperre,

⑤ umlaufendes Lippendichtungsprofil als Windsperre liegt unten an Anschlagschiene ⑥ auf,

⑦ zusätzliche oder alternative Lage für umlaufende Falzdichtung,

⑧ Dampfbremse zur Warmseite (z. B. aus PE-Folie) verhindert die Durchfeuchtung des Wärmedämmmaterials ⑨.

4. Erläutern Sie die Vorteile moderner Türschwellen.

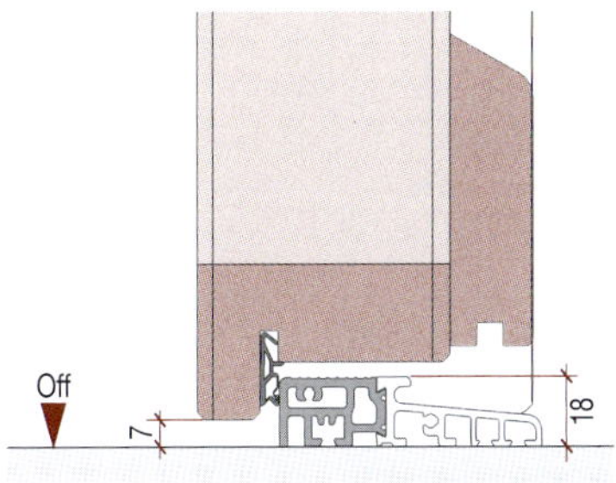

→

Fortsetzung der Antwort ⇒

Vorteile:
- Ein niveaugleicher Übergang von innen nach außen ist möglich,
- die Fixierung am Boden ist weniger aufwändig,
- die thermische Trennung der Schiene verhindert ein Anfrieren der Dichtung,
- der Blendrahmen ist im unteren Bereich besser gegen Feuchtigkeit geschützt, da er über OFF endet und mit Silikon abgedichtet wird.

5. Wovon hängt die Witterungsbelastung von Haustüren durch Sonne, Wind und Regen) ab und welche Rolle spielt die voraussehbare Belastung für die Planung und den Entwurf einer Haustür?

Haustüren an der Nordostfassade eines Gebäudes sind relativ geringen Witterungseinflüssen ausgesetzt. An der Gebäudesüdseite tritt starke Sonneneinstrahlung (Erwärmung, UV-Strahlen) und an der Westseite starke Belastung durch Schlagregen auf.

Dementsprechend sollte bei der Planung an einen geschützten Haustüreinbau (z. B. mit Überdachung) gedacht werden. Auf eine fugenreiche Türblattgestaltung (z. B. Aufdopplung mit vielen Schnittflächen) muss bei starker Witterungsbelastung verzichtet werden.

6. Wie beugt man einer Holzdurchfeuchtung von Außentüren vor?

- Anstelle von waagerechten Flächen, auf denen Wasser stehen bleiben würde, werden Ablaufschrägen mit ca. 20°-Neigung angefräst,
- außenliegende Kanten werden abgerundet, damit witterungsbeständige Überzugsmittel mit gleichmäßiger Dicke aufgetragen werden können,
- Fugen, in die Feuchtigkeit direkt eindringen könnte, werden versiegelt,
- alle Verleimungen erfolgen mit D4-Verleimqualität,
- Verglasungen erfolgen nach den Regeln moderner Fensterverglasung (z. B. mit Glasfalzentlüftung),
- Dampfbremsen verhindern die Kondenswasserbildung im Innern des Türblattes,
- Haustüren sollten vorzugsweise dort eingebaut werden, wo sie vor direkter Bewitterung geschützt sind (z. B. in Mauernische, mit Überdachung oder großem Dachüberstand, an der Gebäudenordseite).

7. Begründen Sie die Notwendigkeit von Dampfbremsen bei der Herstellung wärmedämmender Türblätter.

Durch die zum Teil extrem unterschiedlichen klimatischen Bedingungen auf der Innen- und Außenseite einer Haustür entsteht in der kalten Jahreszeit ein starkes Dampfdruckgefälle (hoher Feuchtigkeitsgehalt →

Fortsetzung der Antwort ⇒

in der warmen Innenluft und geringe Feuchtigkeitsmenge in der kalten Außenluft).

Ohne Dampfbremse findet durch das Türblatt ein Dampfdruckausgleich statt. Es kommt zu Kondenswasserbildung, wodurch Wärmedämmschichten durchfeuchtet werden. Feuchte Dämmschichten erfüllen ihren Zweck nicht mehr und die Lebensdauer der Tür wird stark verkürzt.

Durch Dampfbremsen (PE-Folien oder dünne Aluminiumeinlagen) auf der Warmseite des Dämmmaterials ist dieser Vorgang ausreichend einzuschränken.

8. Mit welchen Türblattverformungen ist im Sommer und mit welchen im Winter zu rechnen?

Außentüren aus Holz neigen dazu sich zu verformen. Die Verformung entsteht durch Feuchteunterschiede in den äußeren Schichten und dem damit verbundenen Schwinden oder Quellen in Faserrichtung.

Im Winter wölben sie sich nach außen und können oben und unten undicht sein.

Im Sommer wölben sie sich nach innen, wodurch Probleme am Verschluss entstehen.

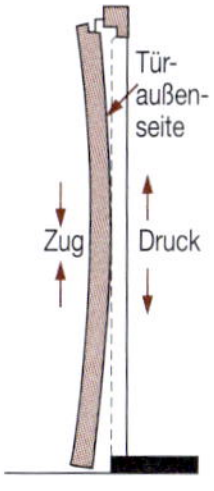

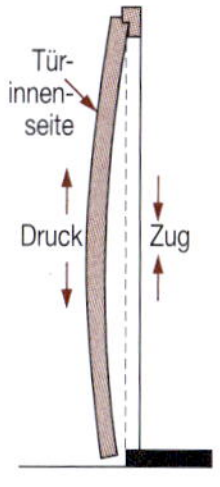

9. Wie kann der Türblattverformung entgegengewirkt werden?

Gegenmaßnahmen sind

- Verwendung schwindungsarmer Hölzer,
- Rahmenhölzer mit stehenden Jahrringen und Stärken von mindestens 60 mm,
- drei Bänder am Türanschlag und Schließbeschläge mit mehreren Verriegelungspunkten,
- eventuell eine Verstärkung durch den Einbau von Eisenprofilen in das Türblatt.

Geringfügige Verformungen werden durch Dichtungsprofile mit großem Rückstellvermögen ausgeglichen.

10. Erläutern Sie die Funktion eines Wetterschenkels an Außentürblättern und führen Sie die Regeln der Herstellung auf.

Ein Wetterschenkel bildet den optischen Abschluss des Türblattes am Boden und ist erforderlich, wenn die Tür dem Schlagregen ausgesetzt ist. Durch die Wasserabrissnut an der Unterkante (Regensperre) ist gewährleistet, dass kein Wasser im unteren Bereich eindringen kann.

Herstellungsregeln:

- Querschnitt von ca. 40/60 bis 50/70,
- Abschrägung von 20–30°,
- Abstand zwischen Regensperre und Windsperre (Dichtungsprofil in Türfalz) mindestens 20 mm,
- Befestigung durch D4-Verleimung und zusätzliche Fixierung (z. B. durch Dübel, Federn, Verschraubung von innen).

11.1.3 Haustürbeschläge

1. Was wissen Sie über die Beschläge zum Anschlagen von Haustüren?

Man verwendet in der Regel drei Bänder (schwere, dreiteilige Einbohrbänder, Lappenbänder, Kombibänder oder spezielle Haustürbändern). Das dritte Band wird zur besseren Gewichtsaufnahme oberhalb der Mitte angebracht (z. B. 300 mm unter dem oberen Band). Bänder guter Qualität sind mit einem Kugellager ausgestattet. Einiger Bänderarten (z. B. Bänder mit gekröpften Lappen) werden entsprechend der Öffnungsrichtung als DIN-links und DIN-rechts-Bänder angeboten. In der Regel sind die Bänderlappen abgerundet und werden maschinell eingelassen.

Eine Alternative zu Bändern sind Bodentürschließer.

2. Welche technischen Details sind zu beachten und welche Voraussetzungen müssen gegeben sein, damit für eine Haustür Einbohrbänder als Drehbeschlag gewählt werden können.

- Der Türüberschlag muss ausreichend dick sein (≥ 19 mm).
- Es muss sichergestellt sein, dass die Gewindezapfen in massives Holz (und z. B. nicht in Sperrholzkanten) eingebohrt werden.
- Die erforderliche passende Bohrlehre und richtige Bohrer müssen vorhanden sein.
- Zusätzliche Bandseitensicherungen gegen das Aushebeln der Tür sind erforderlich.

3. Welche Besonderheiten weisen Lappenbänder für Haustüren auf?

- Haustürlappenbänder werden für mit der Kröpfung D für überfälzte Türen mit einem Kröpfungsmaß von 13 oder 15 mm angeboten.
- Da die Lappenecken rund sind, können sie maschinell eingelassen werden.
- Lappenbänder mit einer Aufnahmenut für das Dichtungsprofil ermöglichen eine unterbrechungsfreie Anbringung einer Überschlagsdichtung im Türblatt.
- Lappenbänder mit zusätzlichen Bolzen an den Lappen sind auch für schwere Türblätter geeignet.

4. Was versteht man im Fachhandel unter speziellen Haustürbändern?

- Bei diesen Bändern werden verdeckt liegende Aufnahmeelemente in den Rahmenfalz und in den Türfalz eingefräst, in die dann die Bänderlappen fassen.
- Das Ein- oder Aushängen des Türblattes wird erleichtert, da das Türblatt nicht angehoben werden muss.
- Mit Hilfe von Inbusschlüsseln können diese Bänder in zwei oder drei Richtungen justiert werden.
- Meist haben diese Bänder auch eine Aufnahmenut für die Überschlagsdichtung im Türblatt.

5. Beschreiben Sie die bei Haustüren erforderlichen Schließbeschläge.

Man verwendet schwere Türschlösser mit Wechsel, in die ein Schließzylinder eingesetzt wird oder die mit einem Elektronikschloss ausgestattet sind. Haustürschlösser haben einen verlängerten Stulp mit mehreren Schließzapfen, die zusätzlich zum Schlossriegel weitere Verriegelungspunkte bilden. Die Schließzapfen greifen in Schließplatten an der Türumrahmung.

Als Schließzylinder kommen Rund-, Oval- oder Profilzylinder infrage.

Das Schlosszubehör besteht aus Drückern, Knöpfen, Türschildern oder Rosetten.

Bei zweiflügeligen Türanlagen werden an einem Flügel Riegel eingelassen, die den Flügel oben an der Umrahmung und unten am Fußboden sichern.

6. Was versteht man bei einem Haustürschloss unter dem „Wechsel"?

Bei Schlössern mit Wechsel kann die Schlossfalle mit dem Schlüssel zurückgezogen werden. (Dies ermöglicht die Anbringung eines Türknopfs an der Außenseite der Haustür.)

7. Welche Angaben sind bei der Bestellung eines Einsteckschlosses für eine Haustür zu machen und welches Maß ist für Haustürschlösser als Standard festgelegt?

Angaben bei der Bestellung:

- Drehrichtung der Tür (DIN L oder DIN R),
- gewünschtes Dornmaß (= Abstand von Stulp bis Schlüssellochmitte),
- Form der Türblattkante (stumpf oder gefälzt),
- die Stulplänge mit der Anzahl der Schließzapfen und Schließplatten,
- die gewünschte Form, Funktion und Länge des Schließzylinders und die gewünschte Anzahl an Schlüsseln.

Standardmäßig beträgt die Entfernung (= Maß von Nussmitte bis zum Dorn) bei Haustürschlössern 92 mm.

8. Wie kann der Einbruchschutz einer Haustür verbessert werden?

- Durch sichere Verankerung des Blendrahmens mit dem Mauerwerk (alle 600 mm sowie in Höhe der Bänder und des Schlosses),
- durch geeignete Schlösser mit Mehrpunktverriegelung am durchgehenden Stulp,
- durch verstärkte Winkelschließbleche, die mit ausreichend dimensionierten Schrauben (z. B. 4,5 x 45) befestigt werden,
- durch aufbohrsichere Schließzylinder,
- durch aufbohrsichere Türschilder oder Schutzrosetten, die von innen verschraubt werden und außen bündig mit den Schließzylindern abschließen, damit Brechwerkzeuge keinen Ansatzpunkt finden,
- durch geeignete Bänder (Einfräsbänder bzw. Kombibänder) und zusätzliche Bandseitensicherungen (Verriegelungen durch Sicherungszapfen auf der Bandseite),
- durch Metalleinlagen (z. B. Aluminiumplatte) im Aufbau des Sperrtürblattes,
- durch ausreichende Türrahmendicke (≥ 68 mm) und Breite (z. B. 130 mm), verstärkt durch Metalleinlagen,
- durch Schraubenbefestigung der inneren Füllungsleisten mit ausreichend dimensionierten Schrauben (4,5 x 45) in geringem Abstand (alle 200 mm), →

Fortsetzung der Antwort ⇒

- durch Verstärkung der Füllungsaufnahme mit Metallwinkeln,
- durch Verglasung mit Verbundsicherheitsglas im Falle von großen Glasflächen,
- durch den Einbau von elektronischen Alarm- oder Überwachungsanlagen.

9. Wie wird an Haustüren der Grad der Einbruchhemmung klassifiziert?

Man unterscheidet sechs Resistenzklassen (von RC 1 bis RC 6, RC = resistance classes), die an dem Aufwand orientiert sind, der zum unerlaubten Öffnen einer verschlossenen Tür durch Einbrecher erbracht werden muss. Haustüren der Widerstandsklasse WK 6 bieten den höchstmöglichen Einbruchschutz.

11.2 Fensterbau

11.2.1 Grundlagen des modernen Fensterbaus

1. Welche Aufgaben sollen Fenster erfüllen?

Sie stellen die Verbindung des Innenraums zur Außenwelt her. Sie lassen Licht in die Räume, ermöglichen die Belüftung und bieten Schutz vor dem Außenklima, vor Witterung, Einbruch, Schall und Feuer.

2. Nennen Sie die Anforderungen an moderne Fenster.

Sie sollen

- möglichst große Glasflächen (Lichteinfall) haben,
- durch gute Wärmedämmung bzw. durch Wärmegewinne den Energieverbrauch eines Gebäudes senken,
- schalldämmend sein,
- leicht bedienbar sein,
- einbruchhemmend sein,
- auch bei starker Windbelastung nur eine geringe Fugendurchlässigkeit haben,
- Schlagregensicherheit bieten,
- hinsichtlich der Gestaltung zu dem Gebäude passen.

Besondere Anforderungen sind: integrierter Sonnenschutz und integrierte Lüftungssysteme, Einbindung in Gebäudeautomation.

3. Die Einteilung der Fenster erfolgt aufgrund der *Werkstoffe,* der *Verglasung* und der *Konstruktion.* Nennen Sie jeweils mindestens drei Beispiele.

- Einteilung nach dem Werkstoff
  - Holzfenster,
  - Aluminiumfenster,
  - Kunststofffenster,
  - Werkstoffkombinationen
- Einteilung nach der Verglasung
  - Einfachverglasung (EV),
  - Doppelverglasung (DV),
  - Isolierverglasung (IV).
- Einteilung nach der Konstruktion
  - Einfachfenster,
  - Verbundfenster,
  - Kastendoppelfenster.

4. Führen Sie die Vor- und Nachteile von Holzfenstern im Vergleich zu Kunststofffenstern auf.

Vorteile: Holz ist nachwachsender Rohstoff, Holzfenster haben sehr gute Ökobilanz, vermitteln behagliche Wohnatmosphäre durch natürliche Schönheit, keine Maßänderung bei Temperaturschwankungen, gute Wärmedämmeigenschaften, keine Verschmutzung durch statische Aufladung.

Nachteile: nicht so preiswert wie PVC-Fenster, regelmäßige Pflegeintervalle müssen eingehalten werden (z. B. Anstrich).

5. Moderne Fenster werden auch in Werkstoffkombinationen angeboten. Nennen Sie dafür ein Beispiel und führen Sie die Vorteile dieser Konstruktion auf.

Beispiel: Holz-Alu-Fenster, bei denen Aluminiumschalen auf der Rahmenaußenseite aufgesetzt sind.

Vorteile:

- Langlebigkeit und starke Verringerung des Instandhaltungsaufwands durch wirksamen Schutz des Holzrahmens vor Witterungseinflüssen,
- modernes Aussehen auf der Außenseite mit freier Farbgestaltung passend zu moderner Fassade,
- Behaglichkeit und wohnliche Atmosphäre auf der Innenseite durch die gute Wärmedämmung und die Optik der Holzrahmen.

6. Veranschaulichen Sie anhand einer Skizze die einzelnen Holzteile an einem zweiflügeligen Fenster mit Oberlicht.

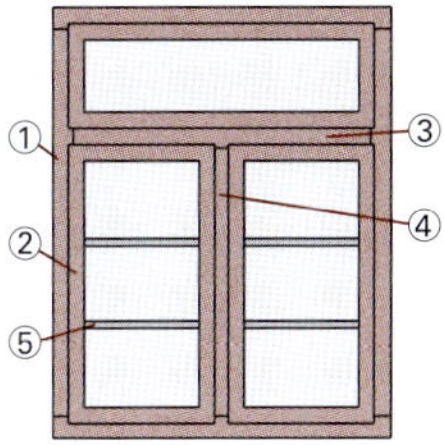

① Blendrahmen,
② Flügelrahmen,
③ Riegel (bzw. Kämpfer),
④ Pfosten (bzw. Setzholz),
⑤ Sprossen.

7. Geben Sie die Bedeutung der drei abgebildeten Fenstersymbole an.

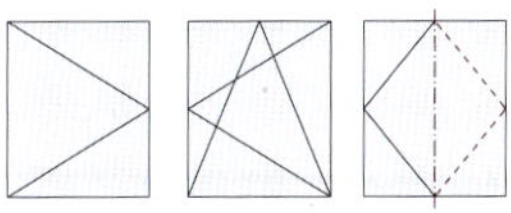

① ② ③

① Drehflügel (nach innen öffnend, DIN links),
② Drehkippflügel (nach innen öffnend),
③ Wendeflügel.

8. Erläutern Sie drei in Deutschland übliche Fensterkonstruktionsarten. Skizzieren Sie vereinfachte Horizontalschnitte (nur linke Seite) und benennen Sie die Teile.

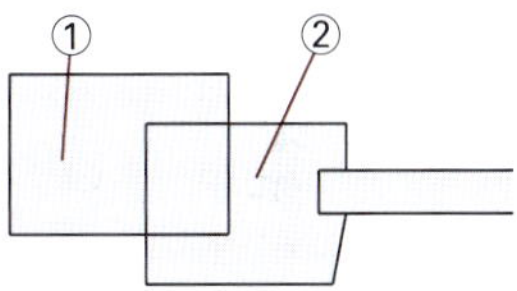

Einfachfenster mit Einfach- oder Isolierverglasung

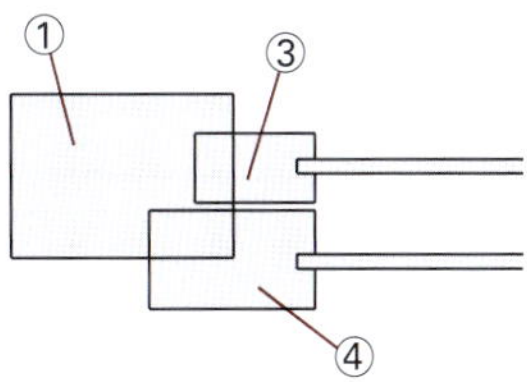

Verbundfenster (gekoppelte Flügel, ein gemeinsamer Drehpunkt) →

Fortsetzung der Antwort ⇒

Kastendoppelfenster (zwei Drehpunkte)

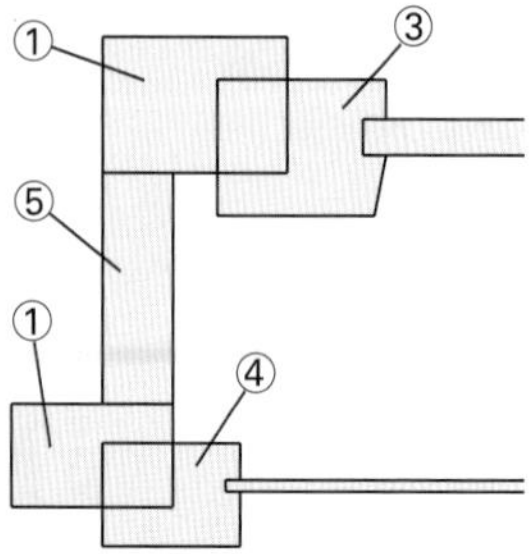

Bezeichnung der Einzelteile

① Blendrahmen, ② Flügelrahmen, ③ äußerer Flügelrahmen, ④ innerer Flügelrahmen, ⑤ Kastenfutter

9. Welche Anschlagarten am Mauerwerk können Sie auf der Baustelle vorfinden, wenn Sie Fenster einsetzen? Skizzieren Sie drei Möglichkeiten im Horizontalschnitt und geben Sie Vor- und Nachteile an.

Man unterscheidet:

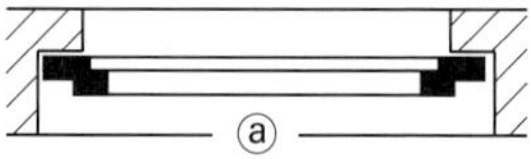

ⓐ Innenanschlag
Vorteile: Blendrahmen ist vor Witterung besser geschützt, Einbau erfolgt von innen.

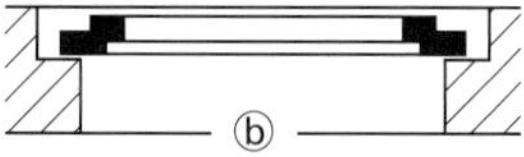

ⓑ Außenanschlag
Nachteil: stark der Witterung ausgesetzt

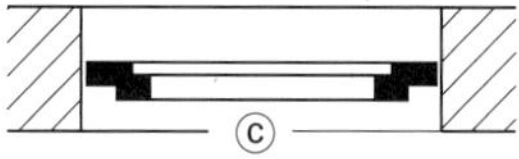

ⓒ ohne Anschlag
ohne besondere Vor- und Nachteile

10. Welche Eckverbindungen wendet man beim Fensterbau an?

- Bei Holzfenstern wendet man vorwiegend Schlitz-Zapfen-Verbindungen (als Doppel-Schlitz-Zapfen oder 2,5-fach-Schlitz-Zapfen) an. Pfosten und Riegel werden in der Regel mit dem Blendrahmen verdübelt.
- Bei Kunststofffenstern verschweißt man die PVC-Hohlprofile im so genannten Schweißspiegelverfahren mithilfe von Pressstumpfschweißmaschinen.
- Aluminiumrahmen verbindet man mechanisch durch Verklebung und eingeschobene Profilecken oder verschweißt sie mithilfe einer speziellen Schweißmaschine.

11. Von welchen Bedingungen hängen die Querschnitte der Fensterrahmenhölzer ab?

- Von den Flügelaußenmaßen,
- der Art der Verglasung,
- der Windbelastung,
- der Gebäudehöhe.

12. Was versteht man unter einer 2,5-fach-Schlitz-Zapfen-Verbindung als Fensterrahmeneckverbindung?

Diese Verbindungsvariante wird oft bei der Herstellung moderner Fensterflügel gewählt. Im Gegensatz zu der einfachen Doppelschlitz- und Zapfenverbindung erhalten die aufrechten Rahmenhölzer eine zusätzliche Abplattung (halber Schlitz). Die waagerechten Rahmenhölzer greifen dann mit zwei Zapfen in die Schlitze und decken mit einem weiteren Zapfen die Abplattung ab. So ergeben sich an der Rahmeninnenseite die optisch gewünschten senkrechten Brüstungsfugen und an der Rahmenaußenseite waagerechte Fugen. Vorteilhaft ist die vergrößerte Leimfläche. Außerdem ist die Gefahr eindringender Feuchtigkeit an waagerechten Verbindungsfugen geringer als an senkrechten Fugen.

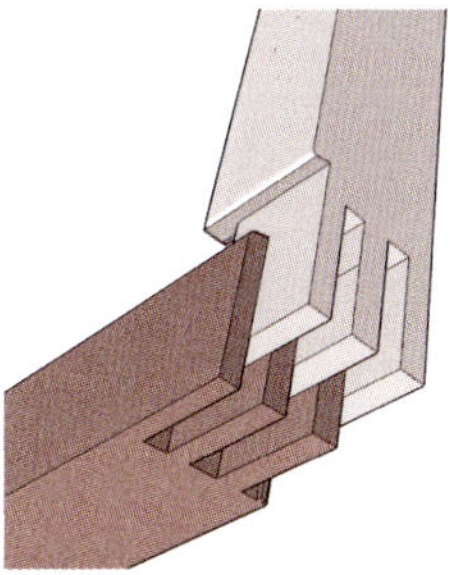

13. Warum sind beim Fensterbau Normen einzuhalten?

Allgemeiner Zweck der Normung ist einerseits die Abstimmung verschiedener Bauteile aufeinander, damit ein rationelles Arbeiten mit vertretbaren Kosten möglich wird. Andererseits stellen Normen einen Qualitätsmaßstab dar.

Beispiel:

Durch die DIN 68121 werden für bestimmte Fenstergrößen und Beanspruchungsgruppen Mindest-Rahmenquerschnitte vorgeschrieben.

14. Skizzieren Sie den Horizontalschnitt durch das linke Blendrahmen- und Flügelholz eines modernen IV78-Fensters. Benennen Sie die Teile und geben Sie die konstruktiven Details an.

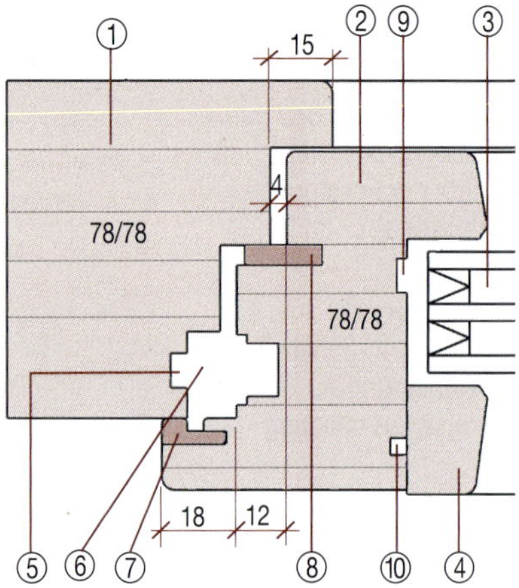

① Blendrahmen, ② Flügelrahmen, ③ Isolierverglasung (dreifach), ④ Glashalteleiste, ⑤ Euronut, ⑥ Falzluft (12 mm), ⑦ 1. Dichtung am Überschlag, ⑧ 2. Dichtung (Windsperre), ⑨ Nut für Glasfalzentlüftung, ⑩ Stütznut für Rahmenverbindung (alle Überschläge ≥ 15 mm, alle Kanten R ≥ 3)

15. Welche Breiten- und Dickenmaße gelten für Flügelrahmenhölzer genormter Einfachfenster mit Isolierverglasung (in mm):

Ausführung	Breite des Flügelholzes	Dicke des Flügelholzes
IV 68	78 oder 92	68
IV 78	78 oder 92	78
IV 92	78 oder 92	92

16. Aus welchen Gründen öffnen moderne Fenster vorwiegend nach innen und warum wurden frühere Fenster häufig nach außen öffnend konstruiert?

Moderne Fenster öffnen nach innen, da dies eine optimale innere Abdichtung ermöglicht, die Fenster bequemer gereinigt werden können und die Beschläge nicht der Witterung ausgesetzt sind.

Früher waren an Fenstern die Rahmenholzquerschnitte deutlich schwächer und es bestand die Gefahr des Durchbiegens bei starker Windbelastung. Das Problem tritt an nach außen öffnenden Fenstern nicht auf, da sie durch den Wind auf den Blendrahmen gedrückt werden und dadurch relativ dicht bleiben. Vorteilhaft war auch, dass die geöffneten Flügel nicht den Innenraum behinderten.

17. Erläutern Sie anhand der abgebildeten Horizontalschnittskizze die Fensterbezeichnung DV 97/68-33.

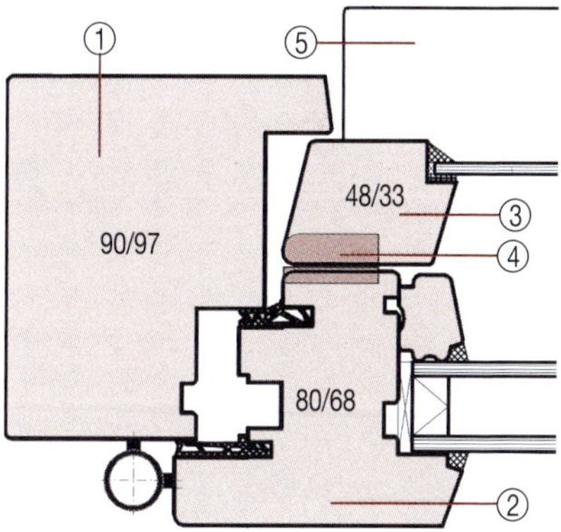

Die Bezeichnung kennzeichnet ein Verbundfenster (DV = Doppelverglasung).

Der Blendrahmen (1) hat eine Dicke von 97 mm und das Rahmenholz des inneren Flügels (2) eine von 68 mm. Der äußere Flügel (3), der über Verbundfensterbänder (4) vom inneren Flügel getragen wird, hat eine Dicke von 33 mm.

Der innere Flügel hat eine moderne Isolierverglasung und zwei umlaufende Dichtungen (Falzdichtung und Überschlagdichtung). Der äußere Flügel hat eine Einfachverglasung nach historischem Vorbild und keine Dichtung, damit eventuell anfallende Feuchtigkeit nach außen abtrocknen kann. Ebenfalls nach historischem Vorbild ist am äußeren Flügel ein Wetterschenkel (5) angebracht.

18. Skizzieren Sie den Vertikalschnitt durch die Kämpferpartie eines Kastendoppelfensters mit Oberlichtern und benennen Sie die Einzelteile.

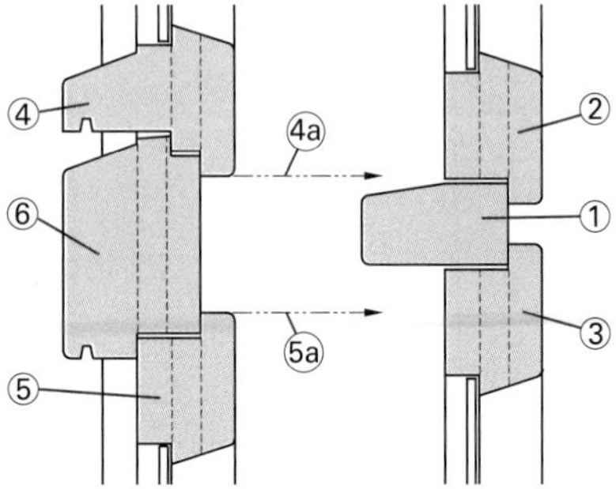

① Losholz
② Flügelrahmenholz (Oberlicht innen)
③ Flügelrahmenholz (Drehflügel innen)
④ Flügelrahmenholz (Oberlicht – außen mit Wetterschenkel)
④a Öffnungslinie ca. 3 mm über Losholzkante
⑤ Flügelrahmenholz (Drehflügel außen)
⑤a Öffnungslinie ca. 20 mm unter Losholzkante (Hubhöhe)
⑥ Riegel bzw. Kämpfer

19. Welche Holzarten sind für den Bau von Holzfenstern geeignet?

Geeignet sind:

- Fichte, Kiefer (Problem: Harz und Äste), Lärche (Problem: Harz),
- Eiche (Problem: Oxidationsflecken bei Eisenkontakt),
- verschiedene außereuropäische Hölzer wie z. B. Teak, Meranti, Sipo.

20. Worauf ist bei der Holzauswahl für den Bau von Fenstern allgemein zu achten?

Das Holz soll

- den Zuschnitt von Rahmenhölzern mit stehenden Jahrringen ermöglichen,
- frei von Pilz- und Insektenbefall sein, (Bläuebefall auf maximal 10 % der Oberfläche ist zulässig, wenn die Fenster deckend lackiert werden.)
- möglichst astfrei sein,
- möglichst keine Harzgallen aufweisen,
- einen Feuchtegehalt von 10 %–15 % haben,
- nicht drehwüchsig sein.

21. Nennen Sie einige Regeln des konstruktiven Holzschutzes beim Fensterbau.

- Sorgfältige Holzauswahl,
- Profilabschrägungen von mindestens 15° zur Verhinderung von stehendem Wasser,
- waagerecht verlaufende Brüstungsfugen an Blendrahmen,
- Einbau von Wetterschutzschienen am unteren Blendrahmenholz und am Kämpfer zur Ableitung des Schlagregenwassers,
- witterungsbeständige Verleimung der Rahmeneckverbindungen (D4-Verleimqualität),
- Falzraumentlüftungen zur Kaltseite (Dampfdruckausgleich),
- Abrundung aller außenliegenden Kanten mit einem Radius von mindestens 3 mm,
- vorzugsweise deckender Anstrich mit hellen Farben, da sich dann die Oberfläche bei Sonneneinstrahlung weniger stark erwärmt,
- dauerelastische Versiegelung der Maueranschlussfuge und des Glasfalzes nach dem Prinzip „innen dichter als außen“.

11.2.2 Fensterverglasung

1. Wie werden Glasfälze auf die Verglasung vorbereitet?

Sie müssen vor dem Einsetzen der Scheiben sauber und trocken sein.

- Bei Holzfenstern empfiehlt sich eine Behandlung mit Holzschutzmitteln, eine Grundierung und ein Zwischenanstrich. →

Fortsetzung der Antwort ⇒

- Verzinkte Stahlrahmen-, Kunststoff- und Aluminiumfenster erhalten einen Haftanstrich zur besseren Haftung des Dichtstoffes.
- Bei Stahlfenstern ist ein Rostschutzmittelanstrich erforderlich.

2. Was versteht man unter dem Verklotzen von Glasscheiben?

Glasscheiben müssen frei und ohne Berührung der Rahmen im Falz liegen, damit keine Spannungen und kein Glasbruch auftreten. Sie werden durch Trage- und Distanzklötzchen in der gewünschten Lage gehalten. Trageklötzchen nehmen das Gewicht der Scheibe auf und verlagern den Massenschwerpunkt in der Nähe der Bänder. Distanzklötzchen halten den Abstand zwischen Scheibe und Rahmen.

3. Begründen Sie anhand einer Skizze die richtige Anordnung der Trag- und Distanzklötzchen beim Verklotzen eines Drehflügelfensters.

- Um eine Verformung der Flügelrahmen durch das Gewicht der Verglasungseinheit zu verhindern, wird über die Tragklötzchen ① der Masseschwerpunkt der Scheibe zum Ecklager ③ hin verlagert.
- Die Distanzklötzchen ② sind etwas dünner als die Tragklötzchen und gewährleisten den erforderlichen Abstand zwischen Scheibe und Rahmen.

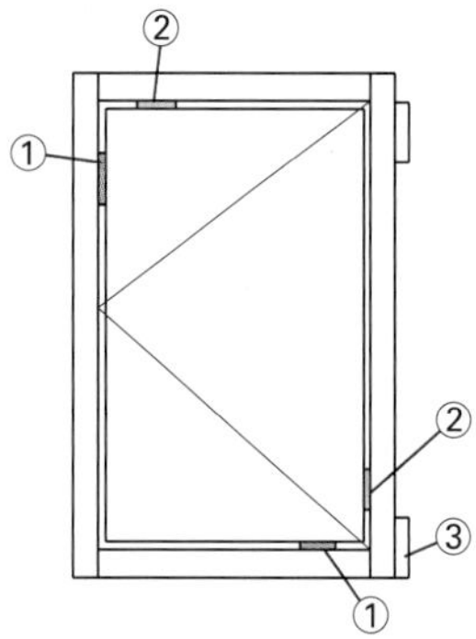

4. Welche Verglasungssysteme werden nach DIN 18545 für die Fensterverglasung unterschieden?

Man unterscheidet:

- Va1 (einfacher, offener Kittfalz, Anwendung bei Reparaturverglasung im Altbau).
- Va2 bis Va5 (ausgefüllter Falzraum und innenliegende Glasleiste – heute nicht mehr üblich).
- Vf3 bis Vf5 (dichtstofffreier Falzraum bei isolierverglasten Fenstern, je nach der Versiegelungsqualität).

5. Beschreiben Sie den Arbeitsvorgang einer Verglasung, die dem Verglasungssystem Vf5 entspricht.

Die Verglasung wird in folgenden Arbeitsschritten durchgeführt:

1. Selbstklebendes Vorlegeband an der Glasfalzwange einkleben,
2. Verglasungseinheit einsetzen und verklotzen,
3. Vorlegeband auf Glasleiste kleben,
4. Verleistung des Flügelrahmens mit geringem Druck auf Verglasungseinheit,
5. Verglasungseinheit beidseitig oberhalb des Vorlegebandes versiegeln.

6. Für das im Horizontalschnitt dargestellte IV78-Fenster soll die 3-fach-Isolierglasscheibe bestellt werden. Berechnen Sie die Scheibenbreite.

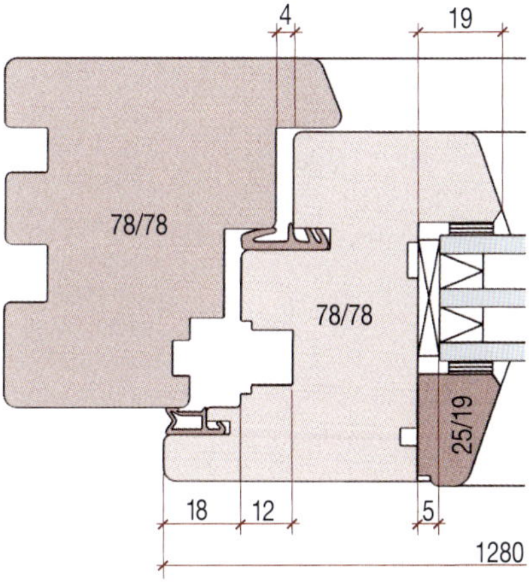

Breite = 1280 – 2 x 78 + 2 x 19 – 2 x 5 (mm)
= 1152 mm

11.2.3 Abdichtungen bei Fenstern

1. Welche Dichtungsbereiche und welche Dichtungsebenen unterscheidet man am Fenster?

Man unterscheidet die Dichtungsbereiche
- zwischen Baukörper und Blendrahmen,
- zwischen Blendrahmen und Flügel,
- zwischen Fensterflügel und Glas.

Die Dichtungsbereiche haben drei Dichtungsebenen:
- die äußere, regendichte Ebene,
- die mittlere, schall- und wärmedämmende Ebene,
- die raumseitige, luftdichte Ebene.

2. Erläutern Sie die Abdichtung zwischen Blendrahmen und Baukörper.

Die Abdichtung erfolgt nach dem Grundsatz „innen dichter als außen".

- An der äußeren diffusionsoffenen Dichtungsebene erfolgt die Sperre gegen Regen und Wind durch Wasser abweisende, vorkomprimierte Fugendichtungsbänder.
- Die mittlere Dichtungsebene, also der Hohlraum zwischen Blendrahmen und Mauerwerk, wird mit Mineralwolle, Montageschaum oder Kokosfasern ausgefüllt (Schall- und Wärmedämmung).
- Die raumseitige luftdichte Dichtungsebene wird durch spezielle selbstklebende Dichtbänder gebildet.

Innen und außen kann der optische Abschluss durch Deckleisten erfolgen.

3. Beschreiben Sie die Abdichtung des Falzbereichs bei modernen Holzfenstern.

Sie besteht aus dem Lippendichtungsprofil und der Regenschutzschiene.

- Das Lippendichtungsprofil bildet einen umlaufenden Dichtungsrahmen. Es verringert die Fugendurchlässigkeit und verbessert die Schall- und Wärmedämmung des Fensters (= Windsperre).
- Die Wetterschutzschiene, die am Kämpfer (Riegel) und am unteren Blendrahmenholz befestigt ist, bildet den Schutz gegen Schlagregen (= Regensperre).

4. Wie werden Feuchtigkeitsansammlungen zwischen Holzrahmen und Verglasungseinheit bei einer Verglasung mit dichtstofffreiem Falzraum verhindert?

Die Abdichtung erfolgt durch Vorlegeband und dauerelastisches Versiegelungsmaterial.

Zum Dampfdruckausgleich muss der Falzraum Öffnungen zur Kaltseite hin haben (z. B. eine Lüftungsnut, die über die Rahmeneckverbindungen nach außen führt).

5. Wie erfolgt die Abdichtung bei der Trockenverglasung?

Bei der Verglasung von Kunststoff- und Aluminiumfenstern werden vorwiegend elastische Dichtungsprofile für die Verglasung verwendet (= Trockenverglasung).

Hierbei unterscheidet man

- die drucklose Trockenverglasung, bei der Lippendichtungen unter Vorspannung in die dafür vorgesehenen Nuten gepresst werden,
- die Druckverglasung, bei der Lippendichtungen mit Druckleisten an die Glasscheibe gepresst werden.

6. Fenster sollen eine lange Nutzungsdauer haben. Werden aber bei der Herstellung und der Montage Fehler gemacht, entstehen bereits nach einigen Jahren erhebliche Schäden, wie z. B. offene Brüstungsfugen oder faulendes Holz im Randbereich der Regenschutzschienen. Nennen Sie für diese Schäden mögliche Ursachen.

- Offene Brüstungsfugen – Ursachen: Verleimfehler, schlechte Oberflächenbeschichtung, defekte Fassadenentwässerung,
- faulendes Holz am Wetterschutzschienenrand – Ursachen: fehlende oder unzureichende Abdichtung der Schienenendkappen.

7. Was versteht man unter der „RAL-Fenstermontage“?

Hiermit bezeichnet man die fachgerechte Abdichtung zwischen Bauelementen (Fenstern, Haustüren) und dem Baukörper (Maueröffnungen) nach dem allgemein anerkannten Stand der Technik. Diese Abdichtung entspricht der EnEV (Energieeinsparverordnung) und den Empfehlungen der RAL-Gütegemeinschaft Fenster und Haustüren.

Sie besteht aus drei Ebenen:

- aus einer luftdichten, inneren Abdichtung,
- aus einer wärme- und schalldämmenden Ausführung in der Mitte,
- aus einer schlagregendichten, aber diffusionsoffenen äußeren Abdichtung.

11.2.4 Wärme- und Schalldämmung bei Fenstern

1. Über welche Wege treten am Fenster Wärmeverluste auf?

Wärmeenergie geht durch Lüftungswärmeverluste über die drei Dichtungsebenen (Glasfalz, Falzraum, Maueranschlussfuge) und durch Transmissionswärmeverluste verloren.

- Glasfalzversiegelung, Dichtungsprofil und Abdichtung der Maueranschlussfuge können durch Alterung schadhaft sein. An neuen Fenstern sollten im geschlossenen Zustand keine Lüftungswärmeverluste auftreten.
- Transmissionswärmeverluste hängen von den Materialien und deren Zusammensetzung (Rahmen, Verglasung, Verglasungsanbindung) ab. Durch technische Weiterentwicklung gelingt es, diese Verluste gering zu halten.

2. Das Maß für die wärmedämmende Wirkung von Fenstern wird über den U_w-Wert in der Einheit $W/(m^2 \cdot K)$ ausgedrückt. Dieser Wert hängt von einzelnen Faktoren ab, die in der Abbildung dargestellt sind. Erläutern Sie kurz diese Faktoren.

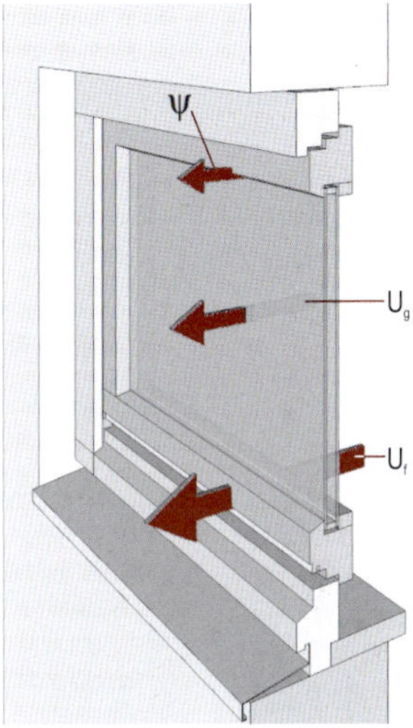

U_w ist die Abkürzung für den Wärmedurchgangskoeffizienten des Fensters (w = window). Er wird bestimmt durch

- U_f: Wärmedurchgangskoeffizient des Rahmens (f = frame),
- U_g: Wärmedurchgangskoeffizient der Isolierverglasung (g = glazing),
- ψ: Wärmedurchgangskoeffizient der Verglasungsanbindung.

3. Der U_w-Wert kann auf unterschiedliche Weise bestimmt werden. Welche Möglichkeiten gibt es und wie hoch darf er nach der aktuellen Wärmeschutzverordnung (EnEV 2009) sein?

Der U_w-Wert kann durch Labormessungen bestimmt werden. Ungefähre Ergebnisse liefern auch Tabellen.

$$U_w = \frac{U_g \cdot A_g + A_f + \Psi \cdot l_g}{A_g + A_f}$$

Berechnungsformel mit

A_g = Glasfläche in m^2

A_f = Rahmenfläche in m^2

l_g = Länge des Randverbundes der Verglasung in m

Nach der EnEV 2009 darf der U_w-Wert nicht größer als 1,3 $W/(m^2 \cdot K)$ sein.

4. Beim Bau von Niedrigenergiehäusern (Passivhäuser) werden sehr hohe Wärmeschutzanforderungen an Fenster gestellt. Beschreiben Sie Fenster, die diese Anforderungen erfüllen.

Bei vorwiegend mit Südorientierung eingebauten Fenstern werden die Anforderungen erfüllt durch

- spezielle Rahmen (z. B. dicke Rahmen mit ummanteltem PU-Kern)
- spezielle Isolierverglasung (niedriger Wärmedurchgang, hoher solarer Gesamtenergiedurchlassgrad, metallfreier Isolierglasrandverbund)
- hohe Einstandstiefe der Verglasung (z. B. 30 mm)
- sorgfältige Abdichtung der Anschlussfugen.

Im Jahresdurchschnitt können durch diese Fenster auch solare Wärmezugewinne erzielt werden.

5. Ein Hersteller bietet Thermoholzkanteln für den Fensterbau an und gibt für 78 mm dicke Kanteln einen U_f-Wert von 0,9 W/(m^2 · K) an. Erläutern Sie die Details dieses Angebotes.

Holz, das durch ein spezielles thermisches Verfahren (Hochtemperaturbehandlung) gezielt in seinen Eigenschaften verändert wird, wird im Handel als Thermoholz bezeichnet. Im Vergleich zu naturbelassenem Holz schwindet und quillt es weniger, ist weniger anfällig gegen Schädlinge und die Wärmedämmeigenschaften sind besser.

Kanteln sind schichtverleimte Hölzer, die in unterschiedlichen Längen angeboten und vorwiegend an Fenster- und Haustürhersteller geliefert werden. Da der U_f-Wert (U-Wert des Fensterrahmens) niedrig ist, können damit Fenster hergestellt werden, die bei entsprechender Verglasung geringe U_W-Werte erreichen. Sonst wäre dies nur mit dickeren Rahmenhölzern möglich.

6. Der Austausch von alten Kastenfenstern durch moderne IV-Fenster kann das Problem der Schimmelpilzbildung hervorrufen. Erläutern Sie dieses Problem anhand der beiden Abbildungen (links vorher – rechts nachher) und nennen Sie Gegenmaßnahmen.

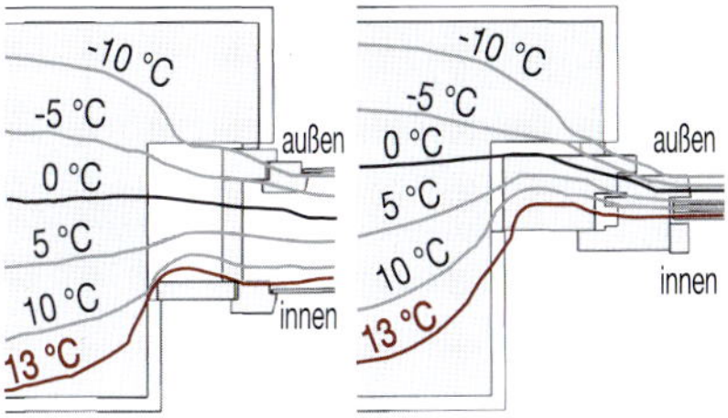

vorher nachher

Die Abbildungen zeigen den Isothermenverlauf im Winter. Nach dem Fensteraustausch liegt im Eckbereich die 13-°C-Isotherme über der Oberfläche. Bei Oberflächentemperaturen unter 13 °C bildet sich Feuchtigkeit (Kondensat) und in deren Folge Schimmelpilz.

Abhilfe: Nach einer abgedichteten Verleistung als innere Leibungsdämmung verläuft die 13-°C-Isotherme unter der Oberfläche oder die Wand erhält eine Außendämmung.

7. Was versteht man unter dem g-Wert eines Fensters?

Mit dem g-Wert wird der prozentuale Anteil der Sonnenenergie ausgedrückt, die durch das Fensterglas von außen nach innen gelangt. Man spricht auch von dem Gesamtenergiedurchlassgrad der Verglasung. Eine Verglasung mit dem g-Wert 0,6 lässt z. B. 60 % der Sonnenenergie durch und trägt dadurch zur Einsparung von Heizungsenergie bei. Glashersteller bieten Isoliergläser mit speziellen Beschichtungen an (Wärmeschutzgläser), die einen hohen g-Wert (für solare Energiegewinne) und gleichzeitig einen geringen U_g-Wert (für geringe Wärmeenergieverluste von innen nach außen) haben. Verglasungen mit hohem g-Wert machen sommerlichen Wärmeschutz (z. B. Jalousien oder Markisen) erforderlich.

8. Der abgebildete Vertikalschnitt durch die Kämpferpartie eines historischen Kastendoppelfensters verdeutlicht Maßnahmen zur energetischen Verbesserung (bessere Wärmedämmung/Runderneuerung). Erläutern Sie kurz die einzelnen Maßnahmen.

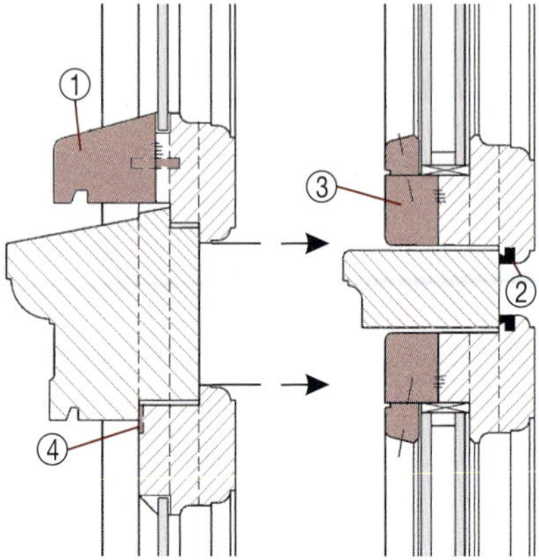

Zur Runderneuerung gehören

① Erneuerung der Wetterschenkel mit verrutschsicherer D4-Verleimung,

② Einsetzen einer umlaufenden Überschlagdichtung an den Innenflügeln,

③ Aufleistungen an den Innenflügeln zur Glasfalzverbreiterung und Austausch der alten Scheiben durch Wärmeschutzverglasung,

④ Verbesserung der Kastenzwischenraumentlüftung zur Außenseite durch kleine Öffnungsstellen an den Außenflügeln.

9. Wovon hängt die schalldämmende Wirkung von Fenstern ab?

Sie hängt ab von

- der Bauart des Fensters (z. B. Einfachfenster oder Kastendoppelfenster),
- der Art und dem Aufbau der Verglasungseinheit, d. h. von der Scheibenzahl, dem Scheibenabstand, der Glasscheibendicke, der Randausbildung und Randeinspannung im Rahmen,
- der Ausgestaltung der Maueranschlussfuge,
- der Fugendurchlässigkeit des Falzraums.

10. Wie kann beim Fensterbau ein hohes Maß an Schallschutz erreicht werden?

- Durch eine Konstruktionswahl, die eine Doppelverglasung mit relativ großem Scheibenabstand gewährleistet (Verbundfenster oder Kastendoppelfenster),
- durch doppelte Falzdichtungen,
- durch den Einbau von speziellem Schallschutzglas,
- durch die sorgfältige Abdichtung aller Fugen,

So sind Schalldämmmaße von über 50 dB (A) erreichbar. (Beispiel: Lauter Straßenverkehr mit ca. 50 dB(A) ist dann innen nicht zu hören.)

11.2.5 Fensterbeschläge

1. Welche Beschläge verwendet man zum Bewegen von Fensterflügeln?

Je nach Fensterart werden Drehbeschläge, Kipp- und Drehkippbeschläge, Schwingfensterbeschläge, Wendefensterbeschläge, Hebedrehfenster- und Hebedrehtürbeschläge sowie Hebeschiebefenster- und Hebeschiebetürbeschläge verwendet.

2. Nennen Sie die erforderlichen Beschlagteile für ein einflügeliges IV-78-Dreh-Kipp-Fenster.

Man benötigt:

- einen Ecklagerbock mit Ecklagerband,
- ein Scherenlager mit Ausstellschere,
- eine Getriebestange (Kantengetriebe) mit Schloss, Eckumlauf und Schließzapfen,
- Schließplatten, die am Blendrahmen befestigt werden,
- einen Drehgriff (Olive).

3. Was versteht man unter Verbundfensterbeschlägen?

Verbundfensterbeschläge sind Bänder und Kupplungen zum Verbinden der einzelnen Fensterflügel bei Doppelfenstern. Sie können in der Regel links und rechts verwendet werden und sind lösbar, um die Scheibenflächen säubern zu können.

4. Welche Beschläge eignen sich zum Öffnen von Oberlichtfenstern?

Man verwendet aufliegende oder verdeckt liegende Oberlichtöffner mit schwenkbaren Dreigliedscheren. Sie lassen sich mit Handhebel, mit Spindel- oder Kurbelgetriebe, mit ölhydraulischen oder mit elektroölhydraulischen Antrieben über Zug- und Schubstangen öffnen.

5. Wozu benötigt man Auflaufstützen?

Bei breiten und schweren Fensterflügeln baut man Auflaufstützen ein. Sie heben beim Schließen den Flügel in die Endstellung. Dadurch werden ein Schleifen des Flügels und ein Quetschen im Falz vermieden.

6. Mit welchen Baubeschlägen bzw. Befestigungsmitteln werden Blendrahmen in Maueröffnungen befestigt und welche Regeln sind dabei zu beachten?

Man verwendet

- Durchsteckdübel aus Kunststoff oder Metall,
- Stahllaschen,
- systemspezifische Befestigungsmittel (z. B. für Kunststofffenster).

Regeln:

- Die Befestigung muss federnd oder gleitend sein, um den erforderlichen Bewegungsausgleich zwischen Baukörper und Blendrahmen zu ermöglichen.
- Die Befestigungspunkte an den aufrechten und dem oberen Blendrahmenholz sollen in der Nähe der belasteten Beschlagteile liegen.
- Damit das Gewicht des Fensters nicht auf die Befestigungsmittel drückt, werden zwischen dem unteren Blendrahmenholz und der Mauerbrüstung Tragklötze untergelegt.

12 Oberflächenbehandlung des Holzes

12.1 Gesundheits-, Arbeits- und Umweltschutz bei der Oberflächenbehandlung

1. Welche Voraussetzungen sollte der Werkstattbereich erfüllen, in dem Oberflächenbehandlung durchgeführt wird?

- Er sollte gut durchlüftet sein.
- Er sollte relativ frei von Staub und Metallpartikeln sein.
- Die Temperatur sollte nicht unter 18 °C und die Luftfeuchtigkeit nicht über 65 % liegen.
- Eine Abfangvorrichtung für Lacknebel sollte installiert sein.
- Für Lackreste, Chemikalien und ölgetränkte Lappen muss eine entsprechende Entsorgungsmöglichkeit vorhanden sein.
- Für feuergefährliche und giftige Stoffe müssen vorschriftsmäßige Lagermöglichkeiten vorhanden sein.
- Gefäße, die Gefahrstoffe beinhalten, müssen mit den entsprechenden Kennzeichnungen versehen sein.

2. Nennen Sie persönliche Schutzausrüstungen, die bei der Oberflächenbehandlung von Holz getragen werden sollten und geben Sie an, wovor diese schützen.

- Gummi- oder PVC-Handschuhe schützen die Haut der Hände vor ätzenden Chemikalien, wie z. B. Abbeizer.
- Zusätzlich zu den Handschuhen sind geeignete Hautschutzmittel, Hautreinigungs- und Hautpflegemittel zu verwenden.
- Eine Schutzbrille mit Seitenschutz oder ein Gesichtsschutzschild schützen die Augen vor Chemikalien und Staubteilchen.
- Eine Atemschutzmaske mit Partikelfilter schützt die Atemwege vor Staub und Lacknebel.
- PVC- oder Gummischürze schützen die Kleidung vor Chemikalien.
- Gehörschutz schützt vor dem Lärm der Handmaschinen.

3. Bestimmte Mittel zur Oberflächenbehandlung sind gesundheitsgefährdend, einige sogar giftig. Worauf ist zu achten, um die eigene Gesundheit und die der Kunden zu schützen?

- Man sollte nur Mittel verwenden, die sich über lange Zeit bewährt haben.
- Produktinformationen sind genau zu lesen und zu beachten.
- Auf die Umweltverträglichkeit (z. B. „Blauer Engel") der Produkte und auf den Verwendungszweck ist zu achten (z. B. Kinderzimmer).
- Holzschutzmittelbeimengungen sollte man möglichst wenig und nur dort, wo unbedingt erforderlich, verwenden.
- Für einige giftige Mittel, wie z. B. Oxalsäure, gibt es Ersatzmittel, wie z. B. Zitronensäure, die nicht gesundheitsgefährdend sind.
- Mittel auf Wasserbasis sollten den Vorrang gegenüber lösemittelhaltigen Produkten haben.

4. Warum und wie müssen wir uns vor Holzstäuben schützen?

In den Holzstäuben sind Giftstoffe enthalten, die allergische Reaktionen der Haut und der Atemwege auslösen können. Holzstaub, der bei der Bearbeitung von Buchen- und Eichenholz entsteht, ist Krebs erzeugend. Bei anderen Holzstäuben wird dieser Zusammenhang stark vermutet.

Holzstaub kann auch eine Brand- und Explosionsgefahr darstellen.

Er muss durch geeignete Absaugvorrichtungen an Handmaschinen und stationären Maschinen bereits bei der Entstehung abgesaugt werden.

Sollte trotz Absaugung Staub aufgewirbelt werden, können wir uns mit einer Atemschutzmaske schützen.

5. Bei der Oberflächenbehandlung von Holz werden Säuren und Laugen verwendet. Welche Gefahren stellen diese Mittel dar und wie schützen wir uns davor?

Säuren und Laugen verätzen die Haut und Schleimhäute (Augen) und zerstören die Kleidung. Man schützt sich durch eine Schutzbrille, Gummischürze und Gummihandschuhe.

Beim Verdünnen mit Wasser gießt man grundsätzlich die Säure oder Lauge in das Gefäß, in dem sich bereits das Wasser befindet. Bei umgekehrter Verfahrensweise würde aufgrund starker Erhitzung konzentrierte Säure oder Lauge aus dem Gefäß spritzen.

6. Welche Sicherheitsregeln sollten beim Umgang mit dem Bleichmittel Wasserstoffperoxid beachtet werden?

Wasserstoffperoxid ist eine ätzende Flüssigkeit. Man trägt bei der Verarbeitung Schutzbrille, Schutzhandschuhe und eine Gummischürze, um Schäden an den Augen, der Haut und der Kleidung zu vermeiden. Auch die Haare sollten durch eine geeignete Kopfbedeckung vor Spritzern geschützt werden. Nach der Arbeit sollte man Gesicht und Hände gründlich waschen.

Mit dem Bleichmittel getränkte Lappen stellen eine Brandgefahr dar. Sie sind so zu entsorgen, dass sie sich nicht selbst entzünden können.

7. Welche Gefahren sind bei der Verarbeitung natürlicher Mittel zur Oberflächenbehandlung zu beachten?

Natürliche Mittel wie z. B. Öle und Wachse sind in der Regel in natürlichen Lösemitteln wie z. B. Terpentin gelöst. Diese Lösemittel sind wie die Lösemittel anderer Überzugsmittel gesundheitsgefährdend.

Ölgetränkte Lappen stellen eine Brandgefahr dar. Sie sind so zu entsorgen, dass sie sich nicht selbst entzünden können.

8. Was besagen die Abkürzungen AGW und BGW?

Dies sind Abkürzungen der Gefahrstoffverordnung.

AGW = Arbeitsplatzgrenzwert, gibt an, bis zu welcher Stoffkonzentration gesundheitsschädliche Auswirkungen am Arbeitsplatz nicht zu erwarten sind.

BGW = Biologischer Grenzwert, gibt an, bis zu welcher Stoffkonzentration im Blut eines Beschäftigten gesundheitsschädliche Auswirkungen nicht zu erwarten sind.

**9. Gefährliche Stoffe sind durch Symbole gekennzeichnet.
Erläutern Sie die Bedeutung der folgenden Symbole:**

a

b

c

d

e

f

g

Sie kennzeichnen Stoffeigenschaften:

a: gesundheitsschädlich,
b: giftig (Zusatz T) bzw. sehr giftig (Zusatz T+),
c: ätzend,
d: leicht oder hoch entzündlich,
e: brandfördernd,
f: umweltgefährlich,
g: explosionsgefährlich.

10. Nennen Sie Gründe, warum der Umgang mit lösemittelhaltigen Produkten bei der Oberflächenbehandlung von Holz problematisch ist.

Sie stellen eine Gefahr für die Gesundheit und für die Umwelt dar.

- Sie gelangen als Dämpfe über die Atemwege oder über die Haut in die Blutbahn. Giftige Abbauprodukte lagern sich in die Organe ein. Die Giftstoffe stören das Immunsystem, können das Nervensystem und Erbgut schädigen, sind Krebs erregend und rufen Allergien hervor.
- Lösemittel schädigen die Umwelt, indem sie an der Zerstörung der Ozonschicht beteiligt sind.

11. Welche Umwelt- und Gesundheitsgefahren sind beim Umgang mit Lacken zu beachten?

Hierbei ist zu beachten, dass sowohl die organischen Lösemittel als auch die teilweise erforderlichen Härterzusätze gesundheitsschädlich sind. Bei der Aushärtung einiger Kunstharze wird Formaldehyd freigesetzt.

12. Was wissen Sie über die Gesundheits- und Umweltverträglichkeit von Wasserlacken?

Trotz des geringen Lösemittelanteils von weniger als 10 % sind sie für die Gesundheit und Umwelt nicht unbedenklich.

Um die Kunstharze mit Wasser verdünnbar zu machen, sind spezielle Chemikalien (so genannte Emulgatoren) erforderlich, die als Gifte in den menschlichen Organismus gelangen können. Dort werden sie nicht als Fremdstoffe erkannt.

Um die Wasserlacke über längere Zeit verwendbar zu halten, werden von den Herstellern Biozide und Fungizide zugesetzt (Konservierungsstoffe). Gelangen diese Stoffe in Abwasseraufbereitungsanlagen, zerstören sie dort wichtige Mikroorganismen, die für das Funktionieren der Kläranlage erforderlich sind.

13. Spritznebelabsauganlagen nehmen überschüssigen Lacknebel auf und schützen so vor Umwelt- und Gesundheitsschäden. Welche Anlagentypen werden unterschieden?

Man unterscheidet

- Spritzwände (nach drei Seiten offen),
- Spritzstände (nach einer Seite offen),
- Spritzkabinen (nach allen Seiten geschlossen).

Hinsichtlich der Absaugung unterscheidet man

- die Trockenspritzanlage: Der Spritznebel wird durch einen Glasfaserfilter gesaugt, von dem umweltbelastende Stoffe aufgefangen werden. Die Filter müssen häufig gewechselt werden.
- die Nassspritzanlage: Der Lacknebel wird vom ständig an den Wänden herabfließenden Wasser aufgenommen. Der von der Anlage abgetrennte Lackschlamm und das Wasser müssen als Sondermüll entsorgt werden. Die Brand- und Explosionsgefahr ist geringer als bei Trockenspritzanlagen.

12.2 Vorbereitung und Vorbehandlung von Oberflächen

1. Bei der Behandlung von Holzoberflächen unterscheidet man verschiedene vorbereitende Arbeiten. Nennen Sie hierfür Beispiele.

Hierzu zählen:

- das Putzen, Schleifen und Entstauben,
- das Wässern,
- das Entharzen,
- das Entfernen von Leimrückständen oder Flecken,
- das Ausbessern von Fehlerstellen, →

Fortsetzung der Antwort ⇒

- das Bleichen,
- evtl. das Abbeizen vor der Wiederaufarbeitung alter Oberflächen.

2. Wie und warum wird die Holzoberfläche gewässert?

Um hochwertige Oberflächen zu erzielen, wird auf die Holzoberfläche warmes Wasser (z. B. mit einem Schwamm) aufgetragen. Dadurch quellen Holzfasern, Porenränder und Druckstellen, die beim Schleifen niedergedrückt wurden, wieder auf.

Nach dem Trocknen der Fläche werden die aufgequollenen Teile mit feinem Schleifpapier (z. B. 220er-Körnung) weggeschliffen.

Das Wässern ist besonders dann notwendig, wenn geschliffene, weiche Hölzer später mit einer Beize auf Wasserbasis oder mit einem Wasserlack bearbeitet werden sollen.

3. Wie werden Holzoberflächen entharzt und in welchen Fällen sollte dieser Arbeitsschritt durchgeführt werden?

Man entharzt die Oberfläche entweder mit einem gebrauchsfertigen Entharzungsmittel (leicht entzündlich und gesundheitsschädlich) oder mit einer heißen Seifenlauge. Die Lauge wird mit einer Wurzelbürste aufgetragen und die Flächen werden mit klarem Wasser nachgewaschen.

Das Entharzen ist bei Nadelholzoberflächen (außer Tanne) empfehlenswert, da anderenfalls die weitere Oberflächenbehandlung erschwert wird. Beizen werden z. B. nicht gleichmäßig aufgenommen und Lackhaftungsprobleme können auftreten.

(Der Arbeitsschritt des Wässerns ist dann nicht mehr erforderlich.)

4. Warum werden Holzoberflächen gebleicht und welche Mittel verwendet man hierzu?

Gründe für das Bleichen:

- um Holzoberflächen aufzuhellen und um farbliche Unterschiede innerhalb der gleichen Holzart in den Hintergrund treten zu lassen,
- um den natürlichen Bleichprozess vorwegzunehmen, der bei einigen Holzarten wie z. B. Wenge durch Lichteinwirkung (UV-Strahlen) sehr frühzeitig zu unansehnlichen Veränderungen führt. (Die aus diesem Grund gebleichten Oberflächen werden anschließend mit lichtechten Farbstoffbeizen gefärbt.) →

Fortsetzung der Antwort ⇒

- zum Umfärben dunkler Hölzer (Beizen) werden günstige Voraussetzungen geschaffen,
- zur Beseitigung von Oxidationsflecken.

  Die Farbstoffe im Holz können mithilfe von Wasserstoffperoxid oder durch Säuren abgebaut werden.

5. Welche Arbeitsgeräte werden zum Bleichen verwendet?

Alle Bleichmittel wirken ätzend und reagieren mit Metall.

Als Bürsten und Pinsel kommen nur solche infrage, die aus Pflanzen- oder Kunststofffasern hergestellt sind und keine Metallteile aufweisen. Auch die Gefäße müssen metallfrei sein.

Mit Wasserstoffperoxid getränkte Lappen und Kunstschwämme können sich selbst entzünden und müssen entsprechend entsorgt werden.

6. Beschreiben Sie den Farbabbau des Holzes durch Wasserstoffperoxid.

Kommt Wasserstoffperoxid mit Salmiakgeist oder einem anderen Aktivator in Kontakt, beginnt der Zerfall in Wasser und Saustoff. Der abgespaltene Sauerstoff bleicht das Holz durch Oxidation, wobei auch Farbunterschiede zwischen Früh- und Spätholz verloren gehen. (Der Kontakt mit dem Aktivator sollte möglichst auf der Holzoberfläche stattfinden.) Der Vorgang dauert bei hohen Temperaturen nur wenige Stunden, ansonsten bis zu zwei Tagen.

7. Für welche Holzarten ist Wasserstoffperoxid als Bleichmittel ungeeignet und was ist bei der Weiterbehandlung von Holzoberflächen zu beachten, die mit Wasserstoffperoxid gebleicht wurden?

- Da der Bleichvorgang durch Salmiakgeist aktiviert wird, sind nur gerbstofffreie Hölzer für dieses Verfahren geeignet.
- Vor der Weiterbehandlung der Oberfläche sollte der Bleichvorgang z. B. mit Essigsäure gestoppt werden.
- Als Überzugsmittel sollten nur spezielle Lacke wie z. B. chemikalienbeständige Polyurethanlacke eingesetzt werden.

8. Wann kommen Säuren als Bleichmittel infrage und was ist bei ihrer Anwendung zu beachten?

Sie kommen für gerbstoffhaltige Hölzer infrage. Da die Hell-Dunkel-Unterschiede zwischen Früh- und Spätholz erhalten bleiben, verliert das Holz nicht seinen natürlichen Charakter.

Zu beachten:

– giftig sind Oxalsäure und Kleesäure, →

Fortsetzung der Antwort ⇒

- nicht giftig ist Zitronensäure (ein mildes Bleichmittel),
- Säurereste auf der Holzoberfläche müssen durch sehr gründliches Nachwaschen entfernt werden.

9. Wie können Flecke auf einer Holzoberfläche entfernt werden?

- Öl- und Fettflecke können mit einem Entharzungsmittel oder mit einem Brei aus Schlämmkreide und einem Lösungsmittel entfernt werden. (Nach dem Verdunsten des Lösungsmittels saugt das Pulver die gelösten Stoffe auf und kann anschließend weggebürstet werden.)
- Flecke, die durch Kalk-, Gips- oder Zementspritzer entstanden sind, können mit verdünnter Essigsäure oder verdünnter, eisenfreier Salzsäure beseitigt werden. (Anschließend ist gründliches Nachwaschen erforderlich.)
- Oxidationsflecke auf gerbstoffhaltigen Hölzern werden durch Zitronensäure herausgebleicht. (Anschließend ist gründliches Nachwaschen erforderlich.)

10. Wie können Leimflecke und Klebstoffdurchschlag bei furnierten Oberflächen beseitigt werden?

Durchschläge von KPVAC-Leimen (Weißleimen) können in frischem Zustand mit warmem Wasser, in abgebundenem Zustand mit einem Lösemittel entfernt werden.

Durchschläge von Kondensationsharzklebstoffen können nur mechanisch entfernt werden.

11. Wie können kleine Druckstellen und Vertiefungen im Holz ausgebessert werden?

Sie können – wenn sie rechtzeitig bemerkt werden – mithilfe eines Bügeleisens und eines nassen Lappens wieder entfernt werden. Dringt der Wasserdampf in das Holz ein, quellen die eingedrückten Fasern wieder auf und können nach dem Trocknen beigeschliffen werden.

12. Welche Mittel sind zum Ausbessern kleiner Schadstellen geeignet und wie werden sie eingesetzt?

Geeignet sind

- Holzkitt, der sich aus Holzmehl und einem schnell trocknenden Lösemittel zusammensetzt,
- Hirnholzkitt, der z. B. aus Schleifstaub – vermischt mit Holzleim – besteht,
- Wachskitte, die in vielen Farben erhältlich sind,
- Schelllackstangen. →

Fortsetzung der Antwort ⇒

Kitte werden mit einem Spachtel in die Vertiefungen gedrückt und nach der Aushärtung eben geschliffen. Wachskitte und Schelllackstangen werden vorher mit einem Lötkolben geschmolzen.

Wie stark sich gekittete Stellen nach dem Beizen abheben, hängt von der Kittfarbe ab. Einige Kitte nehmen auch Beize an.

12.3 Farbliche Veränderung des natürlichen Holzbildes

1. Wie kann man die Farbe des Holzes verändern, ohne die Holzstruktur zu verdecken?

- Durch verschiedene Arten von Beizen,
- durch abgetönte Grundieröle, Lasuren, eingefärbte Grundierungen und Lacke,
- durch den Kontakt mit einer ätzenden Lauge oder die Einwirkung von Ammoniakgasen (= Räuchern) bei gerbsäurehaltigen Hölzern (z. B. Eiche).

2. Aus welchen Gründen verändert der Tischler die natürliche Farbe des Holzes?

- Zur Gestaltung der Oberfläche,
- zum Ausgleich oder zur Abschwächung unerwünschter naturbedingter Farbunterschiede oder Farbfehler,
- um preiswerten Ersatzhölzern ein ähnliches Aussehen wie Edelhölzern zu geben,
- um bei Hölzern mit mangelnder Lichtechtheit (wie z. B. Wenge) ein dauerhaft schönes Aussehen zu erzielen,
- um Hölzern einen Antikeffekt (künstliche Alterung) zu verleihen.

3. Welche Arten von Beizen unterscheidet man?

Man unterscheidet

- Farbstoffbeizen (auf Wasser- oder Lösemittelbasis),
- chemische Beizen (als Vor- und Nachbeize oder als einkomponentige Positivfertigbeizen),
- Kombinationsbeizen (physikalisch und chemisch wirkende Beizen),
- bindemittelhaltige Beizen (mit Zusätzen wie z. B. Wachs).

4. Beschreiben Sie die Wirkung der Farbstoffbeizen.

Die farbliche Veränderung des Holzes ist ein physikalischer Vorgang. Beim Auftragen der Beize dringen die Farbstoffe in die oberen Holzfasern ein und / oder Farbpigmente lagern sich an der Holzfaser an. Bei Farbstoffbeizen auf Wasserbasis unterstützen Zusatzstoffe wie z. B. Salmiakgeist das Eindringen und erleichtern einen gleichmäßigen Beizauftrag. Weiche Teile eines Jahrrings nehmen die Beize besser auf als harte. Folge: Es entsteht ein negatives Beizbild (farbliche Umkehr des Holzstrukturbildes, insbesondere bei Nadelholz).

5. Nennen Sie die Vor- und Nachteile der Farbstoffbeizen auf Lösemittelbasis im Vergleich zu Beizen auf Wasserbasis.

Vorteile:

- Kürzere Trockenzeiten,
- die Holzfasern richten sich kaum auf (vorheriges Wässern und Schleifen ist nicht erforderlich),
- Besonderheiten des Holzbildes (z. B. Holzstrahlen und Holzporen) werden etwas stärker hervorgehoben als beim Beizen auf Wasserbasis.

Nachteile:

- Sie sind leicht brennbar und erfordern gesonderte Aufbewahrung,
- die Lösemittel belasten die Umwelt und sind gesundheitsgefährdend.

6. Was versteht man unter chemischen Beizen?

Chemische Beizen (= Doppelbeizen) enthalten keine oder nur geringe Mengen an Farbstoffen und setzen sich aus Vor- und Nachbeize zusammen. Die Vorbeize besteht aus Gerbsäure, die stark in das ligninhaltige Spätholz einzieht. Der Beizton entwickelt sich im Laufe der chemischen Reaktionszeit, wenn Vor- und Nachbeize zusammentreffen. Es entsteht ein positives Beizbild.

7. Warum werden chemische Beizen heute kaum noch eingesetzt?

Die in der Nachbeize enthaltenen Schwermetallsalze sind sehr giftig.

8. Führen Sie die Vorteile von Positivfertigbeizen im Vergleich zu chemischen Doppelbeizen auf.

- Sie sind weniger gesundheitsschädlich.
- Sie können in nur einem Arbeitsgang aufgetragen werden.
- Sie haben kürzere Entwicklungszeiten.

9. Welche Voraussetzungen muss eine Holzoberfläche erfüllen, um eine einwandfreie Beizwirkung zu erreichen?

Das Holz muss trocken und sehr gut geschliffen sein. Verunreinigungen, Leimflecke, Leimdurchschlag, Harz und Holzstaub müssen gründlich entfernt werden. Vor der Verwendung von wasserlöslichen Beizen ist die Holzoberfläche zu wässern und nochmals zu schleifen. Geschieht dies nicht, richten sich nach dem Beizauftrag die Holzfasern auf.

10. Welche Regeln sind bei der Verwendung von wasserlöslichen Beizen zu beachten?

- Sowohl beim Ansetzen der Pulverbeize als auch zum Auftragen der gebrauchsfertigen Beize dürfen nur eisenfreie Arbeitsgeräte und -gefäße (Glas- oder Kunststoff) verwendet werden, da andernfalls unerwünschte farbliche Veränderungen auftreten.
- Pigmentbeizen müssen vor Gebrauch aufgerührt werden, um die Pigmente in der Flüssigkeit gut zu verteilen.
- Hirnholzflächen sollten vorgewässert werden, da sie sonst zu viel Beize aufsaugen.
- Der Trocknungsvorgang gebeizter Oberflächen darf nicht künstlich beschleunigt werden.
- Beizreste dürfen nicht in das Behältnis zurückgeschüttet werden.

11. Durch welche Verfahren werden Beizen aufgetragen?

Man unterscheidet

- das Handauftragsverfahren (mit Pinsel, Schwamm oder Stoffballen),
- das Spritzverfahren (mit Spritzpistole),
- das Tauchverfahren (für Sonderzwecke),
- industrielle Verfahren (Beizauftragmaschinen, die z. B. über Gummimoos-Walzen die Beize auf die Oberfläche auftragen).

12. Wie werden beim Beizen der Werkstücke Fleckenbildung und „Laufnasen“ vermieden?

Beizen werden satt aufgetragen.

- Bei aufrecht stehenden Werkstücken beginnt man unten.
- Bei liegenden Werkstücken arbeitet man vom Körper weg.

13. Was versteht man unter dem Vertreiben der Beize und warum ist dieser Arbeitsschritt erforderlich?

Nach dem satten Beizauftrag in Faserrichtung wird durch das Vertreiben die überschüssige Beize auf der Oberfläche ausgeglichen. Erst dadurch entsteht ein gleichmäßiges Farbbild.

Man verwendet hierzu einen breiten Pinsel mit weichen Borsten (Vertreiberpinsel) oder bei maschinellem Auftrag z. B. Wischbänder mit saugfähigem Vliesstoff.

14. Was versteht man unter dem „Räuchern“ der Holzoberfläche?

Durch das „Räuchern“ des Holzes entsteht ein dunklerer Farbton mit einer Antikwirkung, so als wäre das Holz über lange Zeit dem Rauch ausgesetzt gewesen. Der Effekt wird durch Ammoniakgas (Salmiakgeistdämpfe) verursacht, das mit Gerbstoffen im Holz reagiert. Nur gerbstoffreiche Holzarten, vorwiegend Eiche, kommen für dieses Verfahren infrage.

15. Wie entsteht eine farbliche Veränderung der natürlichen Holzfarbe durch Laugen?

Laugen reagieren mit Gerbstoffen in gerbstoffreichen Hölzern wie z. B. Eiche. Durch diese chemische Färbung entsteht ein antik wirkender Braunton.

16. Beschreiben Sie das Verfahren des Kalkens und nennen Sie Holzarten, die dafür geeignet sind.

Durch das so genannte Kalken kann die besondere Charakteristik von großporigem Holz wie z. B. Eiche und Esche betont werden. Man reibt mit einem Stoffballen durch kreisende Bewegungen eine weiße oder andersfarbige Paste in die Oberfläche ein und entfernt mit einem sauberen Tuch den Überschuss.

17. Was versteht man unter dem Patinieren?

Das Patinieren ist ein Färbeverfahren, das durch ungleichmäßigen Auftrag eine gealterte Holzoberfläche vortäuscht.

Zum Patinieren eignen sich Beizen, eingefärbte Grundierungen oder – wenn die Fläche schon grundiert und zwischengeschliffen ist – spezielle gebrauchsfertige Farbstofflösungen auf Nitro-Basis.

Die Mittel werden so aufgenebelt (d. h. fein aufgespritzt), dass z. B. an Randbereichen eines Werkstücks ähnliche Schattierungen entstehen wie an alten Möbeln, die lange Zeit in Gebrauch waren.

12.4 Veränderung der Struktur der Holzoberflächen

1. Was versteht man unter dem Strukturieren einer Holzoberfläche und welche Verfahren sind üblich?

Hierdurch wird ein natürlicher Verwitterungs- bzw. Abnutzungseffekt vorweggenommen, sodass ein dekorativer Rustikaleffekt entsteht.

Als Verfahren kommen das Bürsten, das Sandstrahlen, das Laugen und das Brennen der Holzoberfläche infrage. Da dabei weichere Holzteile stärker angegriffen werden und die harten Teile eines Jahrringes stehen bleiben, tritt die Holzstruktur bzw. die Maserung plastisch bzw. reliefartig hervor.

2. Welche Hölzer eignen sich für eine Strukturierung der Oberfläche?

Geeignet sind Hölzer mit einem deutlichen Härteunterschied der Früh- und Spätholzzonen (Nadelhölzer und einige Laubhölzer wie z. B. die Eiche und Esche).

Die Jahrringe sollten eine Breite von mindestens 3 mm haben. Auch Furnier ab einer Mindestdicke von 3 mm kann strukturiert werden.

3. Beschreiben Sie die Technik des Sandstrahlens.

Mit einem Luftdruck von 6 bar (Sandstrahlgebläse) wird Quarzsand, gemahlenes Glas oder speziell zubereiteter Kunststoff auf die Holzoberfläche geschleudert. Da dabei die weicheren Jahrringteile stärker angegriffen werden als die härteren, entsteht eine reliefartige Oberfläche.

4. Wie erzielt man eine gebürstete Holzoberfläche und worauf ist bei diesem Verfahren zu achten?

Das Bürsten kann in zeitaufwändiger Handarbeit mit Stahl- oder Messingbürsten oder besser mit entsprechenden Maschinen (z. B. Bürstenmaschine oder Bürstenwalzeneinsätze für die Tischfräse) erfolgen. Das weichere Frühholz wird dabei stärker herausgelöst als das Spätholz.

Man kann in Faserrichtung oder quer zur Faser bürsten, sollte aber immer auf Gleichmäßigkeit achten. Durch Nachbürsten mit einer weicheren Bürste (z. B. Wurzelbürste oder Kunststoffbürste) erhält man eine sanfter strukturierte Oberfläche als beim Sandstrahlen.

5. Was versteht man unter dem Strukturieren von Holzoberflächen durch Laugen?

Natronlauge hat eine ätzende Wirkung und löst die weichen Frühholzschichten des Nadelholzes auf. Nach einer Einwirkzeit von etwa einer Stunde wird mit einer Messing- oder Kupferbürste das gelöste Holz entfernt. →

Fortsetzung der Antwort ⇒

Laugenreste werden mit reichlich Wasser abgewaschen. Vor der Weiterbehandlung der Oberfläche muss das Holz ausreichend getrocknet sein.

6. Wie kann der optische Effekt strukturierter Holzoberflächen verstärkt werden?

Zur Verstärkung des optischen Effekts kommen infrage:

- vor dem Strukturieren: das Brennen der Oberfläche mit der Flamme einer Lötlampe oder eines Schweißbrenners,
- nach dem Strukturieren: das Auftragen einer Positivfertigbeize.

12.5 Überzugsmittel

1. In welche Hauptgruppen können die Überzugsmittel für die Oberflächenbehandlung von Möbeln eingeteilt werden? Nennen Sie Beispiele für diese Einteilung.

Sie können eingeteilt werden in

- natürliche Mittel, (Öle, Wachse und Firnisse),
- Lasuren (Firnisse mit Zusätzen wie z. B. Holzschutzmittel, Farbpigmente),
- Lacke (farblose, harzhaltige Überzugsmittel),
- Mattierungen und Polituren.

2. Wovor schützen Überzugsmittel die Holzoberfläche?

Je nach Art des Mittels schützen sie vor

- eindringender Feuchtigkeit,
- Verschmutzung,
- mechanischen Beanspruchungen (z. B. Kratzer und Abrieb),
- UV-Strahlen,
- Chemikalien (wie z. B. aggressive Putzmittel),
- Insekten- und Pilzbefall,
- Feuer.

3. Nennen Sie die einzelnen Bestandteile der Lacke.

Sie bestehen aus

- Löse- und Verdünnungsmittel (flüchtige Bestandteile),
- dem Festkörperanteil, der sich aus Bindemitteln und Hilfsstoffen zusammensetzt.

  Bindemittel sind z. B. Cellulosenitrat, Polyester, Kunstharze, Naturharze und Polyurethan. Hilfsstoffe sind z. B. Trocknungsbeschleuniger, Füllstoffe, Härter, UV-Schutzmittel und Pigmente.

4. Welche Gruppen gibt es bei den Möbellacken? Nennen Sie die wichtigsten Qualitätsunterschiede.

Man unterscheidet

- physikalisch trocknende Lacke, zu denen die Lösemittel- und Wasserlacke gehören,
- chemisch härtende Lacke, die man als Reaktionsharzlacke bezeichnet.

  Die Reaktionsharzlacke sind den Lösemittellacken durch die höhere Abrieb- und Kratzfestigkeit qualitativ überlegen. Außerdem sind sie witterungs- und hitzebeständiger.

5. Was versteht man unter CN-Lacken (bzw. NC-Lacken), welche Eigenschaften haben diese Überzugsmittel und wie binden sie ab?

CN-Lacke sind Lacke mit einem hohen Lösemittelanteil (ca. 75 %), deren Bindemittel aus Cellulosenitrat besteht. Sie werden auch als Cellulosenitratlacke oder einfach als Nitrolacke bezeichnet.

Außer den Binde- und Lösemitteln beinhalten diese Lacke noch Hilfsstoffe wie z. B. Verdünnungsmittel, Harze, Weichmacher und UV-Schutzmittel.

Der dünne Lackfilm bildet sich durch physikalische Trocknung.

Die Oberflächen sind begrenzt wasser- und kratzfest, aber nicht witterungsbeständig. Lösemittel können den Lackfilm wieder auflösen.

CN-Lacke sind preiswert und trocknen schnell. Nachteilig ist der hohe gesundheits- und umweltgefährdende Lösemittelanteil.

6. Welche Vor- und Nachteile haben Wasserlacke (Hydrolacke)?

Vorteile:

- Sehr geringer Anteil an umweltschädigenden Lösemitteln (unter 10 %),
- schwer entflammbar (problemlose Lagerung, keine Brand- und Explosionsgefahr bei der Verarbeitung),
- sie feuern die Holzfarbe wenig an; die Oberfläche kann sehr natürlich aussehen.

Nachteile:

- Die Holzfasern quellen an und richten sich auf. Die Oberfläche wirkt leicht angeraut. Hochglanz ist nicht erreichbar.
- Sie sind gesundheitsgefährdend. (Eingeatmeter Lacknebel verbindet sich z. B. mit Körperflüssigkeit.)

7. Was versteht man unter Reaktionsharzlacken und welche Lacke gehören dazu?

Sie härten durch chemische Reaktion mehrerer Komponenten aus. Das Verdunsten der im Lack befindlichen Löse- und Verdünnungsmittel ist dabei ein physikalischer Vorgang. Die chemisch reagierenden Komponenten können sein:

- ein Kunstharz und eine Säure (= Säure härtende Lacke),
- ein Stammlack und ein Zusatzlack (= DD-Lack bzw. PUR-Lack),
- ein Stammlack, ein Härter und ein Beschleuniger (UP-Lack, Polyesterlack).

8. In welchen Formen sind Reaktionsharzlacke im Handel?

- Als Einkomponenten-Reaktionsharzlacke, bei denen die reaktionsfähigen Stoffe bereits vom Hersteller im richtigen Verhältnis miteinander gemischt wurden und die chemische Aushärtung durch den Kontakt mit Luftfeuchtigkeit und die Verdunstung des Lösemittels in Gang gesetzt wird,
- als Zwei- und Mehrkomponentenlacke, bei denen die Mischungen vor der Verarbeitung nach der Gebrauchsanweisung des Herstellers anzusetzen sind.

9. Aus welchen Bestandteilen bestehen säurehärtende Lacke?

Bindemittel sind Kunstharze (Melamin-, Harnstoff- und Phenolharz), die häufig mit anderen Harzen wie z. B. Alkydharzen kombiniert sein können. (Der Festkörpergehalt liegt bei etwa 40 %.)

Als Verdünnungsmittel kommen organische Lösemittel oder Wasser (bei SH-Wasserlack) infrage.

Nach dem Untermischen einer Säure (= Härter) beginnt der chemische Prozess der Aushärtung.

10. Warum ist die Verarbeitung von SH-Lacken problematisch?

Bei der chemischen Aushärtung verdunstet Wasser und gesundheitsschädliches Formaldehyd (krebserzeugend) wird freigesetzt. Aus diesem Grund sollte man SH-Lacke möglichst nicht einsetzen sondern auf andere Lacke ausweichen.

11. Woraus bestehen Polyurethanlacke (PUR-Lacke)?

Die Bindemittel bestehen aus einer oder aus zwei Komponenten. (Der Festkörpergehalt liegt bei etwa 50 %.)

- Einkomponentige Polyurethanlacke härten durch Reaktion mit der Luftfeuchtigkeit aus. →

Technologie

Fortsetzung der Antwort ⇒

- Zweikomponentige Polyurethanlacke bestehen aus dem Stammlack (= Desmodur) und dem Zusatzlack (= Desmophen = Härter). Man bezeichnet sie z. T. auch als DD-Lacke. (Desmodur und Desmophen sind Bayer-Rohstoffe.)

12. Nennen Sie die Eigenschaften und Anwendungsbereiche der Polyurethanlacke.

Positive Eigenschaften: hart, elastisch, schlag-, kratz- und abriebfest, wetterfest, beständig gegen die im Haushalt üblichen Chemikalien, besonders haltbar und widerstandsfähig, kurze Trockenzeiten,

Anwendungsbereiche: Sie eignen sich sowohl als Grundierung als auch Lackierung für Sitz-, Schul-, Labor- und Küchenmöbel, für Tische, Außenlackierungen und besonders zum Versiegeln von Fußböden.

13. Beschreiben Sie Polyesterlacke (UP-Lacke).

Sie bestehen aus dem Stammlack, dem Härter und dem Beschleuniger. Sie haben einen sehr hohen Festkörperanteil (etwa 95 %).

Polyesterlacke sind geeignet, um polierte Hochglanzoberflächen zu erzielen. Die Oberflächen sind sehr hart und beständig gegen Feuchtigkeitseinwirkungen, UV-Licht und Chemikalien.

14. Beim Lackauftrag spielt die Viskosität eine große Rolle. Was ist unter diesem Begriff zu verstehen?

Unter Viskosität versteht man die Zähflüssigkeit des Lacks (niedrige Viskosität = dünnflüssig).

Die Viskosität wird durch die Zugabe von Lösemittel und durch Temperaturerhöhung verringert.

15. Welche Aufgabe hat die Grundierung und woraus besteht sie?

Sie ist Voraussetzung für die Haftfestigkeit einer Lackschicht auf dem Untergrund. Sie dringt in die Holzoberfläche ein und füllt die Poren. Die Holzoberfläche wird dadurch verfestigt und weniger saugfähig. Störende Einflüsse durch Holzinhaltsstoffe werden unterbunden.

Sie besteht in der Regel aus verdünntem Decklack und kann Lichtschutzmittel, Farbstoffe, Härter und andere Zusatzmittel enthalten.

16. Welche Gestaltungsmöglichkeiten kommen beim Lackieren von Möbeloberflächen infrage?

Transparente Lackoberflächen für Möbel können offenporig oder geschlossenporig sein und unterschiedliche Glanzgrade haben. Sie können stumpfmatt, matt, seidenmatt, seidenglänzend, hochglänzend oder hochglanzpoliert sein.

Offenporige Lacke können durch Pigmente oder Abtönfarben farblich verändert werden. Geschlossenporige Lacke können hochglanzpoliert werden.

Die Lackhersteller bieten außerdem spezielle Effektlacke an.

17. Einige Hersteller verwenden natürliche Rohstoffe für die Herstellung von Überzugsmitteln. Welche Naturharze werden dabei verarbeitet und was spricht für die Verwendung dieser natürlichen Mittel?

Als Naturharze kommen z. B. Bernstein, Dammar, Kolophonium, Sandarak, Kopale und Schelllack infrage. Diese natürlichen Mittel sind in einem überschaubaren Zeitraum biologisch abbaubar und belasten somit die Umwelt nicht langfristig.

18. Erläutern Sie den Begriff Schelllack und nennen Sie einige Eigenschaften von Oberflächen, die mit Schelllack behandelt worden sind.

Er wird aus den Ausscheidungen der Blattschildlaus gewonnen. Dieses natürliche Harz wird in Alkohol oder Spiritus gelöst.

Eine polierte Schelllackbeschichtung ist hochglänzend und elastisch, aber wasserempfindlich, nicht chemikalienbeständig und wenig kratzfest.

Die Verarbeitung ist zeitaufwändig.

19. Welche Öle verwendet man zur Herstellung geölter Holzoberflächen?

Man verwendet

- Leinöl (trocknet relativ langsam),
- Teaköl,
- Danish Oil (für fetthaltige Hölzer wie z. B. Teaköl),
- Tungöl,
- Polyurethanöl.

Den Ölen sind in der Regel Zusätze wie Sikkative (Trocknungsbeschleuniger), Lösemittel, Naturharze, Pigmente u. a. zugegeben.

20. Welche Eigenschaften und Vorteile haben geölte Holzoberflächen?

Sie sind offenporig und dampfdurchlässig. Durch das eindringende Öl wird das Holzbild belebt bzw. angefeuert. Die natürliche Oberflächenstruktur bleibt erhalten.

Geölte Holzoberflächen sind antistatisch, d. h. sie ziehen keinen Staub an und verschmutzen nicht so schnell.

Das Auftragen des Öls ist einfach. Fehler in der Oberfläche lassen sich leicht beseitigen, ohne dass die gesamte Fläche erneuert werden muss.

Für besonders beanspruchte Oberflächen wie Holzfußböden und Treppen gibt es speziell angepasste Holzöle.

21. Welche Nachteile haben geölte Holzoberflächen?

Geölte Holzoberflächen müssen in vergleichsweise kurzen zeitlichen Abständen nachbehandelt bzw. mit speziellen Pflegemitteln aufgefrischt werden. Kontakt mit Wasser ist zu vermeiden, denn es bilden sich dadurch unansehnliche Flecken und Ränder.

Sie sind weniger abriebfest und weniger feuchtigkeitsabweisend als lackierte Flächen.

Schrankinnenflächen sollten nicht geölt werden, weil dort keine vollständige Trocknung stattfindet und sich der Geruch des Öls auf die untergebrachten Gegenstände überträgt.

22. Worin unterscheidet sich Leinölfirnis von Leinöl und welche Vorsichtsmaßnahmen sind im Umgang damit zu beachten?

Leinöl wird aus den Samen der Flachspflanze gewonnen und ist ein hochwertiges Nahrungsmittel. Es wird aber auch für die Herstellung von Fensterkitt (Kreide und Leinöl), Ölfarben und Linoleum verwendet und viele Holzöle sind auf Leinölbasis oder in Kombination mit Leinöl aufgebaut.

Leinölfirnis entsteht durch die Zugabe von Verdünnungs- und Trocknungsmitteln (Sikkativen). Ein Leinölfirnisauftrag benötigt bei ausreichender Luftzirkulation und Licht etwa einen Tag zum Trocknen. Man verwendet es z. B. zur Pflege von Hobelbänken und Werkzeugen aus Holz. →

Fortsetzung der Antwort ⇒

Die mit Leinölfirnis getränkten Lappen können sich durch Oxidationswärme entzünden. Sie müssen auf nicht brennbarer Fläche flach zum Trocknen ausgelegt werden oder man bewahrt sie in einem luftdichten Schraubglas auf.

Die Verdünnungsmittel können Haut und Atemwege reizen.

23. Wie sind natürliche Wachse, die bei der Holzoberflächenbehandlung eingesetzt werden, zusammengesetzt und welche Eigenschaften haben gewachste Holzoberflächen?

Natürliche Wachse bestehen häufig aus Bienenwachs oder Pflanzenwachsen, die mit Lösemitteln, Pigmenten, Duftstoffen und evtl. natürlichen Harzen versetzt sind.

Die Anwendung ist arbeitsintensiv, da nach dem dünnen Wachsauftrag und dem Trocknen die Oberfläche poliert werden muss.

24. Was versteht man unter dem Polieren einer Oberfläche und welche Verfahren unterscheidet man?

Beim Polieren entstehen glatte Hochglanzflächen. Die Poren werden dabei vollständig geschlossen und ausgefüllt und die Maserung und Holzfarbe werden betont.

Man unterscheidet

- das Lackpolierverfahren, bei dem dünne Lackschichten so lange aufeinander gelegt und geschliffen werden, bis eine hochglanzpolierte Fläche entsteht, (heute selten)
- das Schwabbelpolier- und das Polyesterverfahren, bei denen mehrschichtig aufgetragener Lack durch Abschleifen und Polieren so lange abgebaut wird, bis die Fläche hochglänzend ist.

25. Was soll Oberflächenschutz von Holz im Außenbereich leisten?

Er soll

- vor UV-Strahlung der Sonne schützen,
- Insekten-, Pilz- und Moosbefall verhindern,
- starke Schwankungen der Holzfeuchte vermeiden, indem einerseits das direkte Eindringen von Feuchtigkeit gebremst wird und andererseits Feuchtigkeit aus dem Holz nach außen abwandern kann.

26. Warum muss eine Holzoberfläche im Außenbereich vor UV-Strahlung geschützt werden und wie ist dieser Schutz möglich?

UV-Strahlung baut Lignin ab, wodurch das Holz an der Oberfläche spröde wird. Es vergraut und verwittert und Feuchtigkeit kann leichter eindringen.

Der Schutz erfolgt durch Mittel mit UV-Absorbern oder durch Mittel mit verringerter Transparenz (Farbpigmente).

27. Was wissen Sie über Lasuren als Anstrichmittel für Holz im Außenbereich?

Lasuren sind Überzugsmittel, die trotz des Zusatzes von Farbstoffen und Pigmenten die natürliche Maserung und die Holzstruktur nicht völlig verdecken. Sie dringen bis zu einigen Millimetern in das Holz ein und überziehen die Oberfläche mit einem dünnen Film, der atmungsaktiv ist, gut haftet und nicht reißt. Häufig sind Holzschutzmittel beigemischt.

Man unterscheidet Dünn- und Dickschichtlasuren, Wachs- und Dispersionslasuren. Üblich sind auch Begriffe wie Imprägnier- oder Holzschutzlasur, schichtbildende- oder Lacklasuren.

28. Welche Lacksysteme eignen sich für Außenlackierungen?

Man verwendet Ölfarbenlacke, Alkydharzlacke, Acryllacke und Zweikomponentenlacke, z. B. Polyurethanlacke (DD-Lacke).

12.6 Auftragverfahren und Trocknung von Oberflächen

1. Nennen Sie die im Tischlerhandwerk üblichen Spritzverfahren zum Aufbringen von Grundierungen und Lacken.

Man unterscheidet

- das Niederdruckspritzen,
- das Hochdruckspritzen,
- das Airlessspritzen,
- das Air-Mix- und das Air-Coat-Verfahren.

(Beim so genannten elektrostatischen Spritzen, das im Holzhandwerk sehr selten zur Anwendung kommt, wird eines der genannten Verfahren so ergänzt, dass sich ein elektrisches Feld zwischen der Spritzpistole und dem Werkstück aufbaut.)

2. Wie funktioniert das Niederdruck-Spritzverfahren?

Hierbei wird durch ein Gebläse ein Luftstrom erzeugt, der über einen Schlauch zur Spritzpistole geführt wird. Dort wird ein Teil des Luftstroms zum Materialbecher geleitet, damit ein gleichmäßiger Flüssigkeitszulauf gewährleistet ist. Der andere Teil der Gebläseluft strömt aus den Luftdüsen aus und vermischt sich bei geöffneter Materialdüse mit der Flüssigkeit.

3. Welche Vor- und Nachteile hat das Niederdruck-Spritzverfahren?

Vorteile:

- Geringe Spritznebelbildung (dadurch geringere Lösemittelbelastung der Raumluft und höhere Materialübertragungsrate (d. h. weniger Spritzverluste),
- geringere Umweltbelastung
- flexibel einsetzbares Verfahren, da am Einsatzort kein Drucklufterzeuger (Kompressor) benötigt wird (z. B. bei Ausbesserungsarbeiten an der Baustelle).

Nachteile:

- Keine sehr feine Lackzerstäubung,
- Gefahr des „Apfelsinenschaleneffektes“ durch zu dicken Lackauftrag.

4. Beschreiben Sie das HVLP-Spritzverfahren.

Hierbei handelt es sich um ein Luftspritzverfahren der Niederdrucktechnik, das mit einem Kompressor arbeitet. Der hohe Kompressor-Betriebsdruck wird auf einen Zerstäuber-Luftdruck von maximal 0,7 bar reduziert.

HVLP bedeutet High Volume Low Pressur (hohes Lackvolumen bei niedrigem Druck).

5. Beschreiben Sie das Hochdruckspritzverfahren.

Hochdruck-Spritzen erfordert Druckluft, die in der Regel durch einen Kompressor erzeugt und mit einem Schlauch der Spritzpistole zugeleitet wird. Der Lackzufluss und die Luftmenge können geregelt werden. Das Spritzmaterial wird mit einem Betriebsdruck von 1,5 bar bis etwa 6 bar in einem kegelförmigen Strahl nebelartig auf die Holzoberfläche geschleudert. Die Form des kegelförmigen Strahls kann eingestellt werden.

6. Nennen Sie die Vor- und Nachteile des Hochdruckspritzverfahrens.

Vorteile:

- Sehr feine, regulierbare Zerstäubung,
- mit der Spritzpistole kann das Werkstück abgeblasen werden →

Fortsetzung der Antwort ⇒

Nachteile:

- Starke Spritznebelbildung, dadurch hohe Lösemittelbelastung der Raumluft und relativ geringe Materialübertragungsrate (d. h. mehr Spritzverluste),
- stärkere Umweltbelastung,
- Lacknebel kann sich als Staub auf bereits gespritzte Flächen absetzen.

7. Wie kann bei einer Hochdruckspritzpistole die Form des Strahls eingestellt werden?

Sie kann durch die Stellung der beiden gegenüberliegenden Luftschlitze am Strahlkopf (Luftkappe) eingestellt werden.

- Bei waagerechter Stellung der Schlitze entsteht ein Flachstrahl (Querschnitt = Ellipse mit senkrechter Ausdehnung),
- bei senkrechter Stellung der Schlitze entsteht ein Breitstrahl (Querschnitt = Ellipse mit waagerechter Ausdehnung),
- bei Diagonalstellung der Schlitze entsteht ein Rundstrahl (mit kreisförmigem Querschnitt).

8. Warum sollte beim Lackauftrag mit der Hochdruckspritzpistole immer vom Körper weg gearbeitet werden?

Spritzt man auf liegende Flächen, prallt ein Teil des Lacknebels ab, fällt auf die dahinter liegende Fläche und setzt sich dort als Lackstaub ab. Durch den Sog der Absauganlage wird dieser Effekt verstärkt.

Arbeitet man vom Körper weg, wird dieser Lackstaub durch die neue Lackschicht gelöst und eingebunden.

9. Was versteht man unter dem Airless-Spritzverfahren?

Bei diesem Verfahren wird das Spritzmaterial mit einer Pumpe angesaugt, verdichtet und über einen Hochdruckschlauch direkt der Spritzpistole zugeführt. Der Spritzlack wird bei einem sehr hohen Druck von 50 bis 200 bar ohne Druckluft zerstäubt.

10. Nennen Sie die Vor- und Nachteile des Airless-Spritzverfahrens.

Vorteile:

- Nur geringe Spritznebelbildung (d. h. geringe Belastung der Raumluft, geringe Lackverluste)
- keine Luftbläschen in der Lackoberfläche,
- leichte, handliche Spritzpistole (ohne Becher),
- da kein Nachfüllen des Bechers erforderlich ist, kann unterbrechungsfrei gearbeitet werden →

Fortsetzung der Antwort ⇒

Nachteile:

- Handhabung erfordert wegen des scharf begrenzten Spritzstrahls Übung,
- Auftragmenge kann beim Spritzen nicht reguliert werden,
- Verletzungsgefahren durch extrem hohen Druck.

11. Beschreiben Sie das Air-Mix- und das Air-Coat-Verfahren.

Diese Verfahren sind eine Mischung des Airless- und Hochdruckspritzverfahrens. Der luftlos zerspritzende Lackstrahl wird durch Druckluft, die über zwei gegenüberliegende Luftschlitze am Strahlkopf austritt, im Randbereich des Spritzkegels zusätzlich zerstäubt. Hierdurch wird die Begrenzung des Airless-Spritzstrahls weicher bzw. weniger scharf begrenzt.

Die Bewegungsfreiheit ist bei diesem Verfahren etwas eingeschränkt, da an der Spritzpistole zwei Schläuche angeschlossen sind.

12. Welche Trocknungsverfahren wendet man bei lackierten Flächen an?

In Klein- und Mittelbetrieben erfolgt die Trocknung von lackierten Flächen bei Raumtemperatur.

In größeren Betrieben werden Heißluft- und Strahlungstrockner eingesetzt.

- Bei der Heißlufttrocknung erfolgt die Trocknung im Trockenraum oder im Trockenkanal bei einer Umlufttrockentemperatur von 40 °C bis 120 °C.
- Bei der Strahlungstrocknung unterscheidet man verschiedene Systeme: die Infrarottrocknung, die Lichtimpulstrocknung mit UV-Strahlen und die Elektronenstrahltrocknung.

13 Grundlagen der Physik und Chemie

13.1 Physikalische Grundlagen

1. Was versteht man unter der Masse eines Stoffes?

Die Masse (m) ist die Stoffmenge eines Körpers, die in Kilogramm (kg) oder in davon abgeleiteten Einheiten (z. B. Tonne, Gramm und Milligramm) angegeben wird.

2. Erklären Sie die beiden Begriffe Dichte und Rohdichte.

Die Dichte (ρ) eines Stoffes ist das Verhältnis der Masse (m) zum Körpervolumen (V).

Bei Werkstoffen, die Feuchtigkeit aufnehmen können und einen porösen, faserigen oder körnigen Aufbau haben, spricht man von der Rohdichte.

In Werkstofftabellen wird dieser Kennwert in g/cm^3 oder in kg/dm^3 angegeben. (Bei Holz und Holzwerkstoffen ist darauf zu achten, auf welchen Feuchtigkeitsgehalt sich die Angaben beziehen.)

Die Formel für die Dichte lautet:

$$\boxed{\rho = \frac{m}{V}} \qquad \text{Dichte} = \frac{\text{Masse}}{\text{Volumen}}$$

3. Erklären Sie den physikalischen Begriff der Kraft und geben Sie an, wie sie gemessen wird.

Wenn Körper ihren Bewegungszustand, ihre Bewegungsrichtung oder ihre Form verändern, so geschieht dies auf Grund von Krafteinwirkung.

Die Kraft wird in Newton (N) gemessen. Entscheidend für ihre Wirkung sind der Ansatzpunkt, der Betrag und die Richtung.

Werden Kräfte als Vektoren dargestellt, kann ihr Zusammenwirken graphisch oder rechnerisch bestimmt werden.

4. Was versteht man unter mechanischer Arbeit?

Mechanische Arbeit kommt dann zustande, wenn durch Krafteinwirkung ein Körper entlang einer Wegstrecke bewegt wird.

Die Größe der Arbeit (W) ist das Produkt aus der Kraft (F) und dem Weg (s). Sie wird in Newtonmeter (Nm), in Joule (J) oder Wattsekunde (Ws) angegeben. (1 Nm = 1 J = 1 Ws).

Die Formel für die mechanische Arbeit lautet:

$$\boxed{W = F \cdot s} \qquad \text{Arbeit} = \text{Kraft} \cdot \text{Weg}$$

5. Erklären Sie den physikalischen Begriff der Leistung.

In der Physik spricht man von Leistung (*P*), wenn eine mechanische Arbeit (*W*) in einem bestimmten Zeitabschnitt (*t*) (z. B. in einer Sekunde) verrichtet wird.

Die Leistung (*P*) wird in Newtonmeter pro Sekunde (Nm/s), in einer abgeleiteten Einheit oder in Watt (W) bzw. Kilowatt (kW) angegeben (1 Nm/s = 1 W).
Die Formel zur Berechnung der Leistung lautet:

$$P = \frac{W}{t} \qquad \text{Leistung} = \frac{\text{Arbeit}}{\text{Zeit}}$$

6. Was versteht man unter Druck und in welchen Einheiten wird er angegeben?

Wirkt eine Kraft (*F*) senkrecht auf eine Fläche (*A*), entsteht Druck (*p*).

$$p = \frac{F}{A} \qquad \text{Druck} = \frac{\text{Kraft}}{\text{Fläche}}$$

Die Einheit des Drucks ist Pascal (1 Pa = 1 N/m^2).
In der Technik verwendet man häufig die Einheit Bar (1 bar = 100 000 Pa = 10 N/cm^2).

7. Was versteht man unter absoluter, maximaler und relativer Luftfeuchte?

Die **absolute Luftfeuchte** gibt an, wie viel Gramm Wasserdampf ein Kubikmeter Luft beinhaltet.

Die **maximale Luftfeuchte** gibt an, wie viel Gramm Wasserdampf ein Kubikmeter Luft bei einer bestimmten Temperatur maximal aufnehmen kann. Warme Luft kann mehr Wasserdampf aufnehmen als kalte Luft.

Die **relative Luftfeuchte** bringt zum Ausdruck, wie groß das weitere Aufnahmevermögen für Feuchtigkeit ist. Eine relative Luftfeuchte unter 100 % bedeutet, dass die Höchstmenge noch nicht erreicht ist. Sie ist das prozentuale Verhältnis der absoluten zur maximalen Luftfeuchte.

$$\text{relative Luftfeuchte} = \frac{\text{absolute Luftfeuchte in g/m}^3}{\text{maximale Luftfeuchte in g/m}^3} \cdot 100\ \%$$

8. In welchen Maßeinheiten werden Temperaturen gemessen?

Gesetzliche Einheiten sind Kelvin (K) und Grad Celsius (°C).

0 K = -273 °C

9. In welcher Maßeinheit drückt man die Wärmemenge aus?

Die gesetzliche Einheit ist das Joule (J).

Weitere Einheiten sind das Newtonmeter (Nm) und die Wattsekunde (Ws) sowie davon abgeleitete Größen (1 J = 1 Nm = 1 Ws).

10. Wie verhalten sich Körper und Stoffe bei Wärmezufuhr bzw. Wärmeentzug?

Körper dehnen sich bei Wärmezufuhr aus und ziehen sich bei Abkühlung zusammen.

Stoffe können ihren Aggregatzustand (Zustandsform) ändern, d. h., sie können durch Wärmezufuhr schmelzen, sieden, verdunsten und verdampfen und bei Wärmeentzug kondensieren und erstarren (gefrieren).

11. Was wissen Sie über die Wärmeausdehnung des Holzes?

Die Maßveränderung des Holzes bei Erwärmung ist so gering, dass sie für die Praxis keine Bedeutung hat.

12. Wie kann sich Wärme ausbreiten?

Die Übertragung der Wärmeenergie von einem wärmeren auf einen kühleren Körper erfolgt durch

- Wärmeleitung (Wärmetransmission),
- Wärmemitführung bzw. Konvektion, (z. B. durch Luftumwälzung an Heizkörpern),
- Wärmestrahlung (z. B. Heizung, Infrarotstrahlen).

13. Erläutern Sie die Wärmeübertragung durch Wärmeleitung.

Hierbei wird die Wärme als Schwingungsenergie mithilfe von Stoßvorgängen von Molekül zu Molekül weitergeleitet, ohne dass diese ihre Lage verändern. Sie wird stets vom Bereich höherer Temperatur zum Bereich niedrigerer Temperatur weitergeführt, niemals umgekehrt. So kühlt z. B. bei starkem Frost eine Wohnung nicht durch die „hereinkriechende“ Kälte, sondern durch die abfließende Wärmeenergie aus.

Wärmeleitung tritt in festen, flüssigen und gasförmigen Körpern auf.

14. Von welchen Faktoren hängt ab, ob ein Stoff ein guter oder schlechter Wärmeleiter ist?

Die Fähigkeit der Stoffe zur Wärmeleitung hängt ab von

- der Dichte des Stoffes (hohe Dichte = hohe Wärmeleitfähigkeit),
- der Porigkeit und Porengröße des Stoffes (feinporig = hohe Wärmeleitfähigkeit),
- dem Feuchtigkeitsgehalt des Stoffes (hohe Feuchtigkeit = hohe Leitfähigkeit).

15. Welche Bedeutung hat die Wärmeleitfähigkeit des Holzes für die Praxis?

Trockenes Holz ist kein guter Wärmeleiter. Im Vergleich zu vielen anderen Baustoffen hat es vielmehr recht gute Wärmedämmeigenschaften. Holzfußböden sind z. B. „wärmer" als Steinfußböden, aber wegen der geringen Wärmeleitfähigkeit des Holzes weniger gut geeignet in Verbindung mit Fußbodenheizungen.

16. Was besagt die Wärmeleitzahl?

Durch die Wärmeleitzahl (λ) (sprich: klein-Lambda) wird die Wärmeleitfähigkeit eines Stoffes ausgedrückt. Sie gibt die Wärmemenge (in Watt) an, die in einer Sekunde durch einen 1 m dicken Werkstoff bei einer Temperaturdifferenz von 1 Kelvin hindurchgeht.

Einheit: $\frac{W}{m \cdot K}$

17. Erläutern Sie die beiden Begriffe a) Wärmedurchlasskoeffizient und b) Wärmedurchlasswiderstand.

a) Der Wärmedurchlasskoeffizient gibt an, welche Wärmemenge (in Watt) die Fläche eines Bauteils von 1 m^2 mit einer bestimmten Dicke bei einer Temperaturdifferenz von 1 Kelvin pro Sekunde durchlässt. Als Formelzeichen für den Begriff verwendet man den griechischen Buchstaben Λ (sprich: groß-Lambda).

   Einheit: $\frac{W}{m^2 \cdot K}$

b) Der Wärmedurchlasswiderstand (Formelzeichen: ***R***) ist der Kehrwert des Wärmedurchlasskoeffizienten.

   Einheit: $\frac{m^2 \cdot K}{W}$

18. Was versteht man unter dem Wärmedurchgangswiderstand?

Beim Abfluss von Wärmeenergie durch ein Bauteil stellen sowohl das Bauteil als auch die angrenzenden Luftschichten auf der Innen- und Außenseite einen Widerstand dar. Die Summe dieser Einzelwiderstände ergibt den Wärmedurchgangswiderstand.

19. Was besagt der Wärmedurchgangskoeffizient (U-Wert)?

Er ist der Kehrwert des Wärmedurchgangswiderstandes. Ein Bauteil mit geringem Wärmedurchgangswiderstand hat einen hohen U-Wert.

Er stellt die Grundlage zur Berechnung der Jahresenergiebilanz eines Gebäudes dar.

20. Was ist Schall?

Schall entsteht durch mechanische Schwingungen, die sich in gasförmigen, flüssigen oder festen Stoffen ausbreiten.

Die Schwingungszahl pro Sekunde wird als Frequenz bezeichnet und in Hertz (Hz) angegeben. Der Frequenzbereich von 16 bis 20 000 Hz ist vom gesunden menschlichen Ohr wahrnehmbar, wobei hohe Frequenzen als hohe und niedrige Frequenzen als tiefe Töne gehört werden.

21. Welche Arten von Schall unterscheidet man?

Man unterscheidet

- Luftschall (= Schall, der sich in der Luft ausbreitet),
- Körperschall (= Schall, der von festen Körpern und von Flüssigkeiten weitergeleitet wird),
- Trittschall (= Schall, der beim Begehen von Fußböden als Körperschall auf Wände und Decken übertragen wird).

22. Wie wird die Schallstärke gemessen?

Die bei der Schallausbreitung in Schwingung versetzten Luftmoleküle üben einen Druck aus (Schalldruck), der mit Schalldruckmessgeräten gemessen werden kann.

Sie zeigen den Schalldruckpegel in der Einheit Dezibel (dB bzw. dB (A)) an.

23. Nennen Sie einige Schallpegelwerte, die für das menschliche Ohr bedeutend sind.

- Geringfügig über 0 dB (A) liegt die Hörschwelle,
- normales Sprechen verursacht bis zu 50 dB (A),
- lang anhaltende Geräusche mit einem Schallpegel von über 65 dB (A) schädigen das vegetative Nervensystem,
- bei 90 dB (A) entstehen Gehörschäden,
- bei 130 dB (A) liegt die Schmerzgrenze.

dB (A) ist die Einheit für den bewerteten Schallpegel, der den Besonderheiten des menschlichen Gehörs entspricht. Das menschliche Ohr empfindet ein Geräusch als doppelt so laut, wenn der Schallpegel um 10 dB (A) ansteigt.

13.2 Grundlagen der Elektrizitätslehre

1. Was versteht man unter elektrischem Strom?

Elektrischer Strom ist die Bewegung elektrisch geladener Teilchen (Elektronen) in einem Leiter.

2. Nennen Sie die drei wichtigsten Größen der Elektrotechnik und deren Maßeinheiten.

- Stromstärke (I) Einheit: Ampere (A)
- elektrische Spannung (U) Einheit: Volt (V)
- elektrischer Widerstand (R) Einheit: Ohm (Ω)

3. Erläutern Sie das ohmsche Gesetz.

Nach dem ohmschen Gesetz nimmt die Stromstärke (I) proportional zur Spannung (U) zu, wenn der Widerstand (R) konstant bleibt. Bei konstanter Spannung und zunehmendem Widerstand nimmt die Stromstärke ab.

Das Gesetz in Kurzform: $I = \frac{U}{R}$ Stromstärke = $\frac{\text{Spannung}}{\text{Widerstand}}$

4. Aus welchen Teilen besteht ein Stromkreis?

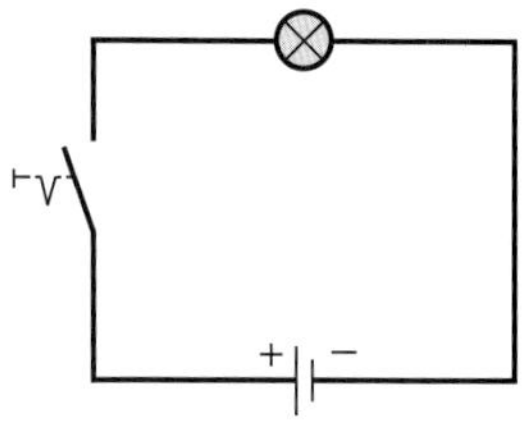

Ein Stromkreis besteht aus

- der Spannungsquelle (z. B. Batterie, Generator),
- der Hin- und Rückleitung,
- dem Verbraucher (z. B. Motor).

Hinzu kommen Schaltglieder und Sicherungen.
Der elektrische Strom fließt nur, wenn der Stromkreis geschlossen ist.

5. Was ist Gleichstrom?

In einem geschlossenen Stromkreis fließt Gleichstrom, wenn die Spannung ständig in die gleiche Richtung wirkt. Dadurch bewegen sich auch die geladenen Teilchen in die gleiche Richtung (Beispiel: Akku-Schrauber).

6. Was ist Wechselstrom?

Wechselt die Spannung in einem Stromkreis in einem vorgegebenen Takt ihre Richtung und Stärke, so wechselt auch der Strom im gleichen Takt die Richtung und Stärke. (Die Anzahl der sinusförmigen Schwingungen des Wechselstroms pro Sekunde bezeichnet man als Frequenz. Sie wird in Hertz (Hz) gemessen. Der Wechselstrom im öffentlichen Stromnetz hat eine Frequenz von 50 Hz.)

7. Was ist Drehstrom?

Drehstrom wird mithilfe von Drehstromgeneratoren erzeugt. Diese bestehen aus einem sich drehenden Läufer (Elektromagnet) und dem feststehenden Ständer. An der Innenwand des Ständers sind drei Spulen im Abstand von 120° eingenutet.

Durch Verkettung der drei Spulen und durch unterschiedliche Zusammenschaltungen sind sowohl Spannungen von 230 Volt (Einphasenwechselstrom) als auch 400 Volt (Dreiphasenwechselstrom) möglich.

8. Was versteht man unter der elektrischen Leistung?

Die elektrische Leistung (P) ist das Produkt aus elektrischer Spannung (U) und Stromstärke (I). Man gibt sie in der Einheit Voltampere (VA) oder Watt (W) an (1 VA = 1 W).

Formel: $P = U \cdot I$

elektrische Leistung = Spannung · Stromstärke

9. Was besagt der Wirkungsgrad bei einem elektrischen Verbraucher?

Bei der Umwandlung von elektrischer Energie in eine andere Energieform (z. B. Bewegungsenergie) sind Leistungsverluste nicht vermeidbar.

Unter dem Wirkungsgrad η (eta) versteht man das Verhältnis der abgegebenen Leistung P_{ab} (Nutzleistung) zur aufgenommenen Leistung P_{zu} (Nennleistung). In der Regel wird dieses Verhältnis in Prozent angegeben.

$$\eta = \frac{P_{ab}}{P_{zu}} \cdot 100\ \%$$

10. Was versteht man unter elektrischer Arbeit?

Unter der elektrischen Arbeit (W) versteht man die in einer Zeitspanne (t) genutzte elektrische Leistung (P). Dieses Produkt wird auch als Verbrauch bezeichnet. Energieversorgungsunternehmen stellen z. B. die vom Zähler gemessene elektrische Arbeit zuzüglich einer Grundgebühr in Rechnung.

Elektrische Arbeit wird in Kilowattstunden gemessen und kann nach folgender Formel berechnet werden:

$W = P \cdot t$

elektrische Arbeit = elektrische Leistung · Zeit

11. Wie funktioniert ein Elektromotor?

Er wandelt elektrische Arbeit in mechanische Arbeit um. Die Bewegung kommt durch die Kraftwirkung zwischen einem stromdurchflossenen Leiter und einem Magnetfeld zustande.

12. Wie wirkt elektrischer Strom auf den menschlichen Organismus?

Stromstärken ab 0,5 mA (Milliampere) kann der Mensch wahrnehmen. Stromstärken über 50 mA und Spannungen über 50 V können lebensgefährlich sein. Sie führen zu Muskelverkrampfung, Verbrennungen, Herzstillstand und Blutvergiftung.

13. Erläutern Sie die Wärme- und Lichtwirkung des elektrischen Stroms.

Alle Leiter, durch die elektrischer Strom fließt, erwärmen sich. Die Erwärmung steigt mit zunehmender Stromstärke und mit abnehmendem Leiterwiderstand (Anwendungsbeispiele: Elektroherd, Bügeleisen).

Bei Glühbirnen wird ein Glühdraht, der den Widerstand bildet, auf Weißglut gebracht und strahlt dabei Licht aus.

Auch einige Gase in Leuchtstofflampen (z. B. Argon oder Neon) erzeugen Licht bei Stromdurchgang.

14. Wie entsteht die magnetische Wirkung des elektrischen Stroms?

Um einen stromdurchflossenen Leiter bildet sich ein Magnetfeld. Wird dieser Leiter zu einer Spule um einen weichmagnetischen Werkstoff gewickelt, verstärkt sich das Magnetfeld um ein Vielfaches.

15. Nennen Sie Nutzungsmöglichkeiten für die magnetische Wirkung des Stroms.

Elektromagnete verwendet man z. B. bei elektrischen Türöffnern, Klingeln, Relais, bei elektrisch gesteuerten Schaltern, Sicherungsautomaten, in Lautsprechern und Elektromotoren.

Elektromagnete haben gegenüber Dauermagneten den Vorteil, dass man sie ein- und ausschalten kann.

16. Erklären Sie die chemische Wirkung des elektrischen Stroms.

Gleichstrom zerlegt leitende Flüssigkeiten, wobei am Pluspol negativ geladene Teilchen und am Minuspol positiv geladene Teilchen angezogen werden. Die zerlegten Stoffe sind Elektrolyte. Den Vorgang nennt man Elektrolyse (Anwendungen: Galvanisierung, Eloxierung von Aluminium).

17. Welche Fehler können an elektrischen Anlagen auftreten?

An elektrischen Anlagen können drei verschiedene Isolationsfehler auftreten:

- Kurzschluss (z. B. Kontakt zwischen Hin- und Rückleitung eines Stromkreises),
- Körperschluss (Gehäuseteile eines Gerätes stehen unter Spannung),
- Erdschluss (Verbindung eines stromführenden Leiters mit der Erde).

18. Was ist bei Stromunfällen zu tun?

Stromunfälle können zu Muskelverkrampfungen, Gleichgewichtsstörungen und zu Herz- und Kreislaufversagen führen. Der Verunglückte muss nach Unterbrechung des Stromkreises so schnell wie möglich aus dem Gefahrenbereich herausgeholt werden (eventuell mit isolierenden Gegenständen vom Stromkreis trennen).

Nach Benachrichtigung des Arztes kann Erste Hilfe geleistet werden, wenn ausreichende Kenntnisse dazu vorliegen.

19. Welche Schutzmaßnahmen an elektrischen Anlagen kennen Sie?

Zum Schutz vor Kabelbrand und elektrischen Unfällen dienen folgende Schutzmaßnahmen:

- Schutzleiter (durch grün-gelbe Isolierung gekennzeichnet, verbunden mit leitenden Teilen des Gerätes),
- Schutzkontaktstecker und Schutzkontaktdose (Schuko),
- elektrische Sicherungen (Schmelzsicherung, Sicherungsautomat),
- Schutzisolierung,
- Schutzkleinspannung,
- Fehlerstrom-Schutzschalter (FI-Schalter).

20. Wie funktionieren Schmelzsicherungen?

Sicherungen stellen die schwächste Stelle in einem Stromkreis dar. Fließt im Falle eines Kurzschlusses oder bei Überlastung ein stärkerer Strom als zulässig, schmilzt der Schmelzleiter im Inneren der Schmelzsicherungen, wodurch der Stromkreis unterbrochen wird.

21. Beschreiben Sie einen Sicherungsautomaten.

Bei Sicherungsautomaten erfolgt die Unterbrechung des Stromkreises bei Überlastung durch einen Bimetallauslöser und bei Kurzschluss durch einen magnetischen Auslöser. Sie haben den Vorteil, dass sie nicht wie die durchgebrannten Schmelzsicherungen ausgetauscht werden müssen, sondern nach Abkühlung des Bimetallstreifens wieder eingeschaltet werden können.

22. Was wissen Sie über Fehlerstrom-Schutzschalter?

Fehlerstrom-Schutzschalter (FI-Schalter) sichern einen Stromkreis genauer ab als andere elektrische Sicherungen. Sie unterbrechen einen Stromkreis bei geringen Stromstärkeunterschieden in Zu- und Rückleitung innerhalb von 0,2 Sekunden.

Sie haben eine Prüftaste, die ab und zu gedrückt werden muss, um die Schutzfunktion zu testen.

23. Nennen Sie die wichtigsten Verhaltensregeln zur Verhinderung von Stromunfällen.

- Verwende nur Elektrogeräte, Leitungen und Steckvorrichtungen, die den VDE-Bestimmungen entsprechen. (Solche Geräte und Teile sind mit dem VDE-Zeichen gekennzeichnet und entsprechen damit den Schutzvorschriften des Verbandes Deutscher Elektrotechniker.)
- Fehlerhafte Geräte und Maschinen dürfen nicht benutzt werden.
- Elektrokabel und Stecker sind pfleglich zu behandeln. Elektrische Stecker dürfen z. B. nicht am Kabel aus der Steckdose gezogen werden. Kabel dürfen nicht geknickt und eingeklemmt werden. Knoten und verdrehte Stellen sind zu vermeiden.
- Sicherungen dürfen auf keinen Fall überbrückt werden.
- Die Reparatur von Leitungen und Geräten ist Aufgabe von ausgebildeten Spezialisten.

13.3 Chemische Grundlagen

1. Was versteht man unter den Grundstoffen bzw. den chemischen Elementen?

Chemische Elemente sind die Grundstoffe der Materie. Sie lassen sich durch kein chemisches Verfahren weiter zerlegen. Die meisten Elemente kommen in der Natur vor.

Wenige entstehen durch Umwandlung von Atomen.

Etwa zwei Drittel der Elemente sind Metalle. Der Rest sind feste oder gasförmige Nichtmetalle.

2. Was versteht man unter einem Atom?

Ein Atom ist der kleinste Teil eines chemischen Elements. Es ist mit chemischen Mitteln nicht weiter zerlegbar. (Atomspaltung ist kein chemisches Verfahren.) Ein Atom besteht aus dem Atomkern, der von elektrisch positiv geladenen Protonen und elektrisch neutralen Neutronen gebildet wird, und der Atomhülle, die sich aus elektrisch negativ geladenen Elektronen zusammensetzt.

3. Was versteht man unter einem Molekül?

Ein Molekül ist die kleinste Einheit einer chemischen Verbindung von Atomen.

Moleküle, die sich aus zwei oder mehreren Atomen verschiedener Elemente zusammensetzen, bilden einen neuen Stoff (= chemische Verbindung) mit vollkommen anderen Eigenschaften.

Ein Wassermolekül (H_2O) setzt sich z. B. aus zwei Atomen Wasserstoff (H) und einem Atom Sauerstoff (O) zusammen.

4. Erklären Sie den naturwissenschaftlichen Begriff „Gemenge".

Ein Gemenge ist ein beliebiges Mischungsverhältnis verschiedener Stoffe, die sich chemisch nicht miteinander verbinden und darum auf physikalischem Wege wieder getrennt werden können (z. B. durch Filtrieren oder Absetzenlassen).

Man unterscheidet Lösungen, Legierungen und Dispersionen.

5. Wann spricht man von einer Lösung?

Eine Lösung besteht aus einem Gemenge feinstverteilter, fester, flüssiger oder gasförmiger Stoffe in einer als Lösungsmittel bezeichneten Flüssigkeit.

Feste Stoffe können durch Verdampfen bzw. Verdunsten des Lösungsmittels und flüssige Stoffe durch Destillation wieder voneinander getrennt werden.

6. Was ist eine Legierung?

Mischt man ein Metall in geschmolzenem Zustand mit einem anderen Metall oder mit einem Nichtmetall, so spricht man von einer Legierung. Sie hat andere Eigenschaften als die einzelnen Komponenten des Gemenges. Eine Legierung aus Kupfer und Zink ergibt z. B. Messing.

7. Was sind Dispersionen?

Dispersionen sind Gemenge, bei denen sehr kleine Stoffteilchen in einer Flüssigkeit (z. B. Wasser) fein verteilt sind.

Beispiele für Dispersionen sind die im Tischlerhandwerk verwendeten Weißleime (Polyvinylacetat).

8. Nennen Sie die Bestandteile der Luft.

Luft ist ein die Erde umhüllendes Gemisch aus Stickstoff (ca. 78 %), Sauerstoff (ca. 21 %), Edelgasen (ca. 0,9 %), Kohlendioxid (ca. 0,03 %) und anderen gasförmigen Stoffen. Sie nimmt Wasserdampf und Schadstoffe auf.

9. Was versteht man unter Oxidation?

Unter Oxidation versteht man die chemische Verbindung eines Stoffes mit Sauerstoff (O).

Der Vorgang kann schnell ablaufen, wie z. B. bei der Verbrennung von Holz, oder langsam, wie beim Rosten von Eisen, wobei mehr oder weniger Wärmeenergie frei wird.

10. Beschreiben Sie den Vorgang der Reduktion.

Bei einer Reduktion (Zurückführung) wird einer chemischen Verbindung der Sauerstoff entzogen. Hierzu ist Wärmeenergie erforderlich.

11. Wie entstehen Säuren?

Sie entstehen durch die Verbindung von Nichtmetalloxiden mit Wasser (H_2O) oder von Nichtmetallen mit Wasserstoff (H_2).

Beispiel: Aus dem Nichtmetalloxid Kohlendioxid (CO_2) entsteht durch Verbindung mit Wasser (H_2O) die Kohlensäure (H_2CO_3).

12. Wie kann der Säuregehalt von Flüssigkeiten gemessen werden?

Der Säuregehalt kann mit Universal-Indikatorpapier gemessen werden. Je nach Verfärbungsgrad unterscheidet man

- sehr stark angreifenden,
- stark angreifenden,
- schwach angreifenden,
- neutralen

Säuregehalt.

13. Wie wirken starke Säuren?

Starke Säuren wie z. B. Schwefelsäure, Salzsäure und Salpetersäure sind gefährlich (Verätzungsgefahr). Sie zersetzen z. B. organische Stoffe, Mörtel und Beton. Sie greifen unedle Metalle an und bilden dabei Salze.

14. Welche Grundregel ist beim Verdünnen von Säure mit Wasser zu beachten?

Will man Säure verdünnen, muss man **zuerst das Wasser** in ein Gefäß geben und dann die konzentrierte Säure vorsichtig unter Umrühren ins Wasser geben. Verstößt man gegen diese Regel, dann wird durch die heftige Reaktion beim Zusammentreffen der beiden Stoffe Säure aus dem Gefäß spritzen.

15. Was wissen Sie über Basen und Laugen?

Basen sind chemische Verbindungen von Metalloxiden mit Wasser. Die wässrigen Lösungen davon nennt man Laugen. Sie lösen Fette auf, zerstören Lacke, wirken ätzend auf Augen und Schleimhäute und färben Lackmuspapier blau.

Werden Laugen durch Säuren neutralisiert, entstehen Salze.

Teil 2 Technische Mathematik

Aufgaben und Lösungen		Lösungswege

Teil 2 Technische Mathematik

Aufgaben und Lösungen

Verhältnisgleichungen

1 **Für 18 Möbelbänder haben Sie 58,50 € bezahlt.** **Was kosten 4 Bänder?**	x = 13,00 €
2 **5 Facharbeiter brauchen 18 Stunden, um einen Montageauftrag zu erfüllen.** **Wie lange brauchen dazu 4 Arbeiter bei gleichem Arbeitstempo?**	x = 22 h + 30 min
3 **4 Lkw fahren in 10 Stunden 240 t Holz ab.** **Wie viel Tonnen befördern 3 Wagen in 8 Stunden?**	x = 144 t
4 **2 Tischler haben in 3 Tagen mit je 8 Stunden Arbeitszeit 504 m^2 Spanplatten verlegt.** **In wie viel Tagen können 4 Tischler die Arbeit schaffen, wenn sie pro Tag maximal 6 Stunden arbeiten?**	x = 2 Tage
5 **Bei einem Lackauftrag von 80 g pro m^2 reichen 3 Kannen Lack für 210 m^2 aus.** **Welche Fläche kann mit 7 Kannen lackiert werden, wenn 100 g pro m^2 aufgetragen werden?**	x = 392 m^2
6 **In einer Zeichnung, deren Maßstab mit 1 : 5 angegeben ist, sind die Maßzahlen nicht mehr lesbar.** **Berechnen Sie die tatsächlichen Maße eines Möbeltürrahmens, der in der Zeichnung eine Breite von 125 mm und eine Höhe von 202 mm hat.**	Breite = 625 mm Höhe = 1010 mm

Lösungsweg auf Seite 330 bis 331

7 Berechnen Sie das Maß *x* der Zinkenverbindung bei einer Schrägung von 1 : 6.

x = 50,7 mm

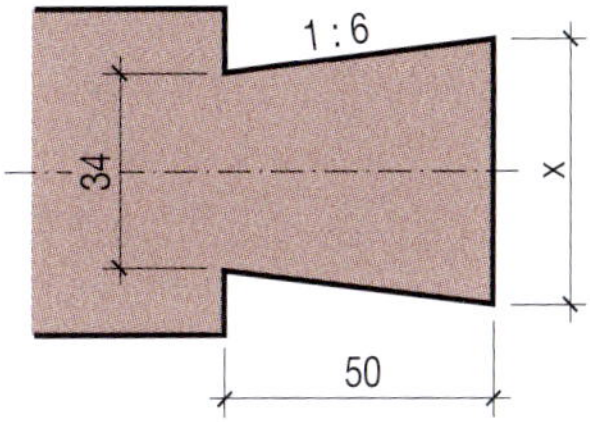

8 Eingangstür und Fenster der Giebelfront sollen gleiche Proportionen haben.

Berechnen Sie die Fensterhöhe.

Höhe = 995 mm

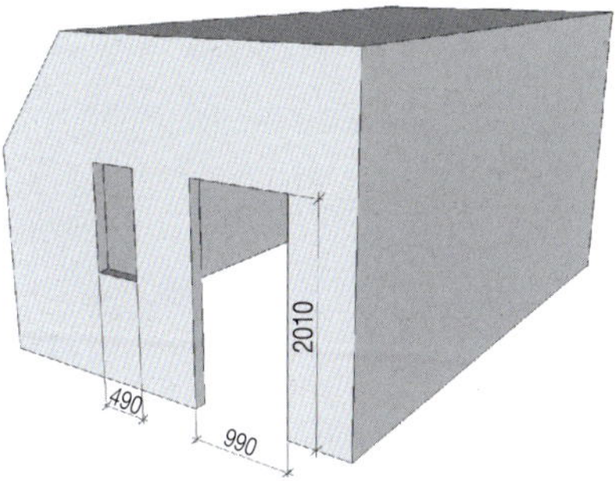

9 Berechnen Sie das Maß *h* des Anbaus, wenn Hauptgebäude und Anbau die gleiche Dachneigung haben.

h = 1,26 m

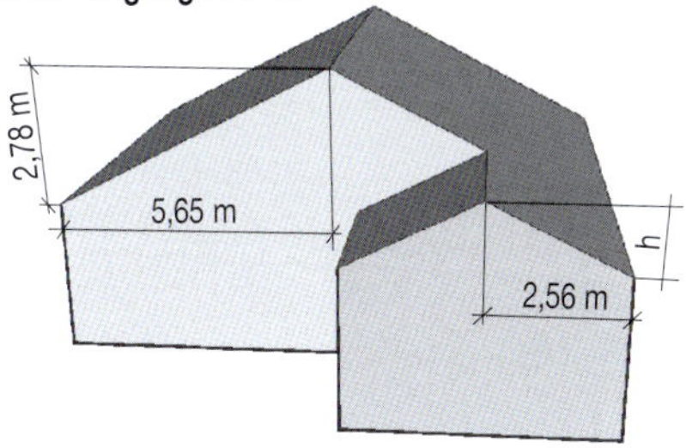

Lösungsweg auf Seite 331 bis 332

Prozentrechnen, Verschnitt, Holzfeuchte

Formeln

Zinsen $= \frac{\text{Kapital} \cdot \text{Zinssatz}}{100\ \%} \cdot \text{Laufzeit}$

Vermehrter Grundwert = Grundwert · $\text{Faktor}_{\text{Zuschlag}}$

$$\text{Faktor}_{\text{Zuschlag}} = \frac{100\ \% + x\ \%}{100\ \%}$$

Verminderter Grundwert = Grundwert · $\text{Faktor}_{\text{Abschlag}}$

$$\text{Faktor}_{\text{Abschlag}} = \frac{100\ \% - x\ \%}{100\ \%}$$

Verschnitt (%) bezieht sich auf die Fertigmenge.

$$\text{Verschnitt} = \frac{RM - FM}{FM} \cdot 100\ \%$$

$RM = FM \cdot \text{Verschnittzuschlagsfaktor}$

(RM: Rohmenge; FM: Fertigmenge)

Holzfeuchte (%) bezieht sich auf das Darrgewicht.

$$\text{Holzfeuchte} = \frac{\text{Nassgewicht} - \text{Darrgewicht}}{\text{Darrgewicht}} \cdot 100\ \%$$

1 **Ein Meister kann einen Betrag von 4.250,00 € für 9 Monate bei einer Bank anlegen.**

Wie viel Zinsen erhält er nach Ablauf der Sparzeit in €, wenn die Bank einen Zinssatz von 4,3 % pro Jahr bietet?

Zinsen = 137,07 €

2 **Einem jungen Handwerker werden 30 % des Brutto-Monatslohns für Steuern und Sozialversicherungen einbehalten. Der Bruttolohn beträgt 1.440,00 €.**

Berechnen Sie den Nettolohn.

Nettolohn = 1.008,00 €

Lösungsweg auf Seite 333

3 Ein Holzhändler bietet 3 m^3 Kiefernholz für 1.300,00 € an.

Wie hoch ist der Preis für 7 m^3, wenn sich Käufer und Verkäufer auf 3 % Rabatt einigen und wenn 19 % Umsatzsteuer hinzu kommen?

Preis = 3.501,38 €

4 Eine gebrauchte Dickenhobelmaschine konnte günstig erworben werden. Nachdem der Ausgangspreis um 15 % herunter gehandelt wurde, mussten noch 443,70 € gezahlt werden.

Wie hoch war der Ausgangspreis?

Ausgangspreis = 522,00 €

5 Das Angebot für den Einbau einer Schrankwand lautete auf 692,50 € Da während der Auftragsausführung unerwartete Schwierigkeiten auftraten, wurde in der Kundenrechnung ein Endpreis von 752,00 € aufgeführt.

Um wie viel Prozent wurde der Angebotspreis überschritten?

Angebotsüberschreitung = 8,59 %

6 Eine Ausbildungswerkstatt hat in einem Monat 22 m^2 Buchenfurnier verbraucht. Damit wurden 8,1 m^2 FPY-Platten beidseitig beschichtet.

Berechnen Sie den Verschnitt in Prozent.

Verschnitt = 35,8 %

7 Für die Produktion von Gasthaustischen wurde anhand der Fertigungszeichnung ein Materialbedarf von 26,4 m^2 Stäbchensperrholz berechnet.

Welche Materialmenge wird für die Kostenrechnung bei 35 % Verschnitt angesetzt?

$RM = 35{,}64\ m^2$

Lösungsweg auf Seite 333 bis 334

8 Um nach dem Verfahren der Darrprobe die Holzfeuchte zu bestimmen wird ein Probestück in den Darrofen gelegt. Vor dem Trocknen hatte das Probestück eine Masse von 210 g, danach 187 g (= Darrgewicht). **Berechnen Sie die Holzfeuchte des Probestücks vor Beginn des Trocknungsvorgangs.**	Holzfeuchte = 12,3%
9 Eine Holzprobe mit 12 % Holzfeuchte wird im Darrofen so lange getrocknet, bis keine Gewichtsänderung mehr feststellbar ist. Sie wiegt danach noch 80 g. **Wie viel Gramm gebundenes Wasser befand sich vorher in dem Probestück?**	x = 9,6 g (gebundenes Wasser)
10 Eine Holzprobe wiegt 272 g und hat eine Holzfeuchte von 28 %. **Um wie viel Gramm wird das Probestück leichter, wenn es auf 8 % Holzfeuchte getrocknet?**	Gewichtsverringerung = 42,5 g
11 Eine Holzprobe wog vor einer Woche 300 g und hatte eine Holzfeuchte von 28 %. **Jetzt ist das Probestück leichter. Es wiegt noch 266 g.** **Welche Holzfeuchte hat es jetzt?**	Holzfeuchte = 13,5 %

Lösungsweg auf Seite 334 bis 335

Längen

Formeln

$U = d \cdot \pi$ Kreisumfang

$d = 2 \cdot r$ Durchmesser

$$\text{Bogenlänge} = d \cdot \pi \cdot \frac{a}{360°}$$

$a^2 + b^2 = c^2$ Pythagoras

Größen / Faktoren

r	Radius
d	Durchmesser
a und b	Seiten beim rechtwinkligen Dreieck
c	Hypotenuse

Wenn Sie für den Faktor π mit dem Näherungswert 3,14 rechnen, erhalten Sie etwas abweichende Ergebnisse.

Einheiten / Umrechnungen

1 m = 10 dm = 100 cm = 1000 mm

1 Zwischen zwei Pfeilern soll ein Lattenzaun mit 6 Latten angebracht werden.

Berechnen Sie das lichte Abstandsmaß *x* zwischen den Latten, wenn jede Latte 62 mm breit ist.

$x = 49$ mm

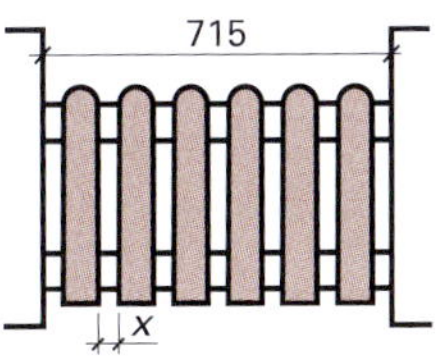

Lösungsweg auf Seite 336

Technische Mathematik

2 **An einer Garderobenleiste von 2 m Länge sollen 8 Kleiderhaken mit gleichen Abständen angebracht werden. Die beiden äußeren Haken sollen einen Abstand von 125 mm zur Brettkante haben.**

Berechnen Sie die Hakenabstände.

x = 250 mm

3 **Der Rollendurchmeser einer Bandschleifmaschine beträgt 360 mm.**

Berechnen Sie die Länge des Schleifbandes.

l = 5,83 m

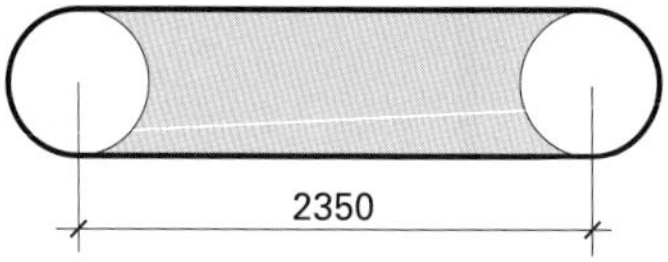

4 **Die abgebildete Platte soll einen Kunststoffumleimer erhalten.**

Berechnen Sie die gesamte Umleimerlänge (ohne Verschnitt).

Länge = 6,78 m

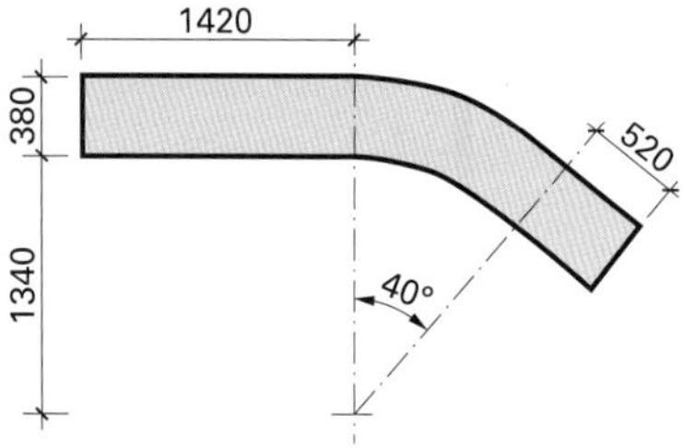

Lösungsweg auf Seite 336

5 Welche Länge hat die Zugstange an dem abgebildeten Gartentorflügel?

c = 1,442 m

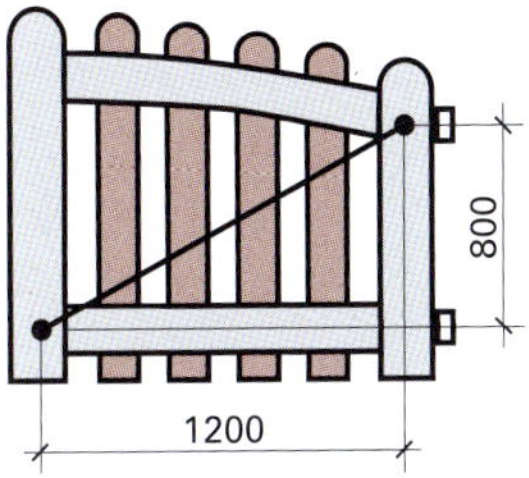

6 In einem Sägewerk sollen vorsortierte Baumstämme zu Balken mit einem rechteckigen Querschnitt von 12 x 24 cm aufgeschnitten werden. Welchen Mindestdurchmesser müssen die Stammabschnitte haben?

Mindestdurchmesser = 27 cm

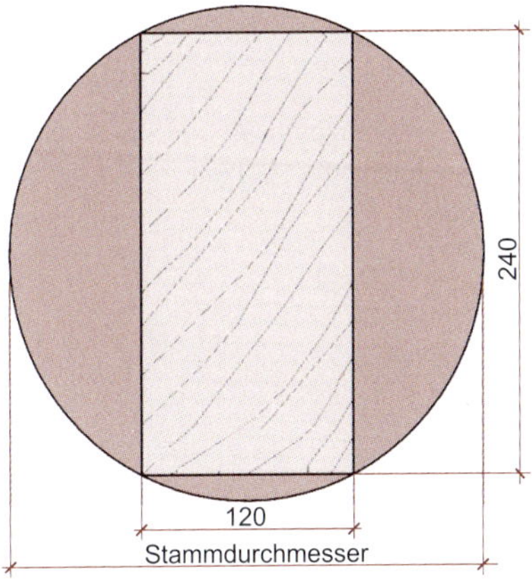

Lösungsweg auf Seite 336 bis 337

7 **An einer MDF-Platte sollen die dargestellten Bohrungen angerissen werden. Bevor gebohrt wird, soll zur Sicherheit der Abstand zwischen den angerissenen Punkten gemessen werden und mit dem Sollabstand verglichen werden. Berechnen Sie den Sollabstand.**

Sollabstand = 62,7 mm

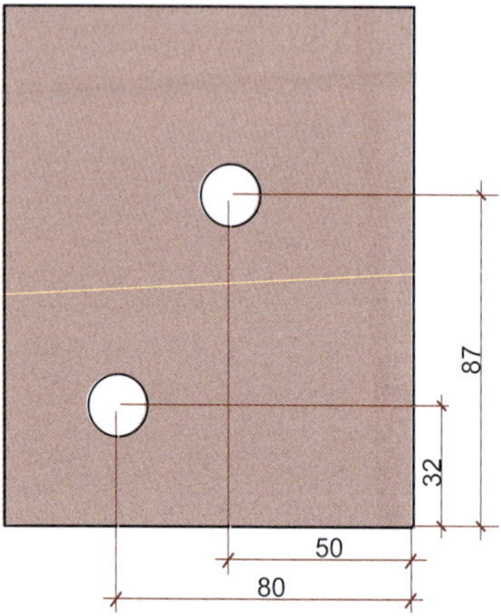

8 **An einer CNC-Maschine sollen Tischplatten mit den Außenmaßen 1200 x 750 bogenförmige Abrundung erhalten (Stichhöhe = 120 mm). Für die CNC-Programmierung wird der Bogenradius benötigt.**

R = 1560 mm

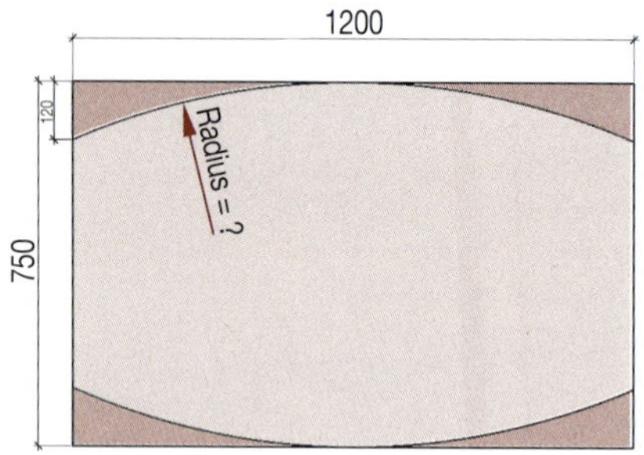

Lösungsweg auf Seite 337

Flächen

Formeln

$RM = FM \cdot$ Verschnittzuschlagfaktor

$$\text{Verschnitt} = \frac{RM - FM}{FM} \cdot 100\ \%$$

$$\text{Verschnittzuschlagfaktor} = 1 + \frac{\text{Verschnitt}\ \%}{100\ \%}$$

$A = l \cdot b$	Rechteckfläche	$U = d \cdot \pi$	Kreisumfang
$A = \frac{l \cdot h}{2}$	Dreieckfläche	$r = \frac{d}{2}$	Radius
$A = \frac{l_1 + l_2}{2} \cdot h$	Trapezfläche		
$A = r^2 \cdot \pi$	Kreisfläche		
$A = r^2 \cdot \pi \cdot \frac{\alpha}{360°}$	Kreisausschnitt		

Größen

RM	Rohmenge	b	Breite
FM	Fertigmenge	h	Höhe
A	Fläche	r	Radius
l	Länge	d	Durchmesser

Einheiten / Umrechnungen

m Meter
m^2 Quadratmeter

$1\ m^2 = 100\ dm^2 = 10\,000\ cm^2 = 1\,000\,000\ mm^2$

Technische Mathematik

1 Fünf Eckschrankböden sollen beidseitig furniert werden.

Wie viel Quadratmeter werden benötigt, wenn mit einem Verschnitt von 40 % zu rechnen ist?

$RM = 2{,}8\ m^2$

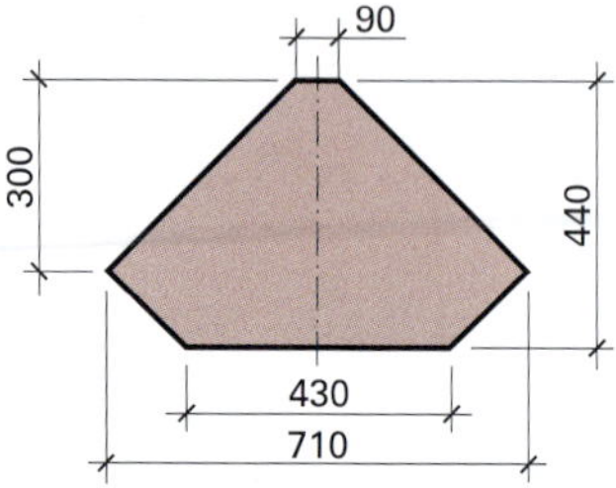

2 An 4 Wochenendhäusern sollen alle Giebelwände durch Stülpschalung verkleidet werden.

Berechnen Sie den Bedarf an Brettern in Quadratmeter bei 20 % Verschnitt.

$RM = 71{,}45\ m^2$

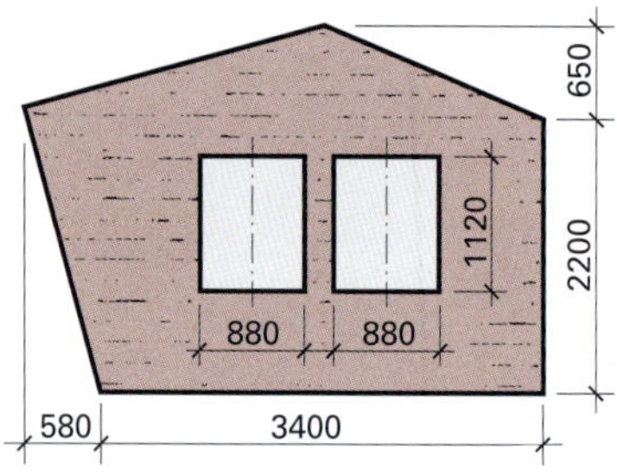

3 Eine runde Tischplatte hat einen Umfang von 4,8 m.

Berechnen Sie den Furnierbedarf bei 50 % Verschnitt, wenn beide Plattenseiten furniert werden sollen.

Furnierbedarf = $5{,}5\ m^2$

Lösungsweg auf Seite 338 bis 339

4 **Berechnen Sie die Flächengröße der abgebildeten Flurdecke.**

$A_{ges} = 8{,}31\ m^2$

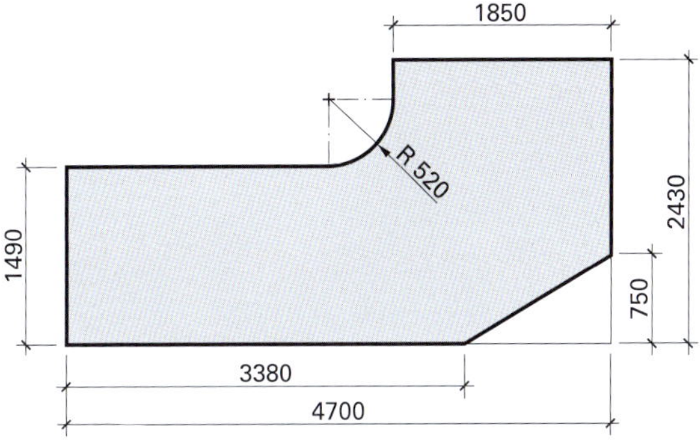

5 **Aus einer parallel besäumten Buchenbohle sollen Treppenstufen ausgeschnitten werden.**

Bestimmen Sie den Verschnitt in Prozent.
(Maße der Bohle: 2,40 m x 0,32 m x 0,05 m)

Verschnitt = 40,74 %

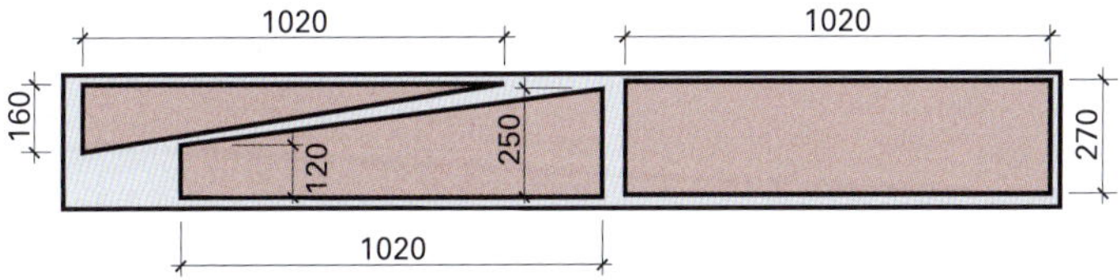

6 **Bestimmen Sie den Verschnitt (in Prozent), der beim Zuschnitt von drei Eckregalböden aus einer MDF-Platte anfällt.**

Verschnitt = 96,6 %

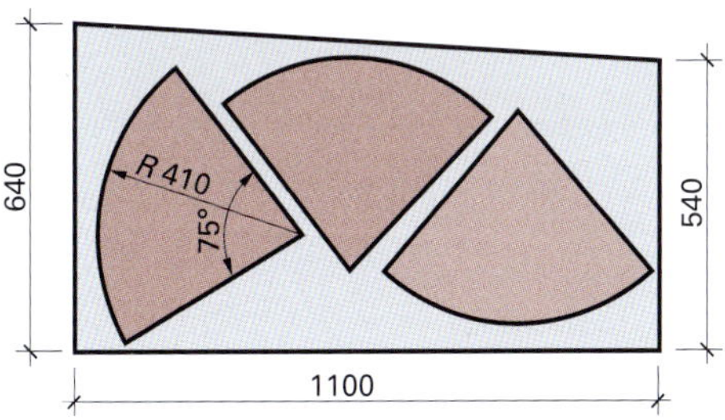

Lösungsweg auf Seite 340 bis 341

Technische Mathematik

Volumen

Formeln

$V = A \cdot h$	Prismen- und Zylindervolumen
$V_{Brett/Bohle} = b_m \cdot \text{Länge} \cdot \text{Dicke}$	Brett- oder Bohlenvolumen

Brett: b_m = mittlere Breite auf linker Seite

Bohle: $b_m = \frac{b_1 + b_2}{2}$	Mittel aus mittlerer Breite auf linker und rechter Seite
$V_2 = \frac{A \cdot h_2}{3}$	Kegel- und Pyramidenvolumen
$V = A_{Mittel} \cdot h$	Volumen von Körperstümpfen

Größen

V	Volumen (in dm^3)
A	Fläche (in dm^2)
r	Radius (in dm)
d	Durchmesser (in dm)
h	Höhe (in dm)

Einheiten / Umrechnungen

dm^3	Kubikdezimeter

$1\ dm^3 = 1$ Liter

$1000\ dm^3 = 1\ m^3$

$1000\ cm^3 = 1\ dm^3$

1 **Die kreisringförmige Sitzbankfläche um einen Sandkasten soll aus 45 mm dickem Holz gefertigt werden.**

Berechnen Sie das Holzvolumen.

$V = 0{,}28\ \text{m}^3$

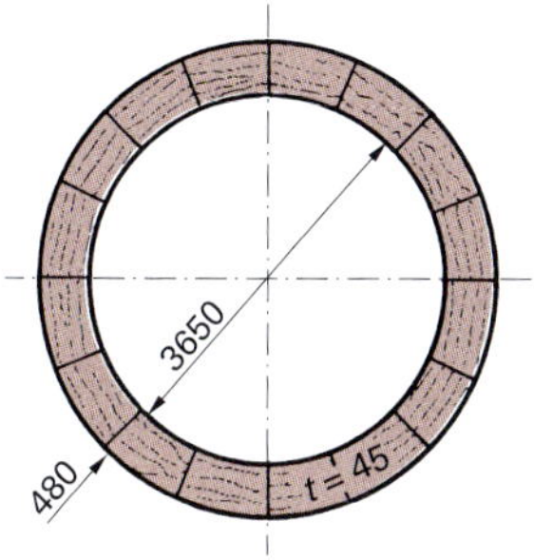

2 **Berechnen Sie das Volumen des unbesäumten Brettes und der unbesäumten Bohle.**

$V_{Brett} = 0{,}038\ \text{m}^3$
$V_{Bohle} = 0{,}092\ \text{m}^3$

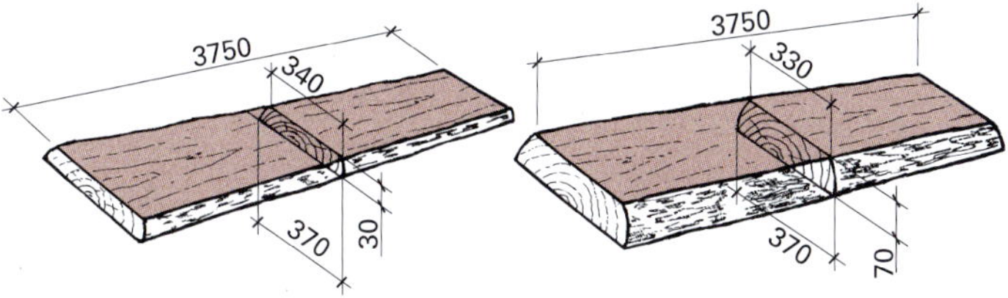

3 **Wie viel Liter Holzschutzmittel fasst die gefüllte Kanne?**

$V_{ges} = 20{,}32$ Liter

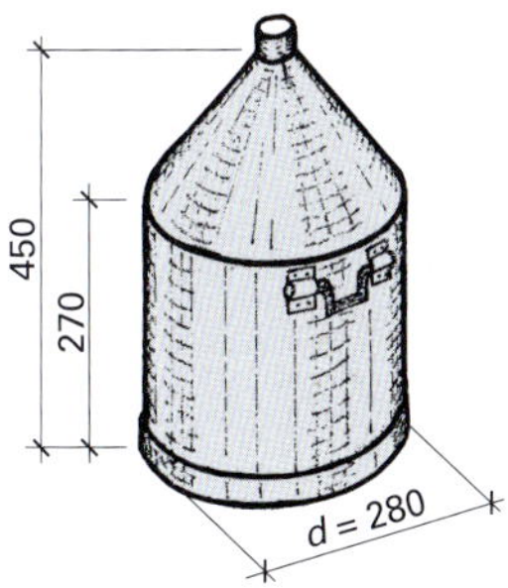

Lösungsweg auf Seite 342 bis 343

4 Wie viel Liter Leim befinden sich in dem Eimer, wenn er zu 3/4 gefüllt ist?

V = 7,81 Liter

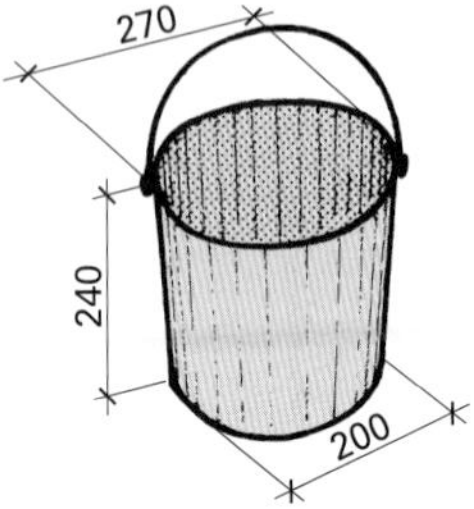

Lösungsweg auf Seite 343

Materialmengen, Materialkosten

Formeln

Bedarf = Gesamtfläche · Auftragmenge pro m²

$$\text{Bedarf} = \frac{\text{Gesamtfläche}}{\text{Ergiebigkeit}}$$

(Bedarf an Klebstoff und Mitteln zur Oberflächenbehandlung, z. B. in kg oder Liter)

$A = r_1 \cdot r_2 \cdot \pi$ Ellipsenfläche

Kosten (Brutto) = Kosten (Netto) · Steuerfaktor
(Bruttokosten, Bruttopreis)

Längenpreis = Kubikmeterpreis · Querschnittsfläche
Quadratmeterpreis = Kubikmeterpreis · Holzdicke
Materialpreis = Kubikmeterpreis · Volumen
Materialpreis = Quadratmeterpreis · Fläche

Größen und Faktoren

r_1 kleiner Ellipsenradius
r_2 großer Ellipsenradius

Steuerfaktor: z. Z. 1,16 %

Einheiten / Umrechnungen

$\frac{g}{m^2}$ Gramm pro m²

$\frac{1000\ g}{m^2} = \frac{1\ kg}{m^2}$

$\frac{m^2}{l}$ m² pro Liter

$\frac{€}{\text{Einheit}}$ Preis pro Einheit (z. B. pro kg, pro m², pro m³)

Technische Mathematik

1 Acht ovale Platten sollen beidseitig furniert werden.

Berechnen Sie den Bedarf an KPVAC-Klebstoff bei einer Auftragmenge von 180 g/m².

Bedarf = 2,46 kg

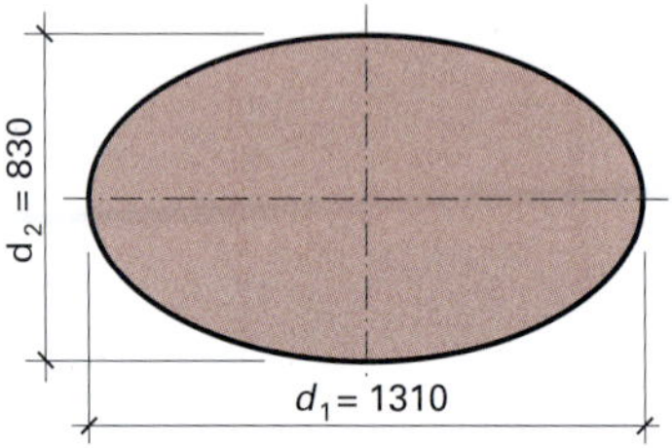

2 Berechnen Sie die Brutto-Klebstoffkosten für die beidseitige Furnierung von 32 Platten mit den Maßen 1500 mm x 1800 mm. Der Klebstoff kostet 2,44 €/kg (netto) und die Auftragmenge beträgt 140 g/m² (Umsatzsteuer 16 %).

Bruttokosten = 68,47 €

3 Laut Herstellerangaben hat eine Antikbeize eine Ergiebigkeit von 6 m²/Liter.

Wie viel Liter werden zur beidseitigen Behandlung von 16 Platten (siehe Abbildung) benötigt?

Beizbedarf = 2,68 Liter

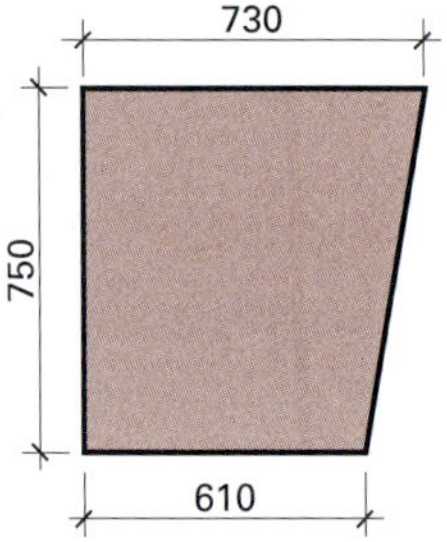

Lösungsweg auf Seite 344 bis 345

4 Ein Hobelwerk bietet auf Maß gehobelte Fensterrahmenhölzer zu einem Preis von 915,- € pro Kubikmeter an (Maße: 4,00 m x 92 mm x 68 mm). Wie hoch ist der Längenpreis (Preis pro Meter)?	Längenpreis = 5,73 €/m
5 Vor dem Kauf von 20 Bohlen (Maße: 4,5 m x 200 mm x 45 mm) sollen zwei Händlerangebote verglichen werden. - Angebot von Händler A: 2.375,- €/m³ - Angebot von Händler B: 110,- €/m² Welcher Gesamtpreis ist für das günstigere Angebot zu zahlen?	Angebot A ist günstiger. Preis_A = 1.923,75 €
6 Klebstoffpulver, Wasser und Härter sollen nach Herstellerangaben im Verhältnis 8 : 3 : 1 gemischt werden. Die Gesamtmenge der Mischung soll 3 kg betragen. Listen Sie auf, wie viel Gramm von jedem Anteil erforderlich ist.	Klebstoffpulver = 2 kg Wasser = 0,75 kg Härter = 0,25 kg
7 Es werden 0,8 Liter Salmiakgeist (80 %ig) mit 1,2 Liter Wasser gemischt. Geben Sie den Prozentgehalt der Mischung an.	Prozentgehalt der Mischung = 32 %

Technische Mathematik

Lösungsweg auf Seite 345 bis 347

Dichte, Masse, Kraft, Hebel

Formeln

$\rho = \frac{m}{V}$ Dichte

$F_1 \cdot l_1 = F_2 \cdot l_2$ Hebelgesetz

Größen

m Masse (in kg)
ρ Dichte (in kg/dm³)
V Volumen (in dm³)
F Kraft (in N)
$l_{1/2}$ Hebellängen (in m)

Einheiten / Umrechnungen

N Newton

$1000\ dm^3 = 1\ m^3$

$1 \frac{g}{cm^3} = 1 \frac{kg}{dm^3} = 1 \frac{t}{m^3}$

$1\ kg \approx 10\ N$

1 Eine Eichenbohle (Länge = 4,70 m, Breite = 32 cm, Dicke = 50 mm) hat eine Masse von 53 kg.

Berechnen Sie die Dichte.

$\rho = 0{,}7 \frac{kg}{dm^3}$

2 Ein PKW-Anhänger mit einem maximalen Ladegewicht von 500 kg soll für den Transport von Spanplatten verwendet werden.

Wie viel Platten dürfen höchstens geladen werden? (Plattenmaße 1600 mm x 1400 mm x 22 mm, Dichte $\rho = 0{,}7$ kg/dm³)

$Anzahl_{Platten} = 14$

Lösungsweg auf Seite 348

3 **Wie groß sind die Kräfte F_h und F_v, wenn über die Strebe eine Kraft von 1 kN auf den Versatz übertragen wird.**

$F_h = F_v = 707$ N

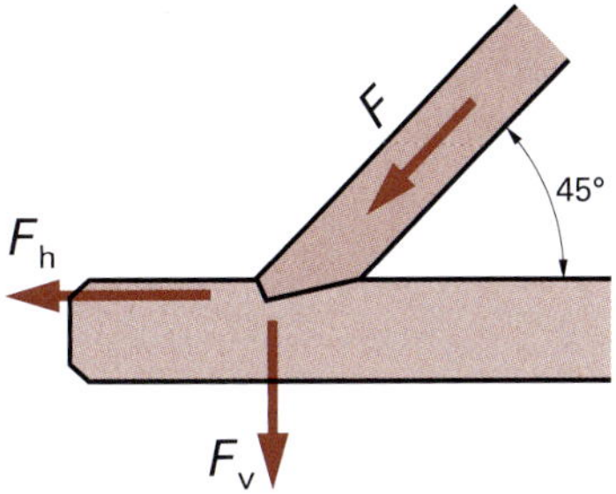

4 **Ein schweres Scheunentor (238 kg) soll aus den Angeln gehoben werden.**

Welche Kraft ist erforderlich, um es mit der dargestellten Hebelanordnung anzuheben?

$F = 340$ N

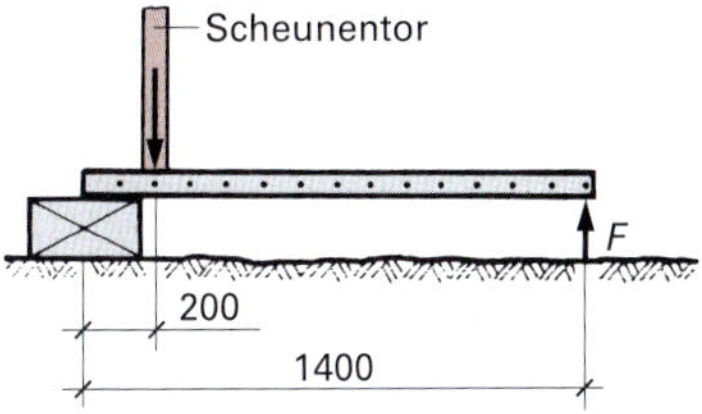

5 **Mit welcher Kraft wird die Trittstufe angehoben?**

$F_2 = 2{,}67$ kN

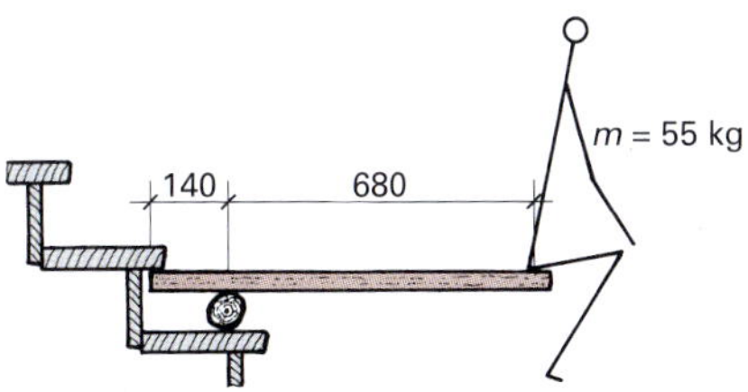

Lösungsweg auf Seite 349

Technische Mathematik

6 Ein Drahtstift kann mit einer Zange abgezwickt werden, wenn an den Schneiden eine Kraft von 300 N wirkt.

Berechnen Sie die erforderliche Kraft an den Schenkelenden.

$F_2 = 63$ N

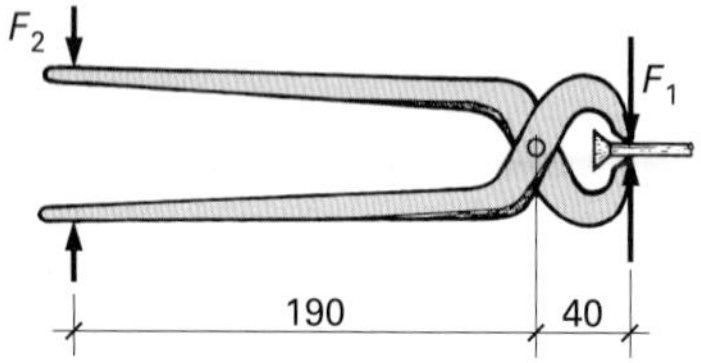

Lösungsweg auf Seite 349

Druck

Formeln

$p = \frac{F}{A}$	Druck allgemein
$p = \frac{F_1}{A_1} = \frac{F_2}{A_2}$	Flüssigkeitsdruck
$p = \frac{F}{A} \cdot \eta$	pneumatischer Druck mit Wirkungsgrad
$F_1 \cdot l_1 = F_2 \cdot l_2$	Hebelgesetz

Größen

F	Kraft (in N)
p	Druck (in bar)
A	Fläche (in mm^2)
d	Durchmesser (in mm)
l	Länge (in mm)
η	Wirkungsgrad

Einheiten / Umrechnungen

N Newton

1000 N = 100 daN = 1 kN

1 bar = 0,1 N/mm^2

Technische Mathematik

1 **Damit die vier Stollenfüße eines schweren Schrankes (360 kg) keine Abdrücke im Fußboden verursachen, sollen Untersetzer unter die Füße gelegt werden.**

Welche Kantenlänge müssen die quadratischen Untersetzer haben, damit ein Druck von nur 0,1 N/mm² entsteht?

$l = 95$ mm

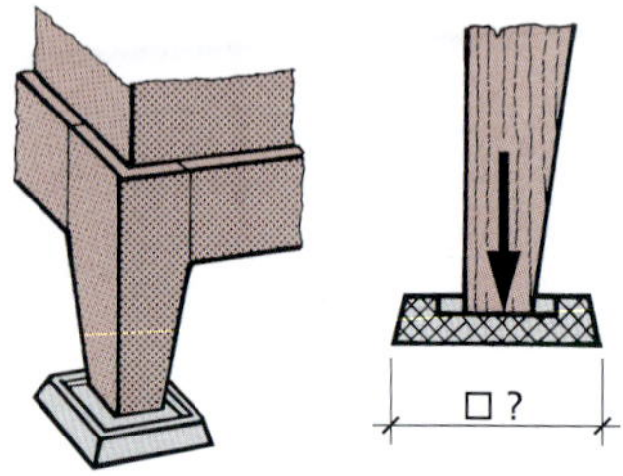

2 **Die abgebildete Fugenverleimung mit KPVAC erfordert einen Pressdruck von 0,2 N/mm².**

Wie groß muss die Kraft jeder Exzenter-Klemmzwinge sein?

$F = 1{,}144$ kN

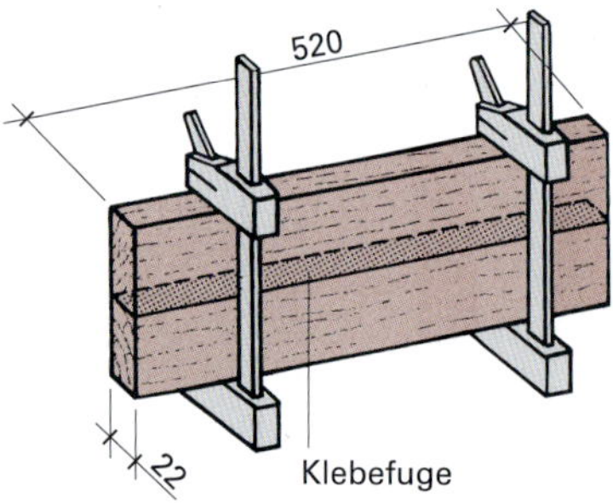

Lösungsweg auf Seite 350

3 Welche Kraft F muss auf den Bedienungshebel einer hydraulischen Hebevorrichtung ausgeübt werden, um am Arbeitskolben eine Kraft von F_2 = 15 kN zu erzielen? (Der Pumpenkolben hat einen Durchmesser von 30 mm und der Arbeitskolben einen Durchmesser von 150 mm.)

F = 150 N

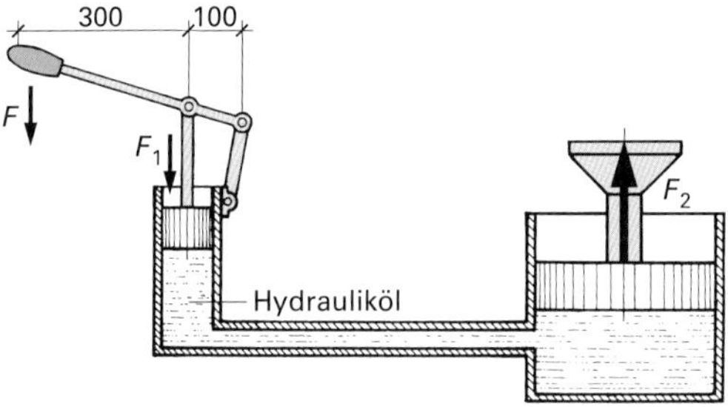

4 Eine pneumatische Rahmenpresse mit zwei Zylindern (∅ = 60 mm) wird mit 8 bar betrieben.

Berechnen Sie die Gesamtspannkraft beider Zylinder, wenn der Wirkungsgrad bei 85 % liegt.

$F_{ges.}$ = 3,845 kN

Lösungsweg auf Seite 351

Elektrotechnische Berechnungen

Formeln

$I = \frac{U}{R}$	Ohmsches Gesetz
$P_{ab} = P_{zu} \cdot \eta$	Abgabeleistung
$P_{zu} = U \cdot I$	Aufnahmeleistung
$P_{zu} = U \cdot I \cdot \cos \varphi$	P_{zu} bei Wechselstrommotoren
$P_{zu} = \sqrt{3} \cdot U \cdot I \cdot \cos \varphi$	P_{zu} bei Drehstrommotoren

Stromkosten = $P_{zu} \cdot t \cdot$ Strompreis

Größen u. Faktoren

U	Spannung (in V)
I	Stromstärke (in A)
R	Widerstand (in Ω)
P	Leistung (in W)
P_{zu}	Aufnahmeleistung
P_{ab}	Abgabeleistung
t	Zeit (in h)
$\cos \varphi$	Leistungsfaktor
η	Wirkungsgrad
$\sqrt{3}$	Verkettungsfaktor

Einheiten / Umrechnungen

V	Volt	$1\Omega = 1\ \frac{V}{A}$
A	Ampere	
Ω	Ohm	
W	Watt	1000 W = 1000 VA = 1 kW

1 Sicherungen haben die Aufgabe, bei einem zu kleinen elektrischen Widerstand den Stromkreis zu unterbrechen. **Ab welchem Widerstand wird ein Stromkreis mit 230 Volt Spannung durch eine 10 Ampere Sicherung unterbrochen?**	$R = 23\ \Omega$
2 Welche Stromstärke durchfließt eine 75-Watt Glühlampe bei Anschluss an ein 230-Volt-Netz?	$I = 0{,}33$ A
3 Ein Elektromotor, der an ein 230-Volt-Netz angeschlossen ist, hat eine Abgabeleistung von 4 kW und einen Wirkungsgrad von 0,8. **Berechnen Sie die Stromaufnahme.**	$I = 21{,}74$ A
4 Auf dem Leistungsschild eines Wechselstrommotors befinden sich folgende Angaben: $U = 230$ V, $I = 8{,}7$ A, cos $\varphi = 0{,}9$ (Leistungsfaktor). **Berechnen Sie die Aufnahmeleistung (P_{zu}) des Motors.**	$P_{zu} = 1{,}8$ kW
5 Berechnen Sie die Aufnahmeleistung eines Drehstrommotors mit folgenden Angaben: $U = 400$ V, $I = 5$ A, cos $\varphi = 0{,}8$ (Leistungsfaktor)	$P_{zu} = 2{,}77$ kW
6 Eine Holzbearbeitungsmaschine mit Drehstrommotor hat eine Nennleistung von $P_{ab} = 4$ kW und einen Wirkungsgrad von $\eta = 0{,}8$. Auf dem Leistungsschild werden folgende Angaben gemacht: 400 V, cos $\varphi = 0{,}82$. **Berechnen Sie die Stromstärke.**	$I = 8{,}8$ A
7 Eine 60-Watt Glühlampe leuchtet ohne Unterbrechung 50 Tage. **Berechnen Sie die Stromkosten bei einem Strompreis von 0,14 €/kWh.**	Stromkosten = 10,08 €

Lösungsweg auf Seite 352 bis 353

Technische Mathematik

8 Wie hoch sind die Stromkosten, wenn ein Wechselstrommotor 5 Stunden mit Nennlast läuft und der Strompreis 0,14 €/ kWh beträgt. (Angaben auf dem Leistungsschild des Motors: $U = 230$ V, $I = 3{,}5$ A, $\cos \varphi = 0{,}7$)	Stromkosten = 0,39 €
9 Eine Abrichthobelmaschine mit einer Nennleistung von $P_{ab} = 6$ kW und einem Wirkungsgrad von $\eta = 0{,}88$ wird 68 Stunden im Monat eingesetzt. Berechnen Sie die Stromkosten bei einem Strompreis von 0,14 €/kWh.	Stromkosten= 64,91 €

Lösungsweg auf Seite 353

Schnittgeschwindigkeit, Riementrieb, Vorschubgeschwindigkeit, Schnittgüte

Formeln

$v_c = \dfrac{d \cdot \pi \cdot n}{60 \dfrac{s}{min} \cdot 1\,000 \dfrac{mm}{m}}$	Schnittgeschwindigkeit
$d_1 \cdot n_1 = d_2 \cdot n_2$	Riementrieb
$i = 1 : \dfrac{n_2}{n_1}$	Übersetzungsverhältnis
$v_f = \dfrac{s}{t}$	Vorschubgeschwindigkeit
$f_z = \dfrac{v_f}{n \cdot z} \cdot 1\,000 \dfrac{mm}{m}$	Zahnvorschub / Schnittgüte

Größen und Faktoren

d	Durchmesser
n	Drehfrequenz
v_c	Schnittgeschwindigkeit
v_f	Vorschubgeschwindigkeit
s	Weg
t	Zeit
f_z	Zahnvorschub / Schnittgüte
z	Schneidenanzahl

Einheiten / Umrechnungen

$\frac{m}{s}$ Meter pro Sekunde

$\frac{m}{min}$ Meter pro Minute

$$1 \frac{m}{s} = 60 \frac{m}{min}$$

Technische Mathematik

1 Berechnen Sie die Schnittgeschwindigkeit des Sägeblattes der abgebildeten Tischbandsägemaschine, deren Arbeitswelle eine Drehfrequenz von 550 Umdrehungen pro Minute hat.

$v_c = 23\ \frac{\text{m}}{\text{s}}$

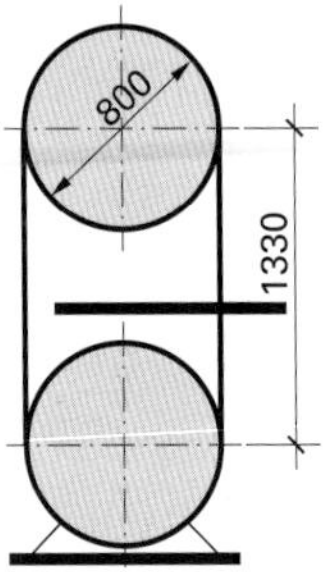

2 An einer Tischkreissäge können folgende Drehfrequenzen eingestellt werden: 3 000, 4 500, 6 000 (1/min).

Welche Drehfrequenz ist bei Einsatz eines Kreissägeblattes mit 300 mm Durchmesser zu wählen, wenn die Schnittgeschwindigkeit möglichst nahe bei 70 m/s liegen soll?

$n = 4\,500\ \frac{1}{\text{min}}$

Lösungsweg auf Seite 354

3 **Das abgebildete Diagramm veranschaulicht die Veränderung der Schnittgeschwindigkeit eines Fräswerkzeugs mit 100 mm Durchmesser bei zunehmender Drehfrequenz.**

Wie sieht der Zusammenhang bei einem Fräswerkzeug mit 150 mm Durchmesser aus? Ergänzen Sie das Diagramm entsprechend.

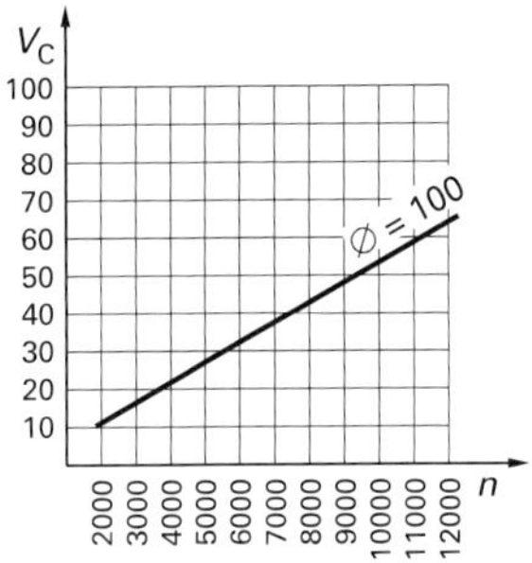

Lösung auf Seite 355.

4 **Handelt es sich bei der Skizze des Riemenantriebs um eine Übersetzung ins Schnellere oder ins Langsamere?**

Berechnen Sie die Drehfrequenz der Arbeitswelle und das Übersetzungsverhältnis *i*.

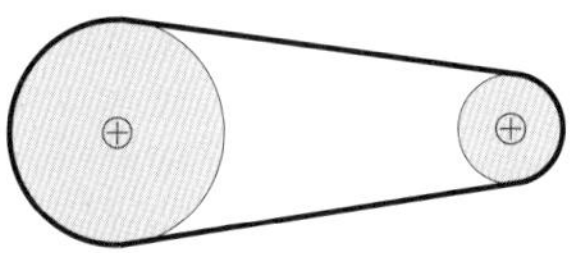

treibende Scheibe am Motor
Ø = 200 mm
$n = 1\,440$ 1/min

getriebene Scheibe an der Arbeitswelle
Ø = 120 mm
$n = ?$ 1/min

Es handelt sich um eine Übersetzung ins Schnellere.

$n_2 = 2\,400\ \frac{1}{\text{min}}$ $\qquad i = 1 : 1{,}7$

Lösungsweg auf Seite 355

5 **Berechnen Sie die Drehfrequenz und die Schnittgeschwindigkeit der abgebildeten Bandschleifmaschine.**

$n_2 = 1\,008\ \frac{1}{\text{min}}$ $v_c = 18{,}5\ \frac{\text{m}}{\text{s}}$

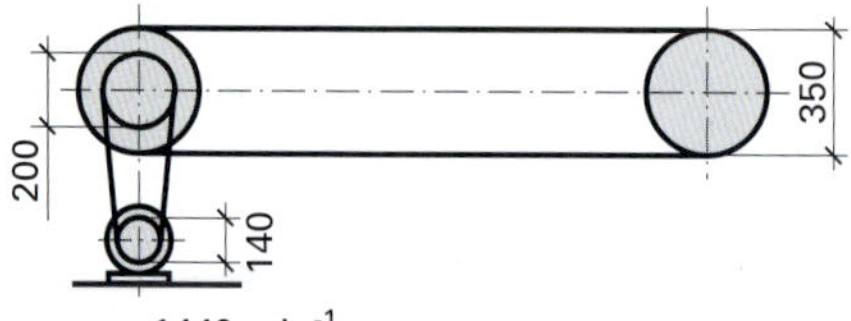

6 **An den Außenkanten einer Türbekleidung soll auf einer CNC-Maschine ein Zierprofil angefräst werden. Bei der Programmierung wird für die Geradenfräsung eine Vorschubgeschwindigkeit von 9 m/min und für die Bogenfräsung eine Vorschubgeschwindigkeit von 6 m/min gewählt.**

Berechnen Sie die Fräszeit in Sekunden.

$t_{ges} = 46{,}5\ s$

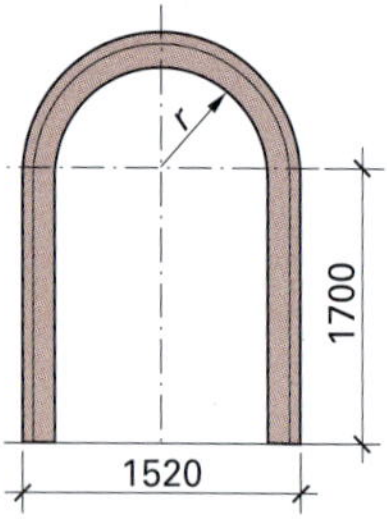

7 **Auf einer Tischkreissäge sollen, unterstützt durch einen Vorschubapparat, 30 Bohlen beidseitig besäumt werden.**

Wie lange dauert diese Arbeit voraussichtlich, wenn die Bohlen 3,50 m lang sind, der Vorschubapparat auf 9 m/min eingestellt ist und für das Auf- und Abnehmen der Bohlen ein Zeitzuschlag von 15 % angesetzt wird.

$t_{ges} = 26{,}8\ \text{min}$

Lösungsweg auf Seite 356

8 Mit einem zweischneidigen Profilfräser sollen Zierleisten so gefräst werden, dass die Muldenbreiten der Messerschläge (= Zahnvorschub) nicht kleiner als 0,5 mm und nicht größer als 0,8 mm groß sind.

Der dabei einzusetzende Vorschubapparat kann wahlweise auf 3 m/min, auf 6 m/min oder auf 9 m/min eingestellt werden.

Welche Vorschubgeschwindigkeit ist zu wählen, damit bei einer Werkzeugdrehfrequenz von 5 000 1/min die geforderte Schnittgüte erreicht wird?

$v_f = 6 \frac{m}{min}$

Technische Mathematik

Lösungsweg auf Seite 357

Wärmeschutz

Formeln

$\frac{R}{\Lambda} = \frac{s_1}{\lambda_1} + \frac{s_2}{\lambda_2} + \frac{s_3}{\lambda_3} + \frac{s_4}{\lambda_4} +$ Gesamt-Wärmedurchlasswiderstand

$U = \frac{1}{R_{si} + R + R_{se}}$ U-Wert

Größen

λ Wärmeleitfähigkeit

s Schichtdicke

R Wärmedurchlasswiderstand

R_{si} Wärmeübergangswiderstand (innen)

R_{se} Wärmeübergangswiderstand (außen)

U Wärmedurchgangskoeffizient (der U-Wert wurde früher als k-Wert bezeichnet)

Einheiten / Umrechnungen

$\frac{W}{m \cdot K}$ Watt pro Meter pro Kelvin

$$\frac{1}{\frac{m^2 \cdot K}{W}} = \frac{W}{m^2 \cdot K}$$

1 **Die Abbildung zeigt den Aufbau einer Außenwand im Vertikalschnitt.**

Berechnen Sie den Wärmedurchlasswiderstand der Wand.

(Angaben zu den einzelnen Schichten: s_1 = 12,5 mm Gipskartonplatten, s_2 = 24 cm Vollziegelmauerwerk, s_3 = 5 cm Mineralfaserdämmstoff, s_4 = 15 mm Kalk-Zementputz)

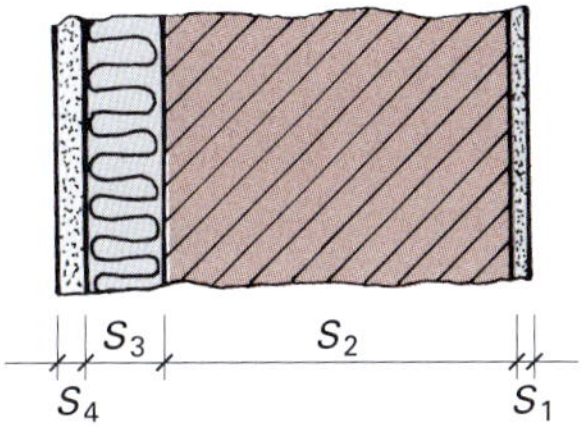

Werkstoff	λ in $\frac{\text{W}}{\text{m} \cdot \text{K}}$
Gipskartonplatte	0,21
Vollziegelmauerwerk	0,68
Mineralfaserdämmstoff	0,045
Kalk-Zementputz	0,87

Tabelle: Wärmeleitfähigkeiten verschiedener Materialien

$$R = 1{,}54 \ \frac{\text{m}^2 \cdot \text{K}}{\text{W}}$$

2 **Für die Außenwand eines Wohnhauses wurde ein Wärmedurchlasswiderstand von $R = 0{,}6 \ \frac{\text{m}^2 \cdot \text{K}}{\text{W}}$ berechnet.**

Prüfen Sie, ob der U-Wert der Wand (Wärmedurchgangskoeffizient) unter dem Grenzwert von $U_{max} = 1{,}39 \ \frac{\text{W}}{\text{m}^2 \cdot \text{K}}$ liegt.

$$u = 1{,}3 \ \frac{\text{W}}{\text{m}^2 \cdot \text{K}} < 1{,}39 \ \frac{\text{W}}{\text{m}^2 \cdot \text{K}}$$

Hinweis:

$R_{si} = 0{,}13 \ \frac{\text{m}^2 \cdot \text{K}}{\text{W}}$

$R_{se} = 0{,}04 \ \frac{\text{m}^2 \cdot \text{K}}{\text{W}}$

Lösungsweg auf Seite 358

Lösungswege

Verhältnisgleichungen

Vorgehensweise:
1. Stellen Sie eine Tabelle auf.
2. Prüfen Sie, ob das Verhältnis gerade oder umgekehrt ist.
3. Stellen Sie die Verhältnisgleichung auf.
4. Stellen Sie die Gleichung um.
5. Berechnen Sie die gesuchte Größe.

zu 1

Bänder	Preis
18	58,50 €
4	*x*

Es handelt sich um ein gerades Verhältnis. (je mehr ... desto mehr ...)

$$\frac{18 \text{ Bänder}}{4 \text{ Bänder}} = \frac{58{,}50\ €}{x}$$

$$x = \frac{4 \cdot 58{,}50\ €}{18}$$

$$x = \mathbf{13{,}00\ €}$$

zu 2

Facharbeiter	Zeitbedarf
5	18
4	*x*

Es handelt sich um ein umgekehrtes Verhältnis. (je mehr ... desto weniger ...)

$$\frac{5 \text{ Arbeiter}}{4 \text{ Arbeiter}} = \frac{x}{18\ h}$$

$$x = \frac{5 \cdot 18\ \text{h}}{4}$$

$$x = 22{,}5\ \text{h}$$

$$x = \mathbf{22\ h + 30\ min}$$

zu 3

gesamte Fahrzeit	Holzmasse
4 · 10 h	240 t
3 · 8 h	*x*

Es handelt sich um ein gerades Verhältnis. (je weniger ... desto weniger ...)

$$\frac{4 \cdot 10\ \text{h}}{3 \cdot 8\ \text{h}} = \frac{240\ \text{t}}{x}$$

$$x = \frac{3 \cdot 8\ \text{h} \cdot 240\ \text{t}}{4 \cdot 10\ \text{h}}$$

$$x = \mathbf{144\ t}$$

zu 4

gesamte Arbeitszeit pro Tag	Tage
$2 \cdot 8\ h$	3
$4 \cdot 6\ h$	x

Es handelt sich um ein umgekehrtes Verhältnis. (je mehr ... desto weniger...)

$$\frac{2 \cdot 8\ h}{4 \cdot 6\ h} = \frac{x}{3\ \text{Tage}}$$

$$x = \frac{2 \cdot 8\ h \cdot 3\ \text{Tage}}{4 \cdot 6\ h}$$

$$x = \mathbf{2\ Tage}$$

zu 5

Lackmenge	Kannen
$80\ g/m^2 \cdot 210\ m^2$	3
$100\ g/m^2 \cdot x$	7

Es handelt sich um ein gerades Verhältnis. (je mehr ... desto mehr...)

$$\frac{\text{Lackmenge 1}}{\text{Lackmenge 2}} = \frac{3\ \text{Kannen}}{7\ \text{Kannen}}$$

$$\frac{80\ g/m^2 \cdot 210\ m^2}{100\ g/m^2 \cdot x} = \frac{3\ \text{Kannen}}{7\ \text{Kannen}}$$

$$x = \frac{80\ g/m^2 \cdot 210\ m^2 \cdot 7}{3 \cdot 100\ g/m^2}$$

$$x = \mathbf{392\ m^2}$$

zu 6

Zeichnung	Werkstück
1	5
125	Breite
202	Höhe

... gerades Verhältnis.

$$\frac{1}{125\ mm} = \frac{5}{\text{Breite}}$$

$$\text{Breite} = \frac{125\ mm \cdot 5}{1} = \mathbf{625\ mm}$$

$$\frac{1}{202\ mm} = \frac{5}{\text{Höhe}}$$

$$\text{Höhe} = \frac{202\ mm \cdot 5}{1} = \mathbf{1.010\ mm}$$

zu 7

Länge	Höhe
6	1
50	$(x - 34\ mm) \cdot \frac{1}{2}$

... gerades Verhältnis.

$$\frac{6}{50\ mm} = \frac{1}{(x - 34\ mm) \cdot \frac{1}{2}}$$

$$6 \cdot (x - 34\ mm) = 50\ mm \cdot 2$$

$$x = \frac{50\ mm \cdot 2}{6} + 34\ mm$$

$$x = \mathbf{50{,}7\ mm}$$

TM Lösungswege

zu 8

Breite	Höhe
990 mm	2.010 mm
490 mm	x

... gerades Verhältnis.

$$\frac{990\text{ mm}}{2.010\text{ mm}} = \frac{490\text{ mm}}{x}$$

$$x = \frac{2.010\text{ mm} \cdot 490\text{ mm}}{990\text{ mm}}$$

$$x = \mathbf{995\text{ mm}}$$

zu 9

halbe Giebelbreite	Höhe
5,65 m	2,78 m
2,56 m	h

... gerades Verhältnis.

$$\frac{5{,}65\text{ m}}{2{,}56\text{ m}} = \frac{2{,}78\text{ m}}{h}$$

$$h = \frac{2{,}78\text{ m} \cdot 2{,}56\text{ m}}{5{,}65\text{ m}}$$

$$h = \mathbf{1{,}26\text{ m}}$$

Prozentrechnen, Verschnitt, Holzfeuchte

zu 1

$$\textit{Zinsen} = \frac{\text{Kapital} \cdot \text{Zinssatz}}{100\ \%} \cdot \frac{9}{12}$$

$$\textit{Zinsen} = \frac{4.250{,}00\ € \cdot 4{,}3\ \%}{100\ \%} \cdot \frac{9}{12}$$

$$\textit{Zinsen} = \mathbf{137{,}07\ €}$$

zu 2

$$\textit{Nettolohn} = \textit{Bruttolohn} \cdot \frac{100\ \% - 30\ \%}{100\ \%}$$

$$\textit{Nettolohn} = 1.440{,}00\ € \cdot 0{,}7$$

$$\textit{Nettolohn} = \mathbf{1.008{,}00\ €}$$

zu 3

$$\textit{Preis} = \frac{7 \cdot 1.300{,}00\ €}{3\ m^3} \cdot \frac{100\ \% - 3\ \%}{100\ \%} \cdot \frac{100\ \% + 19\ \%}{100\ \%}$$

$$\textit{Preis} = \frac{7 \cdot 1.300{,}00\ €}{3\ m^3} \cdot 0{,}97 \cdot 1{,}19$$

$$\textit{Preis} = \mathbf{3.501{,}38\ €}$$

zu 4

$\textit{Ausgangspreis} \triangleq 100\ \%$

$443{,}70 \triangleq 100\ \% - 15\ \%$

$$\textit{Ausgangspreis} = \frac{443{,}70\ € \cdot 100\ \%}{85\ \%}$$

$$\textit{Ausgangspreis} = \mathbf{522{,}00\ €}$$

TM Lösungswege

zu 5

$100\ \% \triangleq 692{,}50\ €$

$x \triangleq 752{,}00\ € - 692{,}50$

$$x = \frac{100\ \% \cdot (752{,}00\ € - 692{,}50\ €)}{692{,}50}$$

Angebotsüberschreitung = **8,59 %**

zu 6

$$Verschnitt = \frac{RM - FM}{FM} \cdot 100\ \%$$

$$Verschnitt = \frac{22\ m^2 - 2 \cdot 8{,}1\ m^2}{2 \cdot 8{,}1 m^2} \cdot 100\ \%$$

Verschnitt = **35,8 %**

zu 7

$RM = FM \cdot$ Verschnittzuschlagfaktor

$RM = 26{,}4\ m^2 \cdot 1{,}35$

$RM = \mathbf{35{,}64\ m^2}$

zu 8

$187\ g \triangleq 100\ \%$

$210\ g \triangleq 100\ \% + x$

$$100\ \% + x = \frac{210\ g \cdot 100\ \%}{187\ g}$$

$$x = \frac{210\ g \cdot 100\ \%}{187\ g} - 100\ \%$$

x = **12,3 %** (Holzfeuchte)

zu 9

$80\text{ g} \triangleq 100\ \%$

$x \triangleq 12\ \%$

$$x = \frac{80\text{ g} \cdot 12\ \%}{100\ \%}$$

$x = \mathbf{9{,}6\ g}$ (gebundenes Wasser)

zu 10

$272\text{ g} \triangleq 100\ \% + 28\ \%$

$x \triangleq 100\ \% + 8\ \%$

$$x = \frac{272\text{ g} \cdot 108\ \%}{128\ \%}$$

$x = 229{,}5\text{ g}$

Gewichtsverringerung = $272\text{ g} - 229{,}5\text{ g} = \mathbf{42{,}5\ g}$

zu 11

$300\text{ g} \triangleq 100\ \% + 28\ \%$

$266\text{ g} \triangleq 100\ \% + x$

$$100 + x = \frac{266\text{ g} \cdot (100\ \% + 28\ \%)}{300\text{ g}}$$

$$x = \frac{266\text{ g}}{300\text{ g}} \cdot 128\ \% - 100\ \%$$

$x = \mathbf{13{,}5\ \%}$ (Holzfeuchte)

TM Lösungswege

Längen

zu 1

$$x = \frac{715\text{ mm} - 6 \cdot 62\text{ mm}}{7}$$

$$x = \mathbf{49\text{ mm}}$$

zu 2

$$x = \frac{2.000\text{ mm} - 2 \cdot 125\text{ mm}}{7}$$

$$x = \mathbf{250\text{ mm}}$$

zu 3

$$l = d \cdot \pi + 2 \cdot \text{Achsabstand}$$

$$l = 0{,}36\text{ m} \cdot \pi + 2 \cdot 2{,}35\text{ m}$$

$$l = \mathbf{5{,}83\text{ m}}$$

zu 4

$$\text{Länge} = 2 \cdot (1{,}42\text{ m} + 0{,}52\text{ m} + 0{,}38\text{ m}) + \text{Bogen}_A + \text{Bogen}_B$$

Bogen_A:	Bogen_B:
$\text{Bogen}_A = d_1 \cdot \pi \cdot \frac{40°}{360°}$	$\text{Bogen}_B = d_2 \cdot \pi \cdot \frac{40°}{360°}$
$\text{Bogen}_A = 2 \cdot 1{,}34\text{ m} \cdot \pi \cdot \frac{40°}{360°}$	$\text{Bogen}_B = 2 \cdot (1{,}34\text{ m} + 0{,}38\text{ m}) \cdot \pi \cdot \frac{40°}{360°}$
$\text{Bogen}_A = 0{,}935\text{ m}$	$\text{Bogen}_B = 1{,}2\text{ m}$

$$\text{Länge} = 2 \cdot (1{,}42\text{ m} + 0{,}52\text{ m} + 0{,}38\text{ m}) + 0{,}935\text{ m} + 1{,}2\text{ m}$$

$$\text{Länge} = \mathbf{6{,}775\text{ m} \approx 6{,}78\text{ m}}$$

zu 5

$$a^2 + b^2 = c^2$$

$$c = \sqrt{a^2 + b^2}$$

$$c = \sqrt{(1{,}2\text{ m})^2 + (0{,}8\text{ m})^2}$$

$$c = \mathbf{1{,}442\text{ m}}$$

zu 6

a = 12 cm

b = 24 cm

$c = \sqrt{a^2 + b^2}$

(Hypothenuse = Mindestdurchmesser)

$c \cong$ **27 cm**

Nebenrechnung für c

$c = \sqrt{(12\ cm)^2 + (24\ cm)^2}$

$c = 26{,}838\ cm$

zu 7

a = 30 mm = 80 mm – 50 mm

b = 55 mm = 87 mm – 32 mm

$c = \sqrt{a^2 + b^2}$

(Hypothenuse = Lochabstand)

$c \cong$ **62,7 mm**

Nebenrechnung für c

$c = \sqrt{(30\ mm)^2 + (55\ mm)^2}$

$c = 62{,}65\ mm$

zu 8

Sehne: $s = 1\,200$ mm

Stichhöhe: $h = 120$ mm

$\left(\frac{s}{2}\right)^2 + (R-h)^2 = R^2$ (Pythagoras)

$R = \frac{1\,200^2}{8 \cdot 120} + \frac{120}{2} =$ **1 560** (in Millimeter)

Umstellung nach R:

$\frac{s^2}{4} + R^2 - 2R \cdot h + h^2 = R^2$

$\frac{s^2}{4} + h^2 = 2R \cdot h$

$\frac{s^2}{2 \cdot 4 \cdot h} + \frac{h}{2} = R$

$R = \frac{s^2}{8 \cdot h} + \frac{h}{2}$

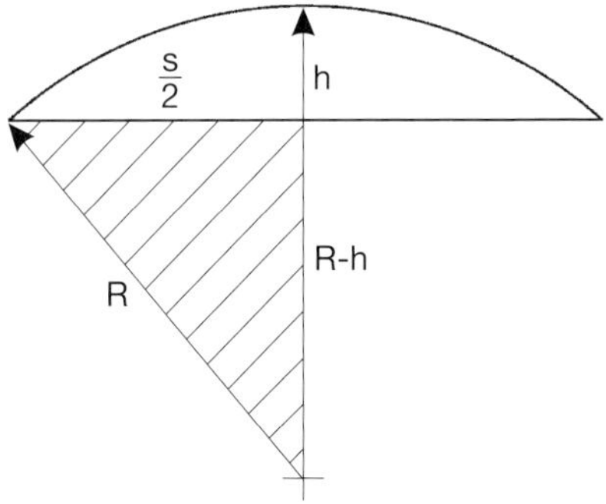

TM Lösungswege

Flächen

zu 1 $RM = FM \cdot \text{Verschnittzuschlagfaktor}$

$FM = 5 \cdot 2 \cdot (A_1 + A_2)$

A_1:

$$A_1 = \frac{l_1 + l_2}{2} \cdot h$$

$$A_1 = \frac{0{,}43\ \text{m} + 0{,}71\ \text{m}}{2} \cdot (0{,}44\ \text{m} - 0{,}3\ \text{m})$$

$$A_1 = 0{,}0798\ \text{m}^2$$

A_2:

$$A_2 = \frac{l_1 + l_2}{2} \cdot h$$

$$A_2 = \frac{0{,}71\ \text{m} + 0{,}09\ \text{m}}{2} \cdot 0{,}3\ \text{m}$$

$$A_2 = 0{,}12\ \text{m}^2$$

$FM = 5 \cdot 2 \cdot (0{,}0798\ \text{m}^2 + 0{,}12\ \text{m}^2)$

$FM = 1{,}998\ \text{m}^2$

$$\text{Verschnittzuschlagfaktor} = 1 + \frac{\text{Verschnitt in \%}}{100\ \%} = 1{,}4$$

$RM = 1{,}998\ \text{m}^2 \cdot 1{,}4$

$RM =$ $\mathbf{2{,}8\ m^2}$

zu 2 $RM = FM \cdot \text{Verschnittzuschlagfaktor}$

$FM = 4 \cdot 2 \cdot (A_1 + A_2 - 2 \cdot A_3)$

A_1:

$$A_1 = \frac{l_1 + l_2}{2} \cdot h$$

$$A_1 = \frac{3{,}4\ \text{m} + 3{,}98\ \text{m}}{2} \cdot 2{,}2\ \text{m}$$

$$A_1 = 8{,}118\ \text{m}^2$$

A_2:

$$A_2 = \frac{l \cdot h}{2}$$

$$A_2 = \frac{3{,}98\ \text{m} \cdot 0{,}65\ \text{m}}{2}$$

$$A_2 = 1{,}2935\ \text{m}^2$$

A_3:

$$A_3 = l \cdot b$$

$$A_3 = 0{,}88\ \text{m} \cdot 1{,}12\ \text{m}$$

$$A_3 = 0{,}9856\ \text{m}^2$$

$$FM = 4 \cdot 2 \cdot 7{,}443\ \text{m}^2$$

$$FM = 59{,}544\ \text{m}^2$$

$$\text{Verschnittzuschlagfaktor} = 1 + \frac{\text{Verschnitt in \%}}{100\ \%} = 1{,}2$$

$$RM = 59{,}544\ \text{m}^2 \cdot 1{,}2$$

$$RM = \mathbf{71{,}45\ m^2}$$

zu 3 $\text{Furnierbedarf} = FM \cdot \text{Verschnittzuschlagfaktor}$

$$r = \frac{U}{2 \cdot \pi} \qquad r = \frac{4{,}8\ \text{m}}{2 \cdot \pi} \qquad r = 0{,}764\ \text{m}$$

$$FM = 2 \cdot r^2 \cdot \pi$$

$$FM = 2 \cdot 0{,}764\ \text{m} \cdot 0{,}764\ \text{m} \cdot \pi$$

$$FM = 3{,}667\ \text{m}^2$$

$$\text{Verschnittzuschlagfaktor} = 1 + \frac{\text{Verschnitt in \%}}{100\ \%} = 1{,}5$$

$$\text{Furnierbedarf} = 3{,}667\ \text{m}^2 \cdot 1{,}5$$

$$\text{Furnierbedarf} = \mathbf{5{,}5\ m^2}$$

TM Lösungswege

zu 4

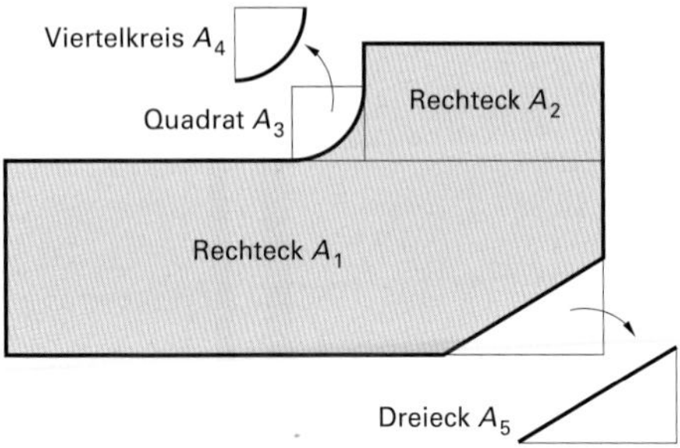

$A_{ges} = A_1 + A_2 + A_3 - A_4 - A_5$

$A_1 = 4{,}7\ \text{m} \cdot 1{,}49\ \text{m}$ — $A_1 = 7{,}003\ \text{m}^2$

$A_2 = 1{,}85\ \text{m} \cdot (2{,}43\ \text{m} - 1{,}49\ \text{m})$ — $A_2 = 1{,}739\ \text{m}^2$

$A_3 = 0{,}52\ \text{m} \cdot 0{,}52\ \text{m}$ — $A_3 = 0{,}27\ \text{m}^2$

$A_4 = \dfrac{0{,}52\ \text{m} \cdot 0{,}52\ \text{m} \cdot \pi}{4}$ — $A_4 = 0{,}21\ \text{m}^2$

$A_5 = \dfrac{(4{,}7\ \text{m} - 3{,}38\ \text{m}) \cdot 0{,}75\ \text{m}}{2}$ — $A_5 = 0{,}495\ \text{m}^2$

$A_{ges} = \mathbf{8{,}31\ m^2}$

zu 5

$\text{Verschnitt} = \dfrac{RM - FM}{FM} \cdot 100\ \%$

$RM = 2{,}4\ \text{m} \cdot 0{,}32\ \text{m}$

$RM = 0{,}768\ \text{m}^2$

$FM = A_1 + A_2 + A_3$

$A_1 = \dfrac{1{,}02\ \text{m} \cdot 0{,}16\ \text{m}}{2}$ — $A_1 = 0{,}082\ \text{m}^2$

$A_2 = \dfrac{0{,}12\ \text{m} + 0{,}25\ \text{m}}{2} \cdot 1{,}02\ \text{m}$ — $A_2 = 0{,}189\ \text{m}^2$

$A_3 = 1{,}02\ \text{m} \cdot 0{,}27\ \text{m}$ — $A_3 = 0{,}275\ \text{m}^2$

$FM = 0{,}546\ \text{m}^2$

$$\text{Verschnitt} = \frac{0{,}768\ \text{m}^2 - 0{,}546\ \text{m}^2}{0{,}546\ \text{m}^2} \cdot 100\ \%$$

Verschnitt = **40,74 %**

zu 6

$$\text{Verschnitt} = \frac{RM - FM}{FM} \cdot 100\ \%$$

$$RM = \frac{l_1 + l_2}{2} \cdot h \qquad FM = 3 \cdot r^2 \cdot \pi \cdot \frac{75°}{360°}$$

$$RM = \frac{0{,}54\ \text{m} + 0{,}64\ \text{m}}{2} \cdot 1{,}1\ \text{m} \qquad FM = 3 \cdot 0{,}41\ \text{m} \cdot 0{,}41\ \text{m} \cdot \pi \cdot \frac{75°}{360°}$$

$$RM = 0{,}649\ \text{m}^2 \qquad FM = 0{,}33\ \text{m}^2$$

$$\text{Verschnitt} = \frac{0{,}649\ \text{m}^2 - 0{,}33\ \text{m}^2}{0{,}33\ \text{m}^2} \cdot 100\ \%$$

Verschnitt = **96,6 %**

TM Lösungswege

Volumen

zu 1 $V = (A_1 - A_2) \cdot h$

$A_1 = r_1^2 \cdot \pi$	$A_2 = r_2^2 \cdot \pi$
$A_1 = \left(\frac{3{,}65\ \text{m}}{2} + 0{,}48\right)^2 \cdot \pi$	$A_2 = \left(\frac{3{,}65\ \text{m}}{2}\right)^2 \cdot \pi$
$A_1 = 16{,}691\ \text{m}^2$	$A_2 = 10{,}464\ \text{m}^2$

$V = (16{,}691\ \text{m}^2 - 10{,}464\ \text{m}^2) \cdot 0{,}045\ \text{m}$

$V = \mathbf{0{,}28\ m^3}$

zu 2 $V_{\text{Brett}} = b_m \cdot \text{Länge} \cdot \text{Dicke}$

$V_{\text{Brett}} = 0{,}34\ \text{m} \cdot 3{,}75\ \text{m} \cdot 0{,}03\ \text{m}$

$V_{\text{Brett}} = \mathbf{0{,}038\ m^3}$

$V_{\text{Bohle}} = \frac{b_1 + b_2}{2} \cdot \text{Länge} \cdot \text{Dicke}$

$V_{\text{Bohle}} = \frac{0{,}33\ \text{m} + 0{,}37\ \text{m}}{2} \cdot 3{,}75\ \text{m} \cdot 0{,}07\ \text{m}$

$V_{\text{Bohle}} = \mathbf{0{,}092\ m^3}$

zu 3 $V_{ges} = V_1 + V_2$

$V_1 = A \cdot h_1$

$A = r^2 \cdot \pi$

$A = \left(\frac{2{,}8\ dm}{2}\right)^2 \cdot \pi$

$A = 6{,}16\ dm^2$

$V_1 = 6{,}158\ dm^2 \cdot 2{,}7\ dm$

$V_1 = 16{,}63\ dm^3$

$V_2 = \frac{A \cdot h_2}{3}$ $\quad V_2 = \frac{6{,}158\ dm^2 \cdot (4{,}5\ dm - 2{,}7\ dm)}{3}$

$V_2 = 11{,}08\ dm^3$

$V_{ges} = 20{,}32\ dm^3$

V_{ges} = **20,32 Liter**

zu 4 $V = A_{Mittel} \cdot h \cdot \frac{3}{4}$

$A_{Mittel} = r^2_m \cdot \pi$ $\quad r_m = \frac{d_1 + d_2}{4}$

$A_{Mittel} = (1{,}175\ dm)^2 \cdot \pi$ $\quad r_m = \frac{2\ dm + 2{,}7\ dm}{4}$

$A_{Mittel} = 4{,}337\ dm^2$ $\quad r_m = 1{,}175\ dm$

$V = 4{,}337\ dm^2 \cdot 2{,}4\ dm \cdot \frac{3}{4}$

$V = 7{,}81\ dm^3$ = **7,81 Liter**

TM Lösungswege

Materialmengen, Materialkosten

zu 1 Bedarf = Gesamtfläche · Auftragmenge pro m^2

$$\text{Gesamtfläche} = 8 \cdot 2 \cdot \frac{d_1}{2} \cdot \frac{d_2}{2} \cdot \pi$$

$$\text{Gesamtfläche} = 8 \cdot 2 \cdot \frac{1{,}31\ \text{m}}{2} \cdot \frac{0{,}83\ \text{m}}{2} \cdot \pi$$

Gesamtfläche = 13,663 m^2

$$\text{Bedarf} = 13{,}663\ \text{m}^2 \cdot 0{,}18\ \frac{\text{kg}}{\text{m}^2}$$

Bedarf = **2,46 kg**

zu 2 Bruttokosten = Klebstoffbedarf · Kosten pro kg · Steuerfaktor

$$\text{Klebstoffbedarf} = 32 \cdot 2 \cdot 1{,}5\ \text{m} \cdot 1{,}8\ \text{m} \cdot 0{,}14\ \frac{\text{kg}}{\text{m}^2}$$

Klebstoffbedarf = 24,192 kg

$$\text{Bruttokosten} = 24{,}192\ \text{kg} \cdot 2{,}44\ \frac{€}{\text{kg}} \cdot 1{,}16$$

Bruttokosten = **68,47 €**

zu 3

$$\text{Beizbedarf} = \frac{\text{Gesamtfläche}}{\text{Ergiebigkeit}}$$

$$\text{Gesamtfläche} = 16 \cdot 2 \cdot \frac{l_1 + l_2}{2} \cdot h$$

$$\text{Gesamtfläche} = 16 \cdot 2 \cdot \frac{0{,}61\ \text{m} + 0{,}73\ \text{m}}{2} \cdot 0{,}75\ \text{m}$$

$$\text{Gesamtfläche} = 16{,}08\ \text{m}^2$$

$$\text{Beizbedarf} = \frac{16{,}08\ \text{m}^2}{6\ \frac{\text{m}^2}{l}}$$

$$\text{Beizbedarf} = \mathbf{2{,}68}\ l$$

zu 4

Längenpreis = Kubikmeterpreis · Querschnttsfläche

Längenpreis = 915,00 €/m^3 · 0,092 m · 0,068 m

Längenpreis = **5,73 €**/m

TM Lösungswege

zu 5

Möglichkeit a:

$Preis_A$ = Kubikmeterpreis · Volumen

$Preis_A$ = 2.375,00 €/m³ · 20 · 4,5 m · 0,2 · 0,045 m

$Preis_A$ = **1.923,75 €**

$Preis_B$ = Quadratmeterpreis · Fläche

$Preis_B$ = 110,00 €/m² · 20 ·4,5 m · 0,2

$Preis_B$ = 1.980,00 €

Angebot A ist günstiger.

Möglichkeit b:

$Quadratmeterpreis_A$ = $Kubikmeterpreis_A$ · Holzdicke

$Quadratmeterpreis_A$ = 2.375,00 €/m³ · 0,045 m

$Quadratmeterpreis_A$ = 106,88 €/m²

Angebot A ist günstiger.

zu 6 Summe aller Teile = 12 Teile

Menge pro Teil = $\frac{3\text{ kg}}{12}$ = 0,25 kg

Klebstoffpulver: $8 \cdot 0{,}25$ kg = **2 kg**

Wasser: $3 \cdot 0{,}25$ kg = **0,75 kg**

Härter: $1 \cdot 0{,}25$ kg = **0,25 kg**

Probe: Gesamtmenge = 3 kg

zu 7

$$\text{Prozentgehalt der Mischung} = \frac{\text{Gesamtkonzentrat}}{\text{Gesamtmischung}} \cdot 100\ \%$$

Gesamtkonzentrat:

$$\text{Gesamtkonzentrat} = 0{,}8\text{ Liter} \cdot \frac{80\ \%}{100\ \%} + 1{,}2\text{ Liter} \cdot \frac{0\ \%}{100\ \%}$$

Gesamtkonzentrat = 0,64 Liter

Gesamtmischung:

Gesamtmischung = 0,8 Liter + 1,2 Liter

Gesamtmischung = 2 Liter

$$\text{Prozentgehalt der Mischung} = \frac{0{,}64\text{ Liter}}{2\text{ Liter}} \cdot 100\ \%$$

Prozentgehalt der Mischung = **32 %**

Dichte, Masse, Kraft, Hebel

zu 1

$\rho = \frac{m}{V}$ $\rho = \frac{53\ \text{kg}}{47\ \text{dm} \cdot 3{,}2\ \text{dm} \cdot 0{,}5\ \text{dm}}$ $\rho = \mathbf{0{,}7\ \frac{kg}{dm^3}}$

zu 2

$\text{Anzahl}_{\text{Platten}} = \frac{V_{\text{max}}}{V_{\text{Platte}}}$

$V_{\text{max}} = \frac{m}{\rho}$

$V_{\text{Platte}} = l \cdot b \cdot h$

$V_{\text{max}} = \frac{500\ \text{kg}}{0{,}7\ \frac{\text{kg}}{\text{dm}^3}}$

$V_{\text{Platte}} = 1{,}6\ \text{m} \cdot 1{,}4\ \text{m} \cdot 0{,}022\ \text{m} = 0{,}049\ \text{m}^3$

$V_{\text{max}} = 0{,}7143\ \text{m}$

$V_{\text{Platte}} = 0{,}049\ \text{m}^3$

$\text{Anzahl}_{\text{Platten}} = \frac{0{,}7143\ \text{m}^3}{0{,}049\ \text{m}^3}$

$\text{Anzahl}_{\text{Platten}} = \mathbf{14}$

zu 3 $\underset{\rightarrow}{F} = \underset{\rightarrow}{F_h} \cdot \sqrt{2}$

$$F_h = F_v = \frac{1\,000\ \text{N}}{\sqrt{2}}$$

$$F_h = F_v = \mathbf{707\ N}$$

> Das Kräfteparallelogramm ist in diesem Fall ein Quadrat. Die Diagonale des Quadrates ist um den Faktor $\sqrt{2}$ größer als die Quadratseite.

zu 4

$$F = \frac{F_{Tor} \cdot l_1}{l_2}$$

$$F_{Tor} \approx m \cdot 10\ \frac{\text{N}}{\text{kg}} = 2\,380\ \text{N}$$

$$F = \frac{2\,380\ \text{N} \cdot 0{,}2\ \text{m}}{1{,}4\ \text{m}}$$

$$F = \mathbf{340\ N}$$

zu 5

$$F_2 = \frac{F_1 \cdot l_1}{l_2}$$

$$F_1 \approx m \cdot 10\ \frac{\text{N}}{\text{kg}} = 550\ \text{N}$$

$$F_2 = \frac{550\ \text{N} \cdot 0{,}68\ \text{m}}{0{,}14\ \text{m}}$$

$$F_2 = \mathbf{2{,}67\ kN}$$

zu 6

$$F_2 = \frac{F_1 \cdot l_1}{l_2} \qquad F_2 = \frac{300\ \text{N} \cdot 0{,}04\ \text{m}}{0{,}19\ \text{m}} \qquad F_2 = \mathbf{63\ N}$$

Druck

zu 1

$$A = \frac{F_1}{p} \qquad l = \sqrt{A} = \sqrt{\frac{F_1}{p}}$$

$$F_1 = \frac{3\,600 \text{ N}}{4} = 900 \text{ N}$$

$$l = \sqrt{\frac{900 \text{ N}}{0{,}1 \frac{\text{N}}{\text{mm}^2}}}$$

$l =$ **95 mm**

zu 2

$$F = \frac{F_{ges}}{2}$$

$$F_{ges} = p \cdot A$$

$$F_{ges} = 0{,}2 \frac{\text{N}}{\text{mm}^2} \cdot 22 \text{ mm} \cdot 520 \text{ mm}$$

$$F_{ges} = 2\,288 \text{ N} = 2{,}288 \text{ kN}$$

$$F = \frac{2{,}288 \text{ kN}}{2}$$

$F =$ **1,144 kN**

zu 3

$$F = \frac{F_1 \cdot 100\ \text{mm}}{400\ \text{mm}} \text{ (Hebelgesetz)}$$

$$F = \frac{600\ \text{N} \cdot 100\ \text{mm}}{400\ \text{mm}}$$

$$F = \mathbf{150\ N}$$

$$F_1 = \frac{F_2 \cdot A_1}{A_2}$$

$$F_1 = \frac{F_2 \cdot d_1^{\,2} \cdot \frac{\pi}{4}}{d_2^{\,2} \cdot \frac{\pi}{4}} = \frac{F_2 \cdot d_1^{\,2}}{d_2^{\,2}}$$

$$F_1 = \frac{15\,000\ \text{N} \cdot 30\ \text{mm} \cdot 30\ \text{mm}}{150\ \text{mm} \cdot 150\ \text{mm}}$$

$$F_1 = 600\ \text{N}$$

zu 4

$$F_{ges} = 2 \cdot F_1$$

$$F_1 = p \cdot A \cdot \eta$$

$$F_1 = 0{,}8\ \frac{\text{N}}{\text{mm}^2} \cdot 60\ \text{mm} \cdot 60\ \text{mm} \cdot \frac{\pi}{4} \cdot 0{,}85$$

$$F_1 = 1\,922{,}7\ \text{N} = 1{,}9227\ \text{kN}$$

$$F_{ges} = 2 \cdot 1{,}9227\ \text{kN}$$

$$F_{ges} = \mathbf{3{,}845\ kN}$$

TM Lösungswege

Elektrotechnische Berechnungen

zu 1

$R = \frac{U}{I}$ $R = \frac{230\ \text{V}}{10\ \text{A}}$ $R = \mathbf{23\ \Omega}$

zu 2

$P_{zu} = U \cdot I$ $I = \frac{P_{zu}}{U}$ $I = \frac{75\ \text{W}}{230\ \text{W}}$ $I = \mathbf{0{,}33\ A}$

zu 3

$I = \frac{P_{zu}}{U}$

$I = \frac{5.000\ \text{VA}}{230\ \text{V}} = 21{,}74\ \text{A}$

$I = \mathbf{21{,}74\ A}$

$P_{zu} = \frac{P_{ab}}{\eta}$

$P_{zu} = \frac{4\ \text{kW}}{0{,}8} = 5\ \text{kW} = 5\,000\ \text{VA}$

zu 4

$P_{zu} = U \cdot I \cdot \cos\varphi$ $P_{zu} = 230\ \text{V} \cdot 8{,}7\ \text{A} \cdot 0{,}9 = 1.800\ \text{W}$ $P_{zu} = \mathbf{1{,}8\ kW}$

zu 5

$P_{zu} = \sqrt{3}\, U \cdot I \cdot \cos\varphi$ $P_{zu} = 1{,}73 \cdot 400\ \text{V} \cdot 5\ \text{A} \cdot 0{,}8 = 2.770\ \text{W}$ $P_{zu} = \mathbf{2{,}77\ kW}$

zu 6

$$I = \frac{P_{zu}}{\sqrt{3} \cdot U \cdot \cos \varphi} \qquad P_{zu} = \frac{P_{ab}}{\eta}$$

$$I = \frac{5\,000\ \text{W}}{1{,}73 \cdot 400\ \text{V} \cdot 0{,}82} \qquad P_{zu} = \frac{4\,000\ \text{W}}{0{,}8} = 5\,000\ \text{kW}$$

$I = \mathbf{8{,}8\ A}$

zu 7

Stromkosten = $P_{zu} \cdot t \cdot$ Strompreis

Stromkosten = $0{,}06\ \text{kW} \cdot 50 \cdot 24\ \text{h} \cdot 0{,}14\ \frac{€}{\text{kWh}}$

Stromkosten = **10,08 €**

zu 8

Stromkosten = $P_{zu} \cdot t \cdot$ Strompreis

$P_{zu} = U \cdot I \cdot \cos \varphi$

$P_{zu} = 230\ \text{V} \cdot 3{,}5\ \text{A} \cdot 0{,}7 = 0{,}56\ \text{kW}$

Stromkosten = $0{,}56\ \text{kW} \cdot 5\ \text{h} \cdot 0{,}14\ \frac{€}{\text{kWh}}$

Stromkosten = **0,39 €**

zu 9

Stromkosten = $P_{zu} \cdot t \cdot$ Strompreis

$$P_{zu} = \frac{P_{ab}}{\eta}$$

$$P_{zu} = \frac{P_{ab}}{0{,}88} = 6{,}818\ \text{kW}$$

Stromkosten = $6{,}818\ \text{kW} \cdot 68\ \text{h} \cdot 0{,}14\ \frac{€}{\text{kWh}}$

Stromkosten = **64,91 €**

TM Lösungswege

Schnittgeschwindigkeit, Riementrieb, Vorschubgeschwindigkeit, Schnittgüte

zu 1

$$v_c = \frac{d \cdot \pi \cdot n}{60\ \frac{\text{s}}{\text{min}} \cdot 1\,000\ \frac{\text{mm}}{\text{m}}} \qquad v_c = \frac{800\ \text{mm} \cdot \pi \cdot 550\ \frac{1}{\text{min}}}{60\ \frac{\text{s}}{\text{min}} \cdot 1\,000\ \frac{\text{mm}}{\text{m}}}$$

$$v_c = \mathbf{23\ \frac{m}{s}}$$

zu 2

$$n = \frac{v_c}{d \cdot \pi} \cdot 1\,000\ \frac{\text{mm}}{\text{m}} \cdot 60\ \frac{\text{s}}{\text{min}}$$

$$n = \frac{70\ \frac{\text{m}}{\text{s}}}{300\ \text{mm} \cdot \pi} \cdot 1\,000\ \frac{\text{mm}}{\text{m}} \cdot 60\ \frac{\text{s}}{\text{min}}$$

$$n = 4\,456\ \frac{1}{\text{min}}$$

$$n \approx \mathbf{4\,500\ \frac{1}{min}}$$

zu 3

$$v_1 = \frac{d \cdot \pi \cdot n_1}{60 \ \frac{s}{min} \cdot 1\,000 \ \frac{mm}{m}} \qquad v_2 = \frac{d \cdot \pi \cdot n_2}{60 \ \frac{s}{min} \cdot 1\,000 \ \frac{mm}{m}}$$

$$v_1 = \frac{150 \cdot \pi \cdot 2\,000}{60 \ \frac{s}{min} \cdot 1\,000 \ \frac{mm}{m}} \qquad v_2 = \frac{150 \cdot \pi \cdot 12\,000}{60 \ \frac{s}{min} \cdot 1\,000 \ \frac{mm}{m}}$$

$$v_1 = \mathbf{15{,}7 \ \frac{m}{s}} \qquad v_2 = \mathbf{94{,}2 \ \frac{m}{s}}$$

Die Verbindung beider Ergebnisse ergibt die gesuchte Gerade im Diagramm.

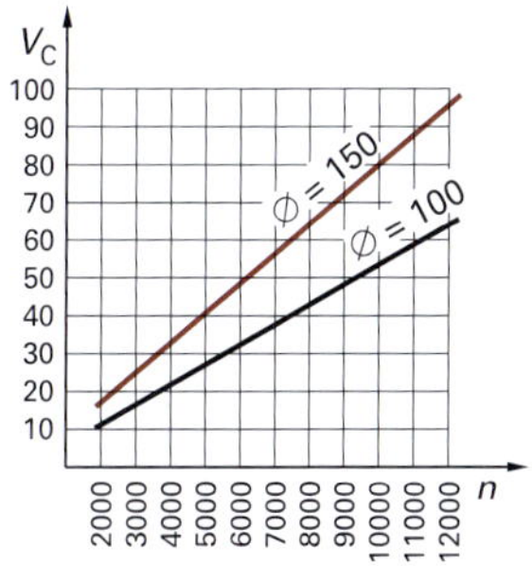

zu 4

$$n_2 = \frac{d_1 \cdot n_1}{d_2} \qquad i = 1 : \frac{n_2}{n_1}$$

$$n_2 = \frac{200 \ mm \cdot 1\,440 \ \frac{1}{min}}{120 \ mm} \qquad i = 1 : \frac{2\,400}{1\,440}$$

$$n_2 = \mathbf{2\,400 \ \frac{1}{min}} \qquad i = \mathbf{1 : 1{,}7}$$

zu 5

$$v_c = \frac{d \cdot \pi \cdot n_2}{60 \,\frac{\text{s}}{\text{min}} \cdot 1\,000 \,\frac{\text{mm}}{\text{m}}}$$

$$n_2 = \frac{d_1 \cdot n_1}{d_2} \qquad n_2 = \frac{140 \text{ mm} \cdot 1\,440 \,\frac{1}{\text{min}}}{200 \text{ mm}} = 1\,008 \,\frac{1}{\text{min}} \qquad n_2 = \mathbf{1\,008 \,\frac{1}{min}}$$

$$v_c = \frac{350 \text{ mm} \cdot \pi \cdot 1\,008 \,\frac{1}{\text{min}}}{60 \,\frac{\text{s}}{\text{min}} \cdot 1\,000 \,\frac{\text{mm}}{\text{m}}} = 18{,}5 \,\frac{\text{m}}{\text{s}}$$

$$v_c = \mathbf{18{,}5 \,\frac{m}{s}}$$

zu 6

$$t_{ges} = \frac{s_1}{v_{f1}} + \frac{s_2}{v_{f2}}$$

$$t_{ges} = \frac{2 \cdot 1{,}7 \text{ m}}{9 \,\frac{\text{m}}{\text{min}}} + \frac{1{,}52 \text{ m} \cdot \pi \cdot \frac{1}{2}}{6 \,\frac{\text{m}}{\text{min}}}$$

$$t_{ges} = 0{,}776 \text{ min} = \mathbf{46{,}5 \text{ s}}$$

zu 7

$$t_{ges} = \frac{s}{v_f} \cdot \text{Zeitzuschlagfaktor}$$

$$t_{ges} = \frac{30 \cdot 2 \cdot 3{,}5 \text{ m}}{9 \,\frac{\text{m}}{\text{min}}} \cdot 1{,}15$$

$$t_{ges} = \mathbf{26{,}8 \text{ min}}$$

zu 8

$$v_f = \frac{f_z \cdot n \cdot z}{1000 \frac{mm}{m}}$$

$$V_{f1} > \frac{0{,}5\ mm \cdot 5000 \frac{1}{min} \cdot 2}{1000 \frac{mm}{m}} \qquad V_{f2} < \frac{0{,}8\ mm \cdot 5000 \frac{1}{min} \cdot 2}{1000 \frac{mm}{m}}$$

$$V_{f1} > 5 \frac{m}{min} \qquad V_{f2} < 8 \frac{m}{min}$$

$$\mathbf{V_{f1} = 6 \frac{m}{min}}$$

TM Lösungswege

Wärmeschutz

zu 1

$$R = \frac{s_1}{\lambda_1} + \frac{s_2}{\lambda_2} + \frac{s_3}{\lambda_3} + \frac{s_4}{\lambda_4}$$

$$R = \frac{0{,}0125\ \text{m}}{0{,}21\ \frac{\text{W}}{\text{m}\cdot\text{K}}} + \frac{0{,}24\ \text{m}}{0{,}68\ \frac{\text{W}}{\text{m}\cdot\text{K}}} + \frac{0{,}05\ \text{m}}{0{,}045\ \frac{\text{W}}{\text{m}\cdot\text{K}}} + \frac{0{,}015\ \text{m}}{0{,}87\ \frac{\text{W}}{\text{m}\cdot\text{K}}}$$

$$R = \mathbf{1{,}54\ \frac{m^2 \cdot K}{W}}$$

zu 2

$$U = \frac{1}{R_{si} + R + R_{se}}$$

$$U = \frac{1}{0{,}13\frac{\text{m}^2\cdot\text{K}}{\text{W}} + 0{,}6\frac{\text{m}^2\cdot\text{K}}{\text{W}} + 0{,}04\frac{\text{m}^2\cdot\text{K}}{\text{W}}}$$

$$U = \frac{1}{0{,}77\ \frac{\text{m}^2\cdot\text{K}}{\text{W}}}$$

$$U = \mathbf{1{,}3\ \frac{W}{m^2 \cdot K}} < \mathbf{1{,}39\ \frac{W}{m^2 \cdot K}}$$

Sachwortverzeichnis

Bildquellenverzeichnis

Verfasser und Verlag danken den genannten Institutionen für die Überlassung von Vorlagen und Abdruckgenehmigungen zu folgenden Abbildungen:
Bundesinstitut für Risikobewertung, Berlin, Seite 260 (a – g)
Gütegemeinschaft Holzschutzmittel e.V., Seligenstadt, Seite 41 (A)
Häfele GmbH & Co KG, Nagold, Seite 157 (1 – 4)
Umweltbundesamt, Dessau, Seite 41 (B)

